최신판

전기기기

전기기사·산업기사 필기

enT
엔트미디어

머리말 PREFACE

전기 분야의 자격증 취득이나 공무원 시험 및 입사시험을 준비하는 수험생들이 가장 바라는 것은 단시간 내에 전기를 체계적으로 이해하고 합격의 영광을 얻고자 하는 바람일 것입니다.

따라서, 본 도서는 기초가 부족한 수험생 일지라도 단시간 내에 최대한의 성과를 얻을 수 있도록 다음과 같이 준비하였습니다.

> 첫째 : 기초가 부족한 수험생들을 위하여 분야별로 꼭 알아야 할 내용을 요약 정리하였습니다.
> 둘째 : 각 분야별로 예제 문제를 배치함으로써 본문내용을 완벽하게 이해할 수 있도록 하였습니다.

따라서 본 수험서를 충분히 이해한다면 단시간에 자격증 취득이 가능할 뿐만 아니라 현업에서 즉시 사용될 수 있으리라고 생각합니다.

끝으로 본 수험서로 필기시험을 준비하시는 여러분들에게 깊은 감사를 드리며 출판 과정에서 발생할 수 있는 오·탈자 및 오답이 발견될 경우 연락주시면 수정토록하여 보다 나은 수험서가 되도록 노력하겠습니다. 또한 본 수험서에 잘못된 내용은 인터넷 홈페이지 정오표에 게시할 예정이오니 많은 참고바랍니다.

▶ 인터넷 주소 : www.ent1.co.kr

저 자

차례 CONTENTS

PART. 1   전기기기

1장 직류기 -- 6

2장 동기기 -- 74

3장 변압기 -- 133

4장 유도기 -- 192

5장 교류 정류자기 --- 251

6장 정류기 -- 269

PART. 2   실전 모의고사

실전 모의고사 1회 -- 298

실전 모의고사 2회 -- 303

실전 모의고사 3회 -- 307

실전 모의고사 풀이 및 정답 ------------------------------------ 311

PART 1
전기기기

CHAPTER 1 직류기

1. 직류 발전기

1) 직류 발전기의 주요 부분 및 역할

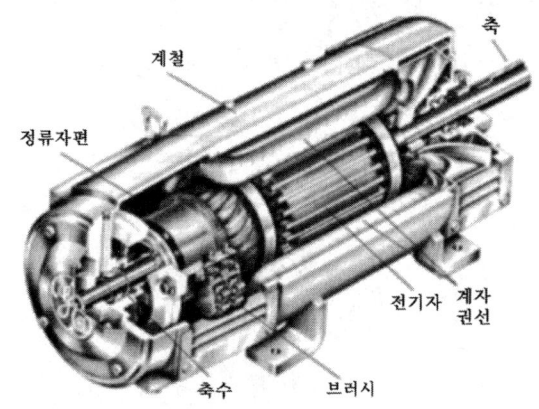

    (1) 계자(field) : 전기자를 통과하는 자속을 만드는 부분
    (2) 전기자(armature) : 계자에서 만든 자속을 끊어서 기전력을 유도하는 부분
    (3) 정류자(commutator) : 전기자 권선에서 유도된 교류를 직류로 바꾸어 주는 부분

2) 보극 : 정류 개선

3) 보상권선 : 전기자 반작용 억제

4) 전기자

    (1) 규소강판을 사용하는 이유 : 히스테리시스손 감소
    (2) 얇은 철판을 성층하는 이유 : 와류손 감소

5) 직류기의 전기자 권선 : 이층권, 고상권, 폐로권을 채택한다.

6) 중권과 파권의 비교

비교 항목	단중 중권	단중 파권
전기자의 병렬 회로수(a)	$p\,(mp)$	$2\,(2m)$
브러시 수(b)	p	2
용 도	저전압, 대전류	고전압, 소전류
균압접속	4극 이상이면 균압 접속을 하여야 한다.	균압 접속은 필요 없다.

p : 극수, m : 다중도

7) 유기기전력

(1) 전기자 도체 1개에 유도되는 유기기전력 $e = Blv$ [V]

(B : 자속밀도[Wb/m^2], l : 도체의 길이[m], v : 도체의 회전속도[m/s])

(2) 도체 총 수가 Z인 발전기의 유기기전력 $E = p\phi n \times \dfrac{Z}{a}$[V]

(p : 극수, ϕ : 매극당 자속[Wb], n : 회전수[rps], Z : 총 도체수, a : 내부 병렬회로수)

8) 전기자 반작용

(1) 전기자 권선에 흐르는 전류에 의한 자속이 계자에서 만든 주자속에 영향을 미치는 현상을 전기자 반작용이라고 한다.

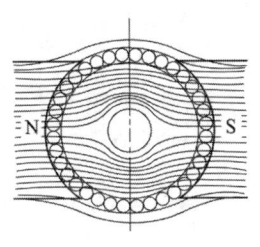 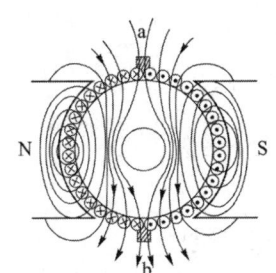 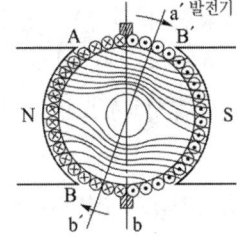

　　(a) 주자속　　　(b) 전기자 전류에 의한 자속　　(c) '(a)'와 '(b)'의 합성 자속

(2) 전기자 반작용의 영향
① 전기적 중성축 이동
② 주자속 감소
③ 정류자 편간의 불꽃섬락 발생
④ 발전기의 출력감소

9) 전기자 반작용에 대한 대책

(1) 브러시를 새로운 중성점으로 이동
  ① 발전기 : 회전 방향으로 이동
  ② 전동기 : 회전 방향과 반대 방향으로 이동

  ※ 감자 기자력 $AT_d = \dfrac{Z}{2p} \cdot \dfrac{2\alpha}{180°} \cdot \dfrac{I_a}{a}$ [AT/극]

  교차 기자력 $AT_c = \dfrac{Z}{2p} \cdot \dfrac{\beta}{180°} \cdot \dfrac{I_a}{a}$ [AT/극]

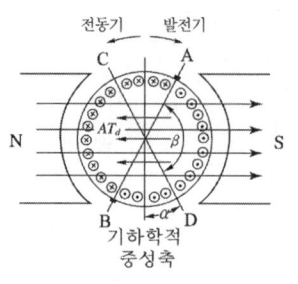

(2) 보상권선 설치

기자 권선에 흐르는 전류와 크기는 동일하고 방향이 반대인 전류를 흐르게 함으로서 전기자 권선에서 만들어진 자속과 반대방향의 자속을 만들어 서로 상쇄시킴으로써 전기자 반작용을 보상하는 방식

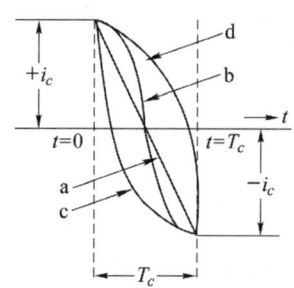

10) 정류곡선

직선정류, 정현파 정류, 부족정류, 과정류 등이 있으며 불꽃없는 정류는 직선 또는 정현파 정류이다.
① a (직선정류) : 양호
② b (정현파 정류) : 양호
③ c (과정류) : 브러시 앞쪽에서 불꽃 발생
④ d (부족정류) : 브러시 뒤쪽에서 불꽃 발생

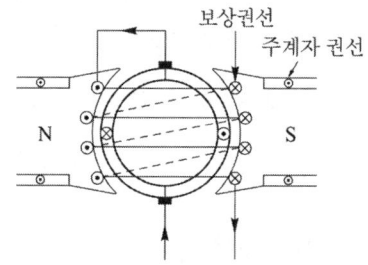

〈정류 곡선〉

11) 정류 코일의 리액턴스 전압(평균값)

$e_L = L\dfrac{di}{dt} = L\dfrac{2I_c}{T_c}$ (T_c : 정류주기)

12) 양호한 정류를 얻는 방법

(1) 저항 정류 : 탄소브러시 사용
(2) 전압 정류 : 보극설치
(3) 리액턴스(L)를 적게 한다 : 단절권 채택
(4) 정류주기(T_c)를 길게 한다. : 회전속도를 낮춘다.

13) 정류자 편간전압 $e_{sa} = \dfrac{E}{\dfrac{K}{p}} = \dfrac{pE}{K}$ [V]

(E : 유기기전력, K : 정류자 편수, p : 극수)

14) 타여자 발전기 : 외부의 독립된 직류 전원에 의해 계자권선을 여자시키는 방법

(1) 유기기전력 $E = p\phi n \dfrac{Z}{a}$ [V]

(2) 단자전압 $V = E - I_a R_a - e_a - e_b$

여기서, e_a : 전기자 반작용에 의한
전압강하[V]

e_b : 브러시 접촉저항에 의한 전압강하[V]

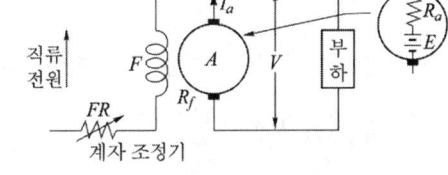

(3) 특징
 ① 잔류 자기가 없어도 발전 가능
 ② 운전 중 전기자 회전 방향 반대 ⇒ +, − 극성이 반대로 발전

15) 분권 발전기 : 전기자 권선과 계자권선이 병렬로 접속

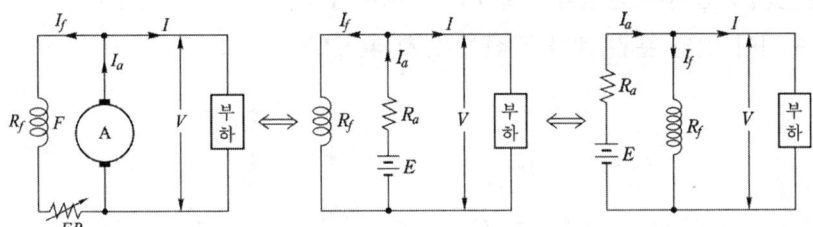

(1) 부하전류 $I = \dfrac{P}{V}$

(2) 계자전류 $I_f = \dfrac{V}{R_f}$

(3) 전기자 전류 $I_a = I_f + I$

(4) 단자전압 $V = E - I_a R_a - e_a - e_b = E - (I_f + I)R_a - e_a - e_b$

(5) 분권 발전기의 특징
 ① 잔류 자기가 없으면 ⇒ 발전 불가능
 ② 운전 중 전기자 회전 방향을 반대로 하면 ⇒ 잔류 자기를 소멸시켜 발전 불가능
 ③ 운전 중 계자 회로를 갑자기 열면 계자권선에 고압을 유기하여 계자권선의 절연을 파괴할 우려가 있다.
 ④ 운전 중 서서히 단락 ⇒ 처음에는 큰 전류가 흐르나 종래에는 소전류가 흐른다.

16) 직권 발전기 : 전기자 권선과 계자 권선이 직렬로 접속

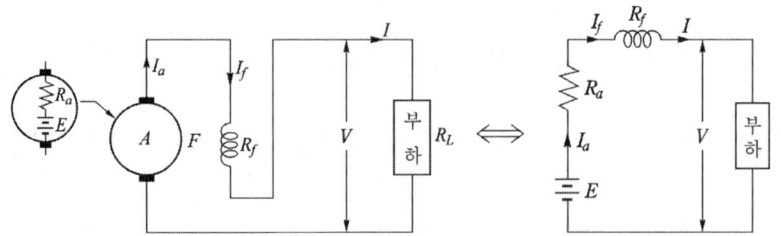

(1) 전기자전류=계자전류= 부하전류($I_a = I_f = I$)

(2) 부하전류 $I = \dfrac{P}{V}$

(3) 단자전압 $V = E - I_a R_a - I_f R_f - e_a - e_b = E - IR_a - IR_f - e_a - e_b$

(4) 특징
　① 잔류 자기가 없으면 발전 불가능
　② 운전 중 전기자 회전 방향을 반대 ⇒ 잔류 자기를 소멸시켜 발전 불가능
　③ 무부하시에는 자기여자로 전압을 확립할 수 없다.

17) 복권 발전기 : 전기자 권선과 직렬로 접속되어 있는 직권 계자 권선과 전기자 권선과 병렬로 접속되어 있는 분권 계자 권선이 설치되어 있다.

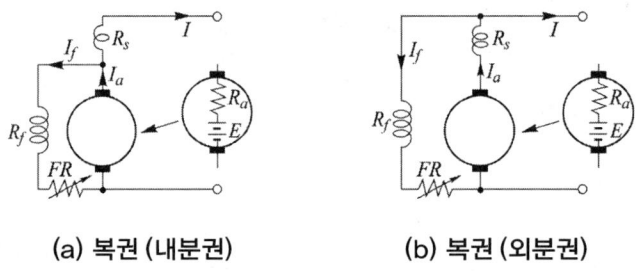

(a) 복권 (내분권)　　　　(b) 복권 (외분권)

18) 차동복권 발전기 : 분권계자권선의 기자력과 직권계자권선의 기자력이 서로 감해지는 방향으로 되어있는 발전기로서 수하특성을 갖고 있다.

19) 전압 변동률 $\epsilon = \dfrac{V_0 - V_n}{V_n} \times 100[\%]$

　(V_0 : 무부하 전압[V], V_n : 정격전압[V])
　• 전압변동률 $\epsilon > 0 (V_0 > V_n)$인 발전기 : 타여자, 분권 및 부족복권 발전기
　• 전압변동률 $\epsilon = 0 (V_0 = V_n)$인 발전기 : 평복권
　• 전압변동률 $\epsilon < 0 (V_0 < V_n)$인 발전기 : 직권, 과복권발전기

20) 직류 발전기의 병렬 운전 조건

(1) 전압 및 극성이 같을 것
(2) 외부 특성 곡선이 어느 정도 수하 특성일 것
(3) 용량이 같으면 각 발전기의 외부 특성 곡선이 같을 것
(4) 용량이 다를 경우 [%] 부하 전류로 나타낸 외부 특성 곡선이 거의 일치할 것

21) 분권 발전기 병렬 운전 시 부하의 분담

(1) 저항(R_a)이 같으면 유기 전압(E)이 큰 발전기가 부하를 많이 분담
(2) 유기 전압(E)이 같으면 부하는 전기자 회로 저항에 반비례해서 분배
(3) 외부 특성 곡선이 같은 경우 부하분담은 용량에 비례

22) 균압모선

(1) 목적 : 직류발전기의 안정된 병렬운전을 하기 위해 설치
(2) 균압모선이 필요한 발전기
  ① 직권 발전기
  ② 평복권 발전기
  ③ 과복권 발전기
(3) 균압모선이 필요 없는 발전기
  ① 부족복권 발전기
  ② 차동복권 발전기
  ③ 분권 발전기

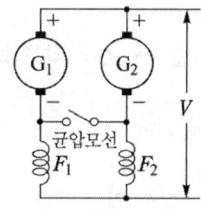

CHAPTER. 1 직류기
출제예상문제

직류 발전기

01 직류기에서 기계각의 극수가 P인 경우 전기각과의 관계는 어떻게 되는가?

① 전기각 $\times\, 2P$
② 전기각 $\times\, 3P$
③ 전기각 $\times\, \dfrac{2}{P}$
④ 전기각 $\times\, \dfrac{3}{P}$

풀이 기하학적 각도(기계각)

$$\alpha = \text{전기각 } \alpha_e \times \dfrac{2}{P}$$

02 극수가 24일 때, 전기각 180°에 해당되는 기계각은?

① 7.5°
② 15°
③ 22.5°
④ 30°

풀이 기하학적 각도

$$\alpha = \text{전기각 } \alpha_e \times \dfrac{2}{p} = 180° \times \dfrac{2}{24} = 15°$$

03 전기자 지름 0.2[m]의 직류발전기가 1.5[kW]의 출력에서 1800[rpm]으로 회전하고 있을 때 전기자 주변속도는 약 몇 [m/s]인가?

① 18.84
② 21.96
③ 32.74
④ 42.85

풀이 회전자 주변 속도

$$v = \pi D \dfrac{N_s}{60}\,[\text{m/s}]$$

여기서, πD : 회전자 둘레

$$\therefore v = \pi \times 0.2 \times \dfrac{1800}{60} = 18.85\,[\text{m/s}]$$

정답 01. ③ 02. ② 03. ①

04 직류기에서 계자자속을 만들기 위하여 전자석의 권선에 전류를 흘리는 것을 무엇이라 하는가?

① 보극
② 여자
③ 보상권선
④ 자화작용

풀이 여자(勵磁) : 자속을 발생시키기 위해 계자권선(전자석의 권선)에 전류를 흘리는 것

05 직류발전기의 전기자에 대한 설명 중 잘못된 것은?

① 전기자 권선은 대전류인 경우 평각동선을 사용한다.
② 전기자 권선은 소전류인 경우 연동환선을 사용한다.
③ 소형기에는 반폐 슬롯을 사용한다.
④ 중형 및 대형기에는 가지형 슬롯을 사용한다.

풀이
- 반폐 슬롯 : 소형기 및 고속도 기기에 적용
- 개방 슬롯 : 중형기 및 대형기에 적용

06 직류기의 전기자권선 중 중권 권선에서 뒤피치가 앞피치보다 큰 경우를 무엇이라 하는가?

① 진권
② 쇄권
③ 여권
④ 장절권

풀이
- **진권** : 권선의 진행 방향은 시계 방향의 방사형이며, 후절(뒤피치)이 전절(앞피치)보다 크다.
- **누권(역진권)** : 권선 방향은 반시계 방향으로 감겨지게 되고 후절(뒤피치)이 전절(앞피치)보다 적다.

정답 04. ② 05. ④ 06. ①

기 23-2, 산기 22-1

07 다음 권선법 중 직류기에서 주로 사용되는 것은?

① 폐로권, 환상권, 이층권
② 폐로권, 고상권, 이층권
③ 개로권, 환상권, 단층권
④ 개로권, 고상권, 이층권

풀이 직류기의 전기자 권선법
- 환상권과 고상권 중에서 **고상권**을 사용
- 폐로권과 개로권 중에서 **폐로권**을 사용
- 단층권과 2층권 중에서 **2층권**을 사용
- 전절권과 단절권 중에서 **단절권**을 사용

기 16-1

08 직류기 권선법에 대한 설명 중 틀린 것은?

① 단중 파권은 균압환이 필요하다.
② 단중 중권의 병렬회로 수는 극수와 같다.
③ 저전류·고전압 출력은 파권이 유리하다.
④ 단중 파권의 유기전압은 단중 중권의 $\frac{p}{2}$이다.

풀이 중권과 파권의 비교 요약

항 목 \ 권선	중 권	파 권
내부 병렬회로 수 a	$a=p$	$a=2$
브러시 수 b	$b=p$	$b=2$
용 도	저전압, 대전류	고전압, 소전류
균압환	**4극 이상**	–

정답 07. ② 08. ①

09 직류기의 권선을 단중 파권으로 감으면 어떻게 되는가?

① 저압 대전류용 권선이다.
② 균압환을 연결해야 한다.
③ 내부 병렬 회로수가 극수만큼 생긴다.
④ 전기자 병렬 회로수가 극수에 관계없이 언제나 2이다.

풀이 전기자 권선을 중권과 파권에 대하여 비교하면

비교 항목	단중 중권	단중 파권
전기자의 병렬 회로수	극수와 같다.	항상 2이다.
브러시 수	극수와 같다.	2개로 되나, 극수만큼의 브러시를 둘 수도 있다.
전기자 도체의 굵기, 권수, 극수가 모두 같을 때	저전압, 대전류를 얻을 수 있다.	전류는 작지만 고전압을 얻을 수 있다.
균압 접속	4극 이상이면 균압 접속을 하여야 한다.	균압 접속은 필요 없다.

10 극수가 4극이고 전기자권선이 단중 중권인 직류발전기의 전기자전류가 40[A]이면 전기자권선의 각 병렬회로에 흐르는 전류[A]는?

① 4
② 6
③ 8
④ 10

풀이 내부 병렬회로수 a
- 중권 : 내부 병렬회로수 $a = $극수 p
- 파권 : $a = 2$ (극수와 관계없이 내부 병렬회로수 2)
  따라서, 중권이고 극수가 4이므로 내부 병렬회로수 $a = p = 4$가 된다.
  ∴ 각 병렬회로에 흐르는 전류 $i_a = \dfrac{I_a}{a} = \dfrac{40}{4} = 10$[A]

정답 09. ④ 10. ④

11 직류기의 다중 중권 권선법에서 전기자 병렬회로수(a)와 극수(p)와의 관계는? (단, 다중도는 m이다.)

① $a = 2$
② $a = 2m$
③ $a = p$
④ $a = mp$

풀이 중권과 파권의 비교

구 분	중권 (병렬권)	파권 (직렬권)
전기자 병렬회로 수 a	$p\ (a=mp)$	$2\ (a=2m)$
브러시 수 b	p	2
용 도	저전압, 대전류	고전압, 소전류
균압접속	4극 이상	

여기서, p : 극수, m : 다중도

12 직류발전기의 유기기전력과 반비례하는 것은?

① 자속
② 회전수
③ 전체 도체수
④ 병렬 회로수

풀이 발전기의 유기기전력 $E = p\phi n \times \dfrac{z}{a}$ [V]

여기서, p : 극수 [극], ϕ : 매 극당 자속 [Wb]
n : 회전수 [rps], z : 총 도체 수
a : 내부 병렬회로 수(파권에서 $a=2$, 중권에서 $a=p$)

따라서, 유기기전력 E는 병렬 회로수 a와 반비례 한다.

13 직류발전기의 단자전압을 조정하려면 어느 것을 조정하여야 하는가?

① 기동저항
② 계자저항
③ 방전저항
④ 전기자저항

풀이 유기기전력 $E = p\phi n \dfrac{Z}{a}$ [V]

에서 p, a, Z는 발전기 제작 시 이미 결정되어 운전 시 고정된 값이다. 따라서, 단자 **전압을 조정하려면 회전수 n 또는 자속 ϕ를 조정하여야 하나 일반적으로 회전수는 일정하게 유지하고 계자 저항을 가감함으로 자속 ϕ를 조정**한다.

정답 11. ④ 12. ④ 13. ②

14 자극수 p, 파권, 전기자 도체수가 z인 직류발전기를 N [rpm]의 회전속도로 무부하 운전할 때 기전력이 E[V]이다. 1극당 주자속[Wb]은?

① $\dfrac{120E}{pzN}$ ② $\dfrac{120z}{pEN}$

③ $\dfrac{120zN}{pE}$ ④ $\dfrac{120pz}{EN}$

풀이 발전기의 유기기전력 $E = p\phi n \times \dfrac{z}{a}$ [V]

여기서, D : 전기자 직경 [m], l : 도체의 길이 [m], n : 회전수 [rps]
a : 내부 병렬회로 수(파권에서 $a=2$, 중권에서 $a=p$)
z : 총 도체 수, p : 극수 [극], ϕ : 매 극당 자속 [Wb]

따라서, 1극당 자속 $\phi = \dfrac{Ea}{pnz} = \dfrac{2E}{p \times \dfrac{N}{60} \times z} = \dfrac{120E}{pzN}$

15 포화되지 않은 직류발전기의 회전수가 4배로 증가되었을 때 기전력을 전과 같은 값으로 하려면 자속을 속도 변화 전에 비해 얼마로 하여야 하는가?

① $\dfrac{1}{2}$ ② $\dfrac{1}{3}$

③ $\dfrac{1}{4}$ ④ $\dfrac{1}{8}$

풀이
- 직류 발전기의 유기기전력 $E = p\phi n \dfrac{Z}{a}$에서 유기기전력 E가 변함없으려면 "$\phi \times n =$ 일정" 해야 한다. 따라서, 회전수 n이 4배로 증가하면 자속 ϕ는 1/4로 감소되어야 한다.
- 여자전류 I_f는 자속 ϕ와 비례 ($I_f \propto \phi$)

16 포화하고 있지 않은 직류발전기의 회전수가 1/2로 감소되었을 때 기전력을 속도 변화 전과 같은 값으로 하려면 여자를 어떻게 해야 하는가?

① 1/2로 감소시킨다. ② 1배로 증가시킨다.
③ 2배로 증가시킨다. ④ 4배로 증가시킨다.

풀이 $E = k\phi N$에서 N이 $\dfrac{1}{2}$로 되면, ϕ가 2배가 되어야 E가 일정하다.

정답 14. ① 15. ③ 16. ③

17 직류발전기에 $P[N \cdot m/s]$의 기계적 동력을 주면 전력은 몇 [W]로 변환되는가? (단, 손실은 없으며, i_a는 전기자 도체의 전류, e는 전기자 도체의 유도기전력, Z는 총 도체수이다.)

① $P = i_a e Z$
② $P = \dfrac{i_a e}{Z}$
③ $P = \dfrac{i_a Z}{e}$
④ $P = \dfrac{eZ}{i_a}$

풀이
- 단자전압 $E = e \times \dfrac{Z}{a}$
- 전류 $I = a \times i_a$
- 전력 $P = EI = e \times \dfrac{Z}{a} \times a \times i_a = i_a e Z$

18 극수 8, 중권 직류기의 전기자 총 도체 수 960, 매극 자속 0.04[Wb], 회전수 400[rpm]이라면 유기기전력은 몇 [V]인가?

① 256
② 327
③ 425
④ 625

풀이 중권이므로 $a = p = 8$
$$E = p\phi \dfrac{N}{60} \cdot \dfrac{z}{a} = 8 \times 0.04 \times \dfrac{400}{60} \times \dfrac{960}{8} = 256[V]$$

19 10극인 직류 발전기의 전기자 도체수가 600, 단중 파권이고 매극의 자속수가 0.01 [Wb], 600 [rpm]일 때의 유도기전력[V]은?

① 150
② 200
③ 250
④ 300

풀이 파권이므로 내부 병렬 회로수 $a = 2$이다.
$$\therefore E = \dfrac{pZ}{a} \phi \dfrac{N}{60} = \dfrac{10 \times 600}{2} \times 0.01 \times \dfrac{600}{60} = 300[V]$$

정답 17. ① 18. ① 19. ④

20 직류발전기의 극수가 8, 전기자 도체수가 400을 단중 파권으로 하였을 때 매극의 자속수가 0.01[Wb]이면 600[rpm]때의 기전력은 얼마인가?

① 130
② 160
③ 180
④ 200

풀이 파권이므로 $a=2$

$$\therefore E = p\phi n \frac{Z}{a} = 8 \times 0.01 \times \frac{600}{60} \times \frac{400}{2} = 160[V]$$

21 8극, 유도기전력 100[V], 전기자전류 200[A]인 직류발전기의 전기자권선을 중권에서 파권으로 변경했을 경우의 유도기전력과 전기자전류는?

① 100[V], 200[A]
② 200[V], 100[A]
③ 400[V], 50[A]
④ 800[V], 25[A]

풀이 1) 중권과 파권의 비교

구 분	중권 (병렬권)	파권 (직렬권)
전기자 병렬회로 수 a	$p\ (a=mp)$	$2\ (a=2m)$
브러시 수 b	p	2

여기서, p : 극수, m : 다중도

2) 유기기전력
중권에서 $a=p=8$, 파권에서 $a=2$ 이므로
$E = p\phi n \frac{Z}{a}$ 에서 $E \propto \frac{1}{a}$ 이므로

$100 : E = \frac{1}{8} : \frac{1}{2}$

$\therefore E = 400[V]$

3) 전기자 전류
- 중권에서 전기자 전류 $I_a = 200[A]$일 때, 각 권선에 흐르는 전류
$$i_a = \frac{200}{a} = \frac{200}{8} = 25[A]$$
- 파권($a=2$)에서 전기자 전류
$$\therefore I_a = ai_a = 2 \times 25 = 50[A]$$

정답 20. ② 21. ③

22 슬롯수 32, 코일 변수 64, 극수 4극인 1구 단중 중권기를 같은 극수의 2구 2중 파권기로 변경하면 단자 전압은 약 몇 배가 되는가?

① 0.5
② 1
③ 1.5
④ 2

풀이
- $E = p\phi n \dfrac{Z}{a}$[V]에서 권선법 외의 나머지 조건이 일정하므로 $E \propto \dfrac{1}{a}$이다.
- 단중 중권기의 병렬회로수 $a' = p = 4$
  2중 파권기의 병렬회로수 $a'' = 2m = 2 \times 2 = 4$
따라서 단중 중권기를 2중 파권기로 변경하여도 모든 조건이 동일하므로 단자 전압은 서로 같다 (1배).

23 직류 분권발전기의 극수 4, 전기자 총 도체수 600으로 매분 600회전할 때 유기기전력이 220[V]라 한다. 전기자 권선이 파권일 때 매극당 자속은 약 몇 [Wb]인가?

① 0.0154
② 0.0183
③ 0.0192
④ 0.0199

풀이 유기기전력 $E = p\phi n \dfrac{Z}{a}$[V]에서

$$\phi = \dfrac{Ea}{pnZ} = \dfrac{220 \times 2}{4 \times \dfrac{600}{60} \times 600} = 0.0183[\text{Wb}]$$

(파권에서 $a = 2$, 중권에서 $a = p$)
여기서, p : 극수, ϕ : 매극당 자속[Wb], n : 회전수[rps]
Z : 총 도체수, a : 내부 병렬회로수

정답 22. ② 23. ②

24 극수 4이며 전기자 권선은 파권, 전기자 도체수가 250인 직류발전기가 있다. 이 발전기가 1200[rpm]으로 회전할 때 600[V]의 기전력을 유기하려면 1극당 자속은 몇 [Wb]인가?

① 0.04
② 0.05
③ 0.06
④ 0.07

풀이 직류발전기의 유기기전력 $E = p\phi n \dfrac{Z}{a}$ [V] 에서

1극당 자속 $\phi = \dfrac{aE}{Z} \times \dfrac{1}{pn} = \dfrac{2 \times 600}{250} \times \dfrac{1}{4 \times 1200/60} = 0.06$ [Wb]

(∵ 파권 $a = 2$, 중권 $a = p$)

25 4극, 중권, 총 도체 수 500, 극당 자속이 0.01 [Wb]인 직류발전기가 100[V]의 기전력을 발생시키는데 필요한 회전수는 몇 [rpm]인가?

① 800
② 1000
③ 1200
④ 1600

풀이 유기기전력 $E = p\phi n \dfrac{Z}{a}$ [V]에서

$n = \dfrac{Ea}{p\phi Z} = \dfrac{100 \times 4}{4 \times 0.01 \times 500} = 20$ [rps] $= 1200$ [rpm]

(파권에서 $a = 2$, 중권에서 $a = p$)
여기서, p : 극수, ϕ : 매극당 자속[Wb], n : 회전수[rps]
Z : 총 도체수, a : 내부 병렬회로수

정답 24. ③ 25. ③

26 직류발전기의 전기자 반작용에 대한 설명으로 틀린 것은?

① 전기자 반작용으로 인하여 전기적 중성축을 이동시킨다.
② 정류자 편간 전압이 불균일하게 되어 섬락의 원인이 된다.
③ 전기자 반작용이 생기면 주자속이 왜곡되고 증가하게 된다.
④ 전기자 반작용이란, 전기자 전류에 의하여 생긴 자속이 계자에 의해 발생되는 주자속에 영향을 주는 현상을 말한다.

> **풀이** **전기자 반작용** : 전기자 권선에 흐르는 전류에 의한 자속이 계자에서 만든 **주자속에 영향을 미치는 현상**을 전기자 반작용이라고 하며, 그 영향은 다음과 같다.
> ① 전기적 중성축 이동
>   • **발전기** : 회전 방향으로 이동
>   • **전동기** : 회전 방향과 반대 방향으로 이동
> ② **주자속 감소 및 발전기의 유기기전력 감소**
> ③ 정류자 편간의 **불꽃 섬락 발생**
> ④ 발전기의 **출력감소**

27 직류기의 전기자 반작용에 의한 영향이 아닌 것은?

① 자속이 감소하므로 유기기전력이 감소한다.
② 발전기의 경우 회전방향으로 기하학적 중성축이 형성된다.
③ 전동기의 경우 회전방향과 반대방향으로 기하학적 중성축이 형성된다.
④ 브러시에 의해 단락된 코일에는 기전력이 발생하므로 브러시 사이의 유기기전력이 증가한다.

> **풀이** **전기자 반작용의 영향**
> ① 전기적 중성축 이동
>   • **발전기** : 회전 방향으로 이동
>   • **전동기** : 회전 방향과 반대 방향으로 이동
> ② **주자속 감소 및 발전기의 유기기전력 감소**
> ③ 정류자 편간의 불꽃 섬락 발생
> ④ 발전기의 출력감소

정답 26. ③ 27. ④

기 16-3, 산기 24-3
28 직류발전기의 전기자 반작용의 영향이 아닌 것은?

① 주자속이 증가한다.
② 전기적 중성축이 이동한다.
③ 정류작용에 악영향을 준다.
④ 정류자편 사이의 전압이 불균일하게 된다.

풀이 **전기자 반작용의 영향**
① 전기적 중성축 이동
  • 발전기 : 회전 방향으로 이동
  • 전동기 : 회전 방향과 반대 방향으로 이동
② **주자속 감소 및 유기기전력 감소**
③ 정류자 편간의 불꽃 섬락 발생
④ 발전기의 출력감소

기 22-3, 기 16-2
29 직류기의 전기자 반작용 결과가 아닌 것은?

① 주자속이 감소한다.
② 전기적 중성축이 이동한다.
③ 주자속에 영향을 미치지 않는다.
④ 정류자편 사이의 전압이 불균일하게 된다.

풀이 **전기자 반작용** : 전기자 권선에 흐르는 전류에 의한 자속이 계자에서 만든 **주자속에 영향을 미치는 현상**을 전기자 반작용이라고 하며, 그 영향은 다음과 같다.
① 전기적 중성축 이동
  • 발전기 : 회전 방향으로 이동
  • 전동기 : 회전 방향과 반대 방향으로 이동
② **주자속 감소**
③ 정류자 편간의 불꽃섬락이 발생하여 정류 불량 발생

정답 28. ① 29. ③

산기 23-3

30 직류기에서 전기자 반작용을 방지하기 위한 보상 권선의 전류 방향은?

① 전기자 전류의 방향과 같다.
② 전기자 전류의 방향과 반대이다.
③ 계자 전류의 방향과 같다.
④ 계자 전류의 방향과 반대이다.

풀이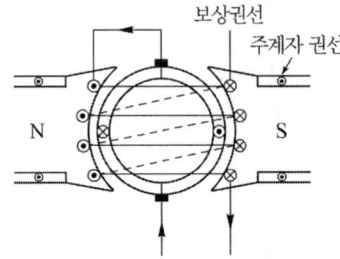

보상권선은 전기자 전류의 기전력을 상쇄하기 위하여 주자극의 자극편에 슬롯을 만들어 그림과 같이 **전기자 전류와 반대 방향으로** 전류가 흐르게 한다. 보상권선을 설치하면 브러시를 기하학적 중성축에 놓는다.

기 17-3

31 전기자 총 도체수 152, 4극, 파권인 직류발전기가 전기자 전류를 100[A]로 할 때 매 극당 감자기자력[AT/극]은 얼마인가?(단, 브러시의 이동각은 10°이다.)

① 33.6 ② 52.8
③ 105.6 ④ 211.2

풀이 $p=4$, $Z=152$, $a=2$(파권), $I_a=100$ [A], $\alpha=10°$ 이므로
감자 기자력 AT_d 는

$$AT_d = \frac{I_a Z}{2ap} \cdot \frac{2\alpha}{180} = \frac{100 \times 152}{2 \times 2 \times 4} \cdot \frac{2 \times 10}{180} = 105.6[\text{AT/극}]$$

정답 30. ② 31. ③

32 직류기에 보극을 설치하는 목적은?

① 정류 개선
② 토크의 증가
③ 회전수 일정
④ 기동토크의 증가

> **풀이** 주자극 사이의 중성점에 소자극을 설치한 것을 **보극** 또는 정류극이라 하며, 전기자 전류에 의해 필요한 정류 전압을 얻어 리액턴스 전압을 상쇄시키므로 **정류가 잘되고 중성점의 이동을 막을 수** 있다.

33 보극이 없는 직류발전기에서 부하의 증가에 따라 브러시의 위치를 어떻게 하여야 하는가?

① 그대로 둔다.
② 계자극의 중간에 놓는다.
③ 발전기의 회전방향으로 이동시킨다.
④ 발전기의 회전방향과 반대로 이동시킨다.

> **풀이** 전기자 반작용에 의한 전기적 중성축 이동
> • 발전기 : 회전 방향으로 이동
> • 전동기 : 회전 방향과 반대 방향으로 이동

정답 32. ① 33. ③

34 직류발전기의 정류 초기에 전류변화가 크며 이때 발생되는 불꽃정류로 옳은 것은?

① 과정류　　　　　　② 직선정류
③ 부족정류　　　　　④ 정현파정류

풀이 정류곡선 : 직선정류, 정현파 정류, 부족정류, 과정류 등이 있으며 불꽃없는 정류는 직선 또는 정현파 정류이다.
① a (직선정류) : 전류가 직선적으로 균등하게 변환 → 양호한 정류
② b (정현파 정류) : 정류개시 및 종료시 전류변화는 $\dfrac{dI_c}{dt}=0$으로 불꽃 발생안함 → 양호한 정류
③ c (과정류) : 정류개시 시 $\dfrac{dI_c}{dt}$가 매우 커서 **정류 초기** 즉, 브러시 앞쪽에서 **불꽃발생**
④ d (부족정류) : 정류종료 시 $\dfrac{dI_c}{dt}$가 매우 커서 정류 종료 즉, 브러시 뒤쪽에서 불꽃발생

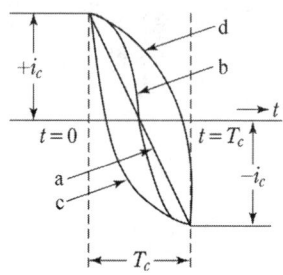

정류 곡선

35 다음은 직류 발전기의 정류 곡선이다. 이 중에서 정류 말기에 정류의 상태가 좋지 않은 것은?

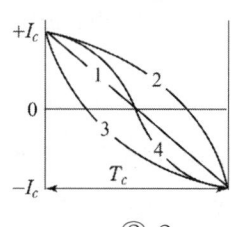

① 1　　　　　　　　② 2
③ 3　　　　　　　　④ 4

풀이 1 : 직선정류
2 : 부족정류
3 : 과정류
4 : 정현파 정류
부족정류 : 정류종료 시 $\dfrac{dI_c}{dt}$가 매우 커서 **정류 종료** 즉, 브러시 뒤쪽에서 **불꽃 발생**

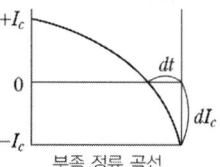

부족 정류 곡선

정답 34. ①　35. ②

36 직류기에 탄소 브러시를 사용하는 주된 이유는?

① 고유저항이 작기 때문에
② 접촉저항이 작기 때문에
③ 접촉저항이 크기 때문에
④ 고유저항이 크기 때문에

풀이 저항 정류 : 접촉저항이 큰 탄소 브러시를 사용하여 정류 코일의 단락 전류를 억제해서 양호한 정류를 얻는 방법

37 직류기발전기에서 양호한 정류(整流)를 얻는 조건으로 틀린 것은?

① 정류주기를 크게 할 것
② 리액턴스 전압을 크게 할 것
③ 브러시의 접촉저항을 크게 할 것
④ 전기자 코일의 인덕턴스를 작게 할 것

풀이 **양호한 정류를 얻는 방법**
불꽃없는 정류를 위한 조건 : 브러시 접촉면 전압강하 > 평균 리액턴스 전압
① 보상 권선을 설치하여 전기자 반작용 억제.
② 전압 정류 : 보극 설치
③ 저항 정류 : 접촉저항이 큰 탄소 브러시를 사용
④ 인덕턴스(L)를 적게 하여 **리액턴스 전압을 낮게 한다.** : 단절권 채택
⑤ 정류주기(T_c)를 길게 한다. : 회전속도를 낮춘다.

정답 36. ③ 37. ②

38 불꽃 없는 정류를 하기 위해 평균 리액턴스 전압(A)과 브러시 접촉면 전압강하(B) 사이에 필요한 조건은?

① A > B
② A < B
③ A = B
④ A, B에 관계없다.

풀이 양호한 정류를 얻는 방법
불꽃없는 정류를 위한 조건 : 브러시 접촉면 전압강하 > 평균 리액턴스 전압
① 저항 정류 : 접촉저항이 큰 탄소 브러시를 사용하여 정류 코일의 단락 전류를 억제해서 양호한 정류를 얻는 방법
② 전압 정류 : 보극을 설치하여 정류 코일 내에 유기되는 리액턴스 전압과 반대 방향으로 정류 전압을 유기시켜 양호한 정류를 얻는 방법
③ 리액턴스 전압을 적게 한다 : 단절권 채택
④ 정류주기를 길게 한다. : 회전속도를 낮춘다.

39 직류기에서 정류코일의 자기인덕턴스를 L이라 할 때 정류코일의 전류가 정류주기 T_c 사이에 I_c 에서 $-I_c$ 로 변한다면 정류코일의 리액턴스 전압[V]의 평균값은?

① $L\dfrac{T_c}{2I_c}$
② $L\dfrac{I_c}{2T_c}$
③ $L\dfrac{2I_c}{T_c}$
④ $L\dfrac{I_c}{T_c}$

풀이 정류주기 내 전류는 $+I_c$ 에서 $-I_c$로 변하므로 전류 변화량은 $I_c-(-I_c)=2I_c$ 가 된다.
그러므로 $e_L = L\dfrac{di}{dt} = L\dfrac{2I_c}{T_c}$

40 6극 직류발전기의 정류자 편수가 132, 유기기전력이 210[V], 직렬도체수가 132개이고 중권이다. 정류자 편간 전압은 약 몇 [V]인가?

① 4
② 9.5
③ 12
④ 16

풀이 $e_{sa} = \dfrac{pE}{K} = \dfrac{6 \times 210}{132} = 9.55[V]$
e_{sa} : 정류자 편간 전압, E : 유기 기전력, p : 극수, K : 정류자 편수

정답 38. ② 39. ③ 40. ②

41 직류발전기의 유기기전력이 230[V], 극수가 4, 정류자 편수가 162인 정류자 편간 평균전압은 약 몇 [V]인가? (단, 권선법은 중권이다.)

① 5.68　　　　　　　　　② 6.28
③ 9.42　　　　　　　　　④ 10.2

풀이 $e_{sa} = \dfrac{pE}{K} = \dfrac{4 \times 230}{162} = 5.68[V]$

e_{sa} : 정류자 편간 전압
E : 유기 기전력
p : 극수
K : 정류자 편수

42 직류기의 정류 작용에서 전압 정류를 하고자 한다. 어떻게 하여야 하는가?

① 계자를 이동시킨다.
② 보극을 설치한다.
③ 탄소 브러시를 단락시킨다.
④ 환상 권선을 분리시킨다.

풀이 양호한 정류를 얻는 조건

① 리액턴스 전압을 작게 한다. $\left(e_L = L \dfrac{2I_c}{T_c}\right)$
② 단절권 채용으로 자기 인덕턴스를 작게 한다.
③ 고속을 피하여 정류 주기를 길게 한다.
④ 저항 정류로서 접촉저항이 큰 탄소 브러시를 사용한다.
⑤ **전압 정류로서 보극을 설치한다.**

정답 41. ① 42. ②

43 직류기에 관련된 사항으로 잘못 짝 지어진 것은?

① 보극 – 리액턴스 전압 감소
② 보상권선 – 전기자 반작용 감소
③ 전기자 반작용 – 직류전동기 속도 감소
④ 정류기간 – 전기자 코일이 단락되는 기간

풀이 전기자 권선에 흐르는 전류에 의한 자속이 계자에서 만든 주자속에 영향을 미치는 현상을 **전기자 반작용**이라고 하며 그 영향은 다음과 같다.
① 전기적 중성축 이동
  • 발전기 : 회전 방향으로 이동
  • 전동기 : 회전 방향과 반대 방향으로 이동
   (전기자 권선에 흐르는 전류의 방향이 발전기와 반대)
② 주자속 감소
  • 발전기 : 유기기전력 감소$(E = P\phi n \dfrac{Z}{a})$
  • **전동기** : 회전속도 상승$(N = k\dfrac{V - I_a r_a}{\phi})$
③ 정류자 편간의 불꽃섬락이 발생하여 정류 불량 발생

44 직류 발전기에 있어서 계자 철심에 잔류자기가 없어도 발전되는 직류기는?

① 분권 발전기
② 직권 발전기
③ 타여자 발전기
④ 복권 발전기

풀이 타여자 발전기는 외부에서 계자 권선 F에 직류 전원을 공급하므로 **잔류 자기가 없어도 된다.**

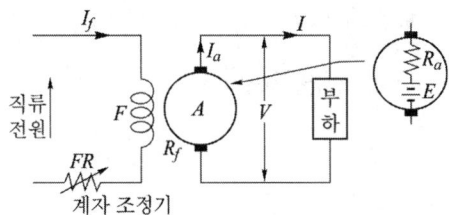

정답 43. ③ 44. ③

45 다음 ( )에 알맞은 것은?

> 직류발전기에서 계자권선이 전기자에 병렬로 연결된 직류기는 (ⓐ) 발전기라 하며, 전기자권선과 계자권선이 직렬로 접속된 직류기는 (ⓑ) 발전기라 한다.

① ⓐ 분권, ⓑ 직권 ② ⓐ 직권, ⓑ 분권
③ ⓐ 복권, ⓑ 분권 ④ ⓐ 자여자, ⓑ 타여자

풀이 • 분권 발전기 : 전기자 권선(전기자)과 계자 권선이 병렬로 접속

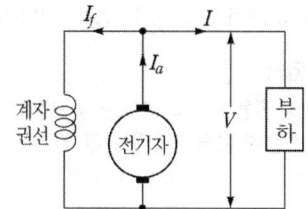

• 직권 발전기 : 전기자 권선(전기자)과 계자 권선이 직렬로 접속

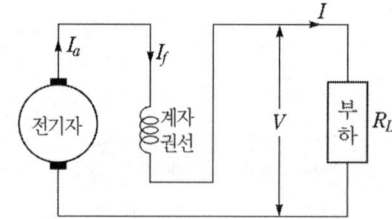

46 계자 권선이 전기자에 병렬로만 연결된 직류기는?

① 분권기 ② 직권기
③ 복권기 ④ 타여자기

풀이 분권기(발전기)는 계자 권선이 전기자 권선에 병렬로 연결

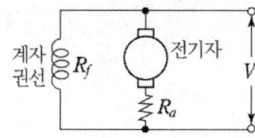

정답 45. ① 46. ①

47. 직류 분권발전기에 대한 설명으로 옳은 것은?

① 단자전압이 강하하면 계자전류가 증가한다.
② 부하에 의한 전압의 변동이 타여자발전기에 비하여 크다.
③ 타여자발전기의 경우보다 외부특성 곡선이 상향(上向)으로 된다.
④ 분권권선의 접속방법에 관계없이 자기여자로 전압을 올릴 수가 있다.

풀이
- 분권발전기 : 분권 발전기에서 부하전류 I가 증가하면 발전기 단자 전압 V는 감소하게 된다.
  $$V = E - (I_f + I)R$$
  따라서, 계자전류($I_f = \dfrac{V}{R_f}$)는 단자전압 V에 비례하므로 단자 전압이 감소하게 되면 계자전류 I_f도 감소하게 되어 유기기전력도 감소하게 된다.
- 타여자 발전기 : 타여자 발전기는 외부에서 계자전원을 공급하므로 부하전류의 변동에 관계없이 일정한 전압을 유기 할 수 있다. 따라서, **부하변동에 따른 전압변동은 분권발전기가 타여자 발전기에 비해 크다.**

48. 직류 분권 발전기를 역회전하면?

① 발전되지 않는다.
② 정회전 때와 마찬가지다.
③ 과대전압이 유기된다.
④ 섬락이 일어난다.

풀이 운전 중 **전기자 회전 방향을 반대로 하면** ⇒
- 반대방향의 기전력이 유기되어 계자전류가 반대로 흐르게 된다.
- **잔류 자기를 소멸시켜 발전 불가능**

정답 47. ② 48. ①

49 분권발전기의 회전 방향을 반대로 하면 일어나는 현상은?

① 전압이 유기된다.
② 발전기가 소손된다.
③ 잔류자기가 소멸된다.
④ 높은 전압이 발생한다.

풀이
- 발전기의 회전 방향이 반대로 되면 유기되는 기전력의 방향 및 계자 전류 I_f의 방향이 반대
- 계자 전류의 방향이 반대로 되면 계자 권선의 잔류 자기가 상쇄되어 자속이 0이 된다.
- 자속이 0이 되면 $E = p\phi n \dfrac{Z}{a}$에서 유기 기전력은 0[V]가 된다.

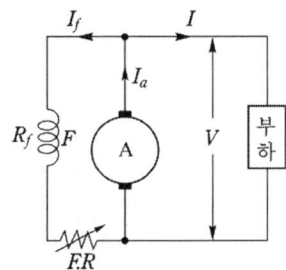

50 계자저항 100[Ω], 계자전류 2[A], 전기자 저항이 0.2[Ω]이고, 무부하 정격속도로 회전하고 있는 직류 분권발전기가 있다. 이때의 유기기전력[V]은?

① 196.2
② 200.4
③ 220.5
④ 320.2

풀이

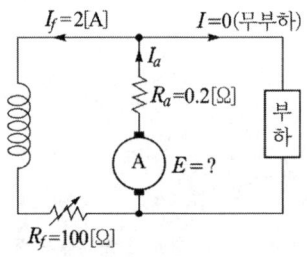

단자 전압 V는 계자 회로의 전압 강하와 같으므로
$$V = R_f I_f = 100 \times 2 = 200 \,[V]$$
$I_a = I + I_f$에서 무부하 이므로
$I = 0[A]$ ∴ $I_a = I_f$
유기기전력 $E = V + I_a R_a = V + I_f R_a = 200 + 2 \times 0.2 = 200.4[V]$

51 100 [kW], 230 [V] 자여자식 분권 발전기에서 전기자 회로 저항이 0.05 [Ω]이고 계자 회로 저항이 57.5 [Ω]이다. 이 발전기가 정격 전압 전부하에서 운전할 때 유기 전압을 계산하면?

① 232 [V]　　② 242 [V]
③ 252 [V]　　④ 262 [V]

풀이 부하전류 $I = \dfrac{100 \times 10^3}{230} = 434.78[A]$

계자전류 $I_f = \dfrac{230}{57.5} = 4[A]$

전기자 전류 $I_a = I + I_f$ 이므로

유기기전력 $E = V + I_a R_a = V + (I + I_f) R_a$
$= 230 + (434.78 + 4) \times 0.05$
$= 251.94[V]$

52 단자전압 200[V], 계자저항 50[Ω], 부하전류 50[A], 전기자저항 0.15[Ω], 전기자 반작용에 의한 전압강하 3[V]인 직류 분권발전기가 정격속도로 회전하고 있다. 이때 발전기의 유도기 전력은 약 몇 [V] 인가?

① 211.1　　② 215.1
③ 225.1　　④ 230.1

풀이 분권 발전기

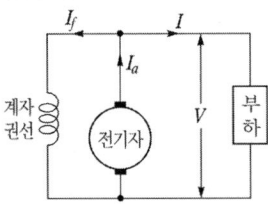

분권발전기에서 단자전압 $V = I_f R_f$ 이므로

계자전류 $I_f = \dfrac{V}{R_f} = \dfrac{200}{50} = 4[A]$

전기자 전류 $I_a = I + I_f = 50 + 4 = 54[A]$

전기자 저항 $R_a = 0.15[\Omega]$인 경우,

∴ $E = V + I_a R_a + e = 200 + 54 \times 0.15 + 3 = 211.1[V]$

정답　51. ③　52. ①

53 단자전압 220[V], 부하전류 50[A]인 분권발전기의 유도 기전력은 몇 [V]인가?
(단, 여기서 전기자 저항은 0.2[Ω]이며, 계자전류 및 전기자 반작용은 무시한다.)

① 200
② 210
③ 220
④ 230

풀이

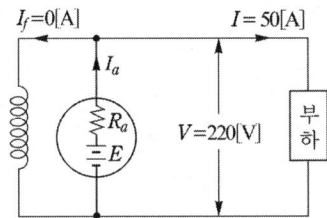

전기자 전류 $I_a = I + I_f$에서 계자 전류를 무시($I_f = 0$)하면 $I_a = I = 50[A]$ 가 된다.
∴ $E = V + I_a R_a = 220 + 50 \times 0.2 = 230[V]$

54 정격전압 100[V], 정격전류 50[A]인 분권발전기의 유기기전력은 몇 [V]인가?
(단, 전기자 저항 0.2[Ω], 계자전류 및 전기자 반작용은 무시한다.)

① 110
② 120
③ 125
④ 127.5

풀이

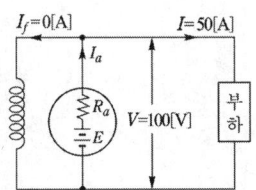

전기자 전류 $I_a = I + I_f$에서 계자 전류를 무시($I_f = 0$)하면 $I_a = I = 50[A]$ 가 된다.
∴ $E = V + I_a R_a = 100 + 50 \times 0.2 = 110[V]$

정답 53. ④ 54. ①

55 50[Ω]의 계자저항을 갖는 직류 분권발전기가 있다. 이 발전기의 출력이 5.4[kW]일 때 단자전압은 100[V], 유기기전력은 115[V]이다. 이 발전기의 출력이 2[kW]일 때 단자전압이 125[V]라면 유기기전력은 약 몇 [V] 인가?

① 130 ② 145
③ 152 ④ 159

풀이

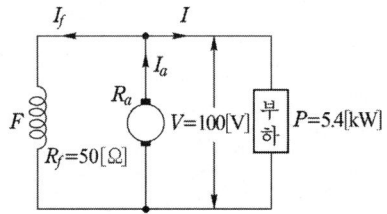

① 출력 5.4[kW]일 때
- 단자전압 $V=100[V]$, 유기기전력 $E=115[V]$
- 계자전류 $I_f = \dfrac{V}{R_f} = \dfrac{100}{50} = 2[A]$
- 부하전류 $I = \dfrac{P}{V} = \dfrac{5400}{100} = 54[A]$
- 전기자 전류 $I_a = I + I_f = 54 + 2 = 56[A]$
- 유기 기전력 $E = V + I_a R_a$에서

  전기자 저항 $R_a = \dfrac{E-V}{I_a} = \dfrac{115-100}{56} = 0.27[\Omega]$

② 출력 2[kW]일 때
- 단자전압 $V=125[V]$
- 계자전류 $I_f = \dfrac{V}{R_f} = \dfrac{125}{50} = 2.5[A]$ (계자 저항 R_f 값은 변함이 없다.)
- 부하전류 $I = \dfrac{P}{V} = \dfrac{2000}{125} = 16[A]$
- 전기자 전류 $I_a = I + I_f = 16 + 2.5 = 18.5[A]$
- 유기기전력 $E = V + I_a R_a = 125 + 18.5 \times 0.27 = 130[V]$

정답 55. ①

56 100[V], 10[A], 1500[rpm]인 직류 분권발전기의 정격 시의 계자전류는 2[A]이다. 이 때 계자회로에는 10[Ω]의 외부저항이 삽입되어 있다. 계자권선의 저항[Ω]은?

① 20
② 40
③ 80
④ 100

풀이

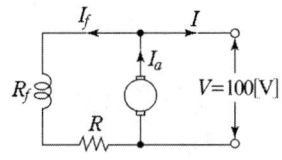

$V = I_f(R_f + R)$

$\therefore R_f = \dfrac{V}{I_f} - R = \dfrac{100}{2} - 10 = 40[\Omega]$

57 유기 기전력 210[V], 단자 전압 200[V]인 5[kW] 분권 발전기의 계자 저항이 500[Ω]이면 그 전기자 저항[Ω]은?

① 0.2
② 0.4
③ 0.6
④ 0.8

풀이

$I_f = \dfrac{V}{R_f} = \dfrac{200}{500} = 0.4[A]$

$I = \dfrac{P}{V} = \dfrac{5 \times 10^3}{200} = 25[A]$

전기자 전류 $I_a = I + I_f$ 이므로

$I_a = 25 + 0.4 = 25.4[A]$

또한, $V = E - I_a R_a$ 식에서

$\therefore R_a = \dfrac{E - V}{I_a} = \dfrac{210 - 200}{25.4} = \dfrac{10}{25.4} = 0.39[\Omega]$

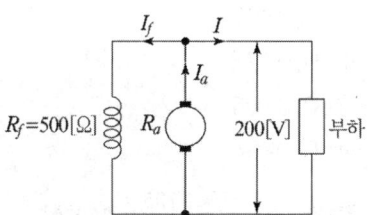

정답 56. ② 57. ②

58 정격전압 220[V], 무부하 단자전압 230[V], 정격출력이 40[kW]인 직류 분권발전기의 계자 저항이 22[Ω], 전기자 반작용에 의한 전압강하가 5[V]라면 전기자 회로의 저항[Ω]은 약 얼마인가?

① 0.026
② 0.028
③ 0.035
④ 0.042

풀이
- $E = V + I_a R_a + e_a$
  여기서, E : 유기기전력
  V : 단자전압
  I_a : 전기자 전류
  R_a : 전기자 저항
  e_a : 전기자 반작용에 의한 전압강하

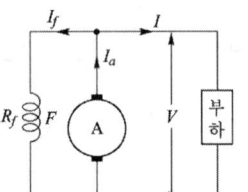

- 계자전류 $I_f = \dfrac{V}{R_f} = \dfrac{220}{22} = 10[A]$
- 부하전류 $I = \dfrac{P}{V} = \dfrac{40000}{220} = 181.82[A]$
- 전기자전류 $I_a = I + I_f = 181.82 + 10 = 191.82[A]$

∴ 전기자 저항 $R_a = \dfrac{E - V - e_a}{I_a} = \dfrac{230 - 220 - 5}{191.82} = 0.026[\Omega]$

59 어떤 직류 발전기의 유기 기전력이 206[V]이다. 이것에 1.25[Ω]의 부하 저항을 연결하였을 때의 단자 전압은 195[V]이었다. 전기자 저항은 몇 [Ω]인가?

① 0.0321
② 0.0424
③ 0.0705
④ 0.0894

풀이 $I = \dfrac{V}{R} = \dfrac{195}{1.25} = 156[A]$, $E = V + I r_a$ [V] 이므로

∴ $r_a = \dfrac{E - V}{I} = \dfrac{206 - 195}{156} = 0.0705[\Omega]$

60 200[kW], 200[V]의 직류 분권발전기가 있다. 전기자 권선의 저항이 0.025[Ω]일 때 전압변동률은 몇 [%] 인가?

① 6.0
② 12.5
③ 20.5
④ 25.0

풀이 무부하 단자전압 V_0는

$$V_0 = V_n + R_a I_a = 200 + 0.025 \times \frac{200 \times 10^3}{200} = 225\,[V]$$

그러므로, 전압변동률 ϵ[%]

$$\therefore \epsilon = \frac{V_0 - V_n}{V_n} \times 100 = \frac{225 - 200}{200} \times 100 = 12.5[\%]$$

61 정격 200[V], 10[kW] 직류 분권발전기의 전압변동률은 몇 [%]인가? (단, 전기자 및 분권계자 저항은 각각 0.1[Ω], 100[Ω] 이다.

① 2.6
② 3.0
③ 3.6
④ 4.5

풀이

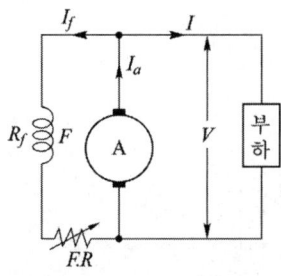

계자전류 $I_f = \dfrac{V}{R_f} = \dfrac{200}{100} = 2[A]$

부하전류 $I = \dfrac{P}{V} = \dfrac{10000}{200} = 50[A]$

전기자 전류 $I_a = I + I_f = 50 + 2 = 52[A]$

무부하 전압 $V_0 = V + I_a R_a = 200 + 52 \times 0.1 = 205.2[V]$

전압변동률 $\epsilon = \dfrac{V_0 - V_n}{V_n} \times 100 = \dfrac{205.2 - 200}{200} \times 100 = 2.6[\%]$

정답 60. ② 61. ①

62 가동 복권 발전기의 내부 결선을 바꾸어 분권 발전기로 하자면?

① 내분권 복권형으로 해야 한다.
② 외분권 복권형으로 해야 한다.
③ 분권 계자를 단락시킨다.
④ 직권 계자를 단락시킨다.

풀이

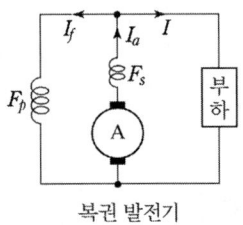

복권 발전기

직권 계자 권선 F_s 을 단락시킨다. 외분권, 내분권들은 어느 것이나 복권 발전기의 일종이다.

63 직류 가동복권발전기를 전동기로 사용하면 어느 전동기가 되는가?

① 직류 직권전동기
② 직류 분권전동기
③ 직류 가동복권전동기
④ 직류 차동복권전동기

풀이

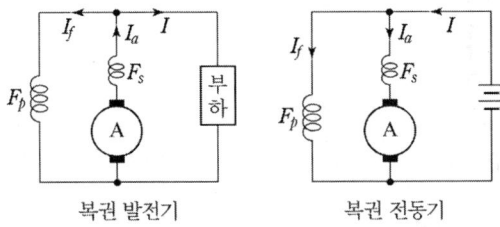

복권 발전기   복권 전동기

직류 가동복권발전기를 전동기로 사용하면, 분권 계자권선(F_p)에 흐르는 전류의 방향은 변함이 없으나 직권계자권선(F_s)에 흐르는 전류는 발전기로 사용할 때와는 반대방향의 전류가 흐르게 되어 **직류 차동 복권 전동기**가 된다.

정답 62. ④ 63. ④

64 외분권 차동 복권 발전기의 단자 전압 V는? (단, Φ_s[Wb] : 직권 계자 권선에 의한 자속, Φ_f [Wb] : 분권 계자의 자속, R_a[Ω] : 전기자의 저항, R_s[Ω] : 직권 계자 저항, I_a[A] : 전기자의 전류, I[A] : 부하 전류, n[rps] : 속도, $k = \dfrac{pZ}{a}$ 이며 자기회로의 포화현상과 전기자 반작용은 무시한다.)

① $V = k(\Phi_f + \Phi_s)n - I_a R_a - IR_s$ [V]
② $V = k(\Phi_f - \Phi_s)n - I_a R_a - IR_s$ [V]
③ $V = k(\Phi_f + \Phi_s)n - I_a(R_a + R_s)$ [V]
④ $V = k(\Phi_f - \Phi_s)n - I_a(R_a + R_s)$ [V]

풀이
- 단자전압 $V = E - I_a(R_a + R_s)$ [V]
- 유기 기전력 $E = p\Phi n \dfrac{Z}{a} = k\Phi n$ [V]
- 차동 복권 이므로 전체 자속 $\Phi = \Phi_f - \Phi_s$
  (분권 계자 권선의 자속과 직권 계자 권선의 자속이 서로 반대 방향)
- $V = k(\Phi_f - \Phi_s)n - I_a(R_a + R_s)$ [V]

65 직류 분권 발전기의 전압확립에 대한 내용으로 틀린 것은?

① 잔류자기에 의해 초기 전압이 발생한다.
② 전압이 상승하면 여자전류도 증가한다.
③ 자기포화가 되면 전압 증가가 느려진다.
④ 회전 방향은 전압 형성에 영향을 주지 않는다.

풀이 자여자 발전기의 전압 확립
① 자여자 발전기에는 잔류자기가 있어 발전기를 회전시키면 소량의 전압이 발생하고, 이 전압이 계자에 전류를 흘려보내 자속을 증가시켜 전압이 점차 높아진다.
그러나 계자 철심이 자기포화 상태에 이르면 자속 증가가 제한되면서 전압 상승도 서서히 멈추고 일정한 값으로 안정된다.
② 운전 중 **전기자 회전 방향을 반대로 하면** ⇒
- 반대방향의 기전력이 유기되어 계자전류가 반대로 흐르게 된다.
- **잔류 자기를 소멸시켜 발전 불가능**

정답 64. ④ 65. ④

66. 직류발전기의 특성곡선에서 각 축에 해당하는 항목으로 틀린 것은?

기 21-3

① 외부특성곡선 : 부하전류와 단자전압
② 부하특성곡선 : 계자전류와 단자전압
③ 내부특성곡선 : 무부하전류와 단자전압
④ 무부하특성곡선 : 계자전류와 유도기전력

풀이

구 분	횡축	종축	조 건	
무부하 포화 곡선	I_f	$V(=E)$	$n=$일정	$I=0$
외부 특성 곡선	I	V	$n=$일정	$R_f=$일정
내부 특성 곡선	I	E	$n=$**일정**	$R_f=$**일정**
부하 특성 곡선	I_f	V	$n=$일정	$I=$일정
계자 조정 곡선	I	I_f	$n=$일정	$V=$일정

(단, V : 단자전압, E : 유기 기전력, I : 부하전류, I_f : 계자전류)

67. 직류 발전기의 외부 특성곡선에서 나타내는 관계로 옳은 것은?

기 19-2, 기 16-1

① 계자전류와 단자전압
② 계자전류와 부하전류
③ 부하전류와 단자전압
④ 부하전류와 유기기전력

풀이

구 분	횡축	종축	조 건
무부하 포화 곡선	I_f	$V(=E)$	$n=$일정, $I=0$
외부 특성 곡선	I (부하전류)	V (단자전압)	$n=$일정, $R_f=$일정
내부 특성 곡선	I	E	$n=$일정, $R_f=$일정
부하 특성 곡선	I_f	V	$n=$일정, $I=$일정
계자 조정 곡선	I	I_f	$n=$일정, $V=$일정

정답 66. ③ 67. ③

68. 직류 분권 발전기를 병렬 운전을 하기 위해서는 발전기 용량 P와 정격 전압 V는?

① P와 V 모두 달라도 된다.
② P는 같고, V는 달라도 된다.
③ P와 V가 모두 같아야 한다.
④ P는 달라도 V는 같아야 한다.

풀이 직류 발전기의 병렬 운전 조건은 다음과 같다.
① 전압의 크기와 극성이 같을 것
② 외부 특성 곡선이 어느 정도 수하 특성일 것(단, 직권 특성과 과복권 특성은 균압선을 설치할 것)
③ 각 발전기의 부하 전류를 그 정격 전류의 백분율로 표시한 외부 특성 곡선이 거의 같을 것
그러므로 **직류 분권 발전기를 병렬 운전하려면 정격 전압 V는 같아야 하지만 용량 P는 달라도 된다.**

69. 전부하시의 단자전압이 무부하시의 단자전압보다 높은 직류발전기는?

① 분권발전기
② 평복권발전기
③ 과복권발전기
④ 차동복권발전기

풀이 복권발전기의 외부특성곡선

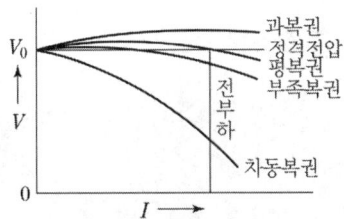

가동 복권 발전기에서 직권 계자 권선의 기자력을 더 많게 하여 부하 전류 증대에 따른 전압 강하보다 **부하시의 전압을 더 크게** 하여 전압 변동률을 (−)로 설계한 발전기를 **과복권 발전기**라 한다.

전압변동률 = $\dfrac{\text{무부하 전압} - \text{정격전압}}{\text{정격전압}} \times 100[\%]$

정답 68. ④ 69. ③

70 용접용으로 사용되는 직류발전기의 특성 중에서 가장 중요한 것은?

① 과부하에 견딜 것
② 전압변동률이 적을 것
③ 경부하일 때 효율이 좋을 것
④ 전류에 대한 전압특성이 수하특성일 것

풀이 방전을 안정하게 지속시키기 위하여 방전 용접에 사용되는 전원은 직류, 교류를 막론하고 **전류가 증가하면 전압이 저하하는 수하 특성**을 가지고 있어야 한다.

71 직류발전기를 병렬운전 할 때 균압모선이 필요한 직류기는?

① 직권발전기, 분권발전기
② 복권발전기, 직권발전기
③ 복권발전기, 분권발전기
④ 분권발전기, 단극발전기

풀이
• 균압모선의 목적 : 직류발전기의 안정된 병렬 운전을 위하여
• 병렬운전 시 **균압모선이 필요한 발전기 : 직권 발전기**, 평복권 발전기, 과복권 발전기
• 병렬운전 시 균압모선이 필요없는 발전기 : 분권 발전기, 부족복권 발전기, 차동복권 발전기

72 직류 발전기의 병렬 운전 조건 중 잘못된 것은?

① 단자 전압이 같을 것
② 외부 특성이 같을 것
③ 극성을 같게 할 것
④ 유도 기전력이 같을 것

풀이 병렬 운전 조건
① 정격 전압 및 극성이 같을 것
② 외부 특성 곡선이 어느 정도 수하 특성일 것
③ 용량이 다를 경우 [%] 부하 전류로 나타낸 외부 특성 곡선이 거의 일치할 것
즉, 직류발전기의 병렬운전에서 **유기기전력의 크기는 달라도 되지만 단자전압의 크기는 같아야 한다.**

정답 70. ④ 71. ② 72. ④

73 직류발전기의 병렬 운전에서 부하 분담의 방법은?

① 계자전류와 무관하다.
② 계자전류를 증가하면 부하분담은 감소한다.
③ 계자전류를 증가하면 부하분담은 증가한다.
④ 계자전류를 감소하면 부하분담은 증가한다.

> **풀이** 계자전류 I_f를 증가시키면 유기기전력 E가 증가하게 된다. ($E = K\phi n = KI_f n$)
> 따라서, 직류발전기의 병렬운전 조건인 단자전압이 같아야 하므로 단자전압 $V = E - I_a R_a$에서 E가 증가하면 I_a가 증가하여 **부하 분담은 증가**한다.

74 균압선을 설치하여 병렬 운전하는 발전기는?

① 타여자 발전기
② 분권 발전기
③ 복권 발전기
④ 동기기

> **풀이** 균압선의 목적은 병렬 운전을 안정하게 하기 위하여 설치하는 것으로 일반적으로 **직권 및 복권 발전기**에서는 직권 계자 코일에 흐르는 전류에 의하여 병렬 운전이 불안정하게 되므로, 균압선을 설치하여 직권 계자 코일에 흐르는 전류를 분류하게 한다.

75 직류발전기의 병렬운전에 있어서 균압선을 붙이는 발전기는?

① 타여자발전기
② 직권발전기와 분권발전기
③ 직권발전기와 복권발전기
④ 분권발전기와 복권발전기

> **풀이** 직권계자가 있는 직류 직권발전기와 직류 복권발전기는 안정된 병렬운전을 하기 위하여 **균압선**을 설치해야 한다.

정답 73. ③ 74. ③ 75. ③

76 직류 복권발전기의 병렬운전에 있어 균압선을 붙이는 목적은 무엇인가?

① 손실을 경감한다.
② 운전을 안정하게 한다.
③ 고조파의 발생을 방지한다.
④ 직권계자간의 전류증가를 방지한다.

풀이 직권계자가 있는 직류 직권발전기와 직류 복권발전기는 **안정된 병렬운전**을 하기 위하여 **균압선**을 **설치**해야 한다.

정답 76. ②

2. 직류 전동기

1) 원리

직류 전동기는 직류 전력을 기계적 동력으로 변환시키는 장치이며 구조는 직류 발전기와 같다.
- 발전기의 유기기전력 : 플레밍의 오른손 법칙
- 전동기의 운동 방향 : 플레밍의 왼손법칙

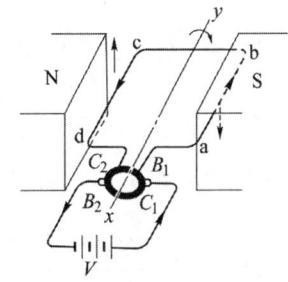

2) 역기전력

$$E_c = p\phi n \frac{Z}{a} [V]$$

여기서, V : 단자 전압 [V], E_c : 역기전력 [V], p : 극수
ϕ : 자속 [Wb], I_a : 전기자 전류 [A], R_a : 전기자 권선 저항 [Ω]
n : 회전수 [rps], Z : 전체 도체 수, a : 내부 병렬 회로 수

3) 타여자 전동기

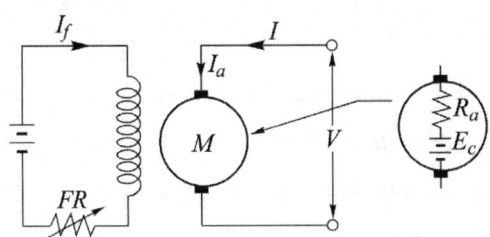

(1) 역기전력 $E_c = p\phi n \frac{Z}{a} [V]$, $E_c = V - I_a R_a [V]$

(2) 회전 속도 $n = K \frac{E_c}{\phi} = K \frac{V - I_a R_a}{\phi} [rps]$ (단, $K = \frac{a}{pZ}$)

(3) 출력 $P = E_c I_a = 2\pi n T [W]$

(4) 토오크 $T = \frac{E_c I_a}{2\pi n} = \frac{p\phi n \frac{Z}{a} I_a}{2\pi n} = \frac{pZ}{2\pi a} \phi I_a = K\phi I_a [N \cdot m]$

(5) 타여자 전동기에서 계자전류를 0으로 하면 자속 ϕ가 0이 되어 회전자 속도가 상승하여 위험하게 되므로 계자회로에는 퓨즈를 넣어서는 안된다.

(6) 공급 전원의 방향을 반대로 하며 회전방향은 반대로 된다.

4) 분권 전동기

(1) 계자 전류 $I_f = \dfrac{V}{R_f}$

(2) 전원에서 흘러들어가는 전전류 $I = I_a + I_f$
 (여기서, I_a : 전기자 전류, I_f : 계자전류)

(3) 회전 속도 $n = K \dfrac{V - I_a R_a}{\phi}$ [rps]

(4) 출력 $P = E_c I_a = 2\pi n T$ [W]

(5) 토오크 $T = \dfrac{E_c I_a}{2\pi n} = \dfrac{p\phi n \dfrac{Z}{a} I_a}{2\pi n} = \dfrac{pZ}{2\pi a}\phi I_a = K\phi I_a$ [N·m]

토오크 $T = \dfrac{P}{2\pi \dfrac{N}{60}} \times \dfrac{1}{9.8} = 0.975 \times \dfrac{P}{N}$ [kg·m]

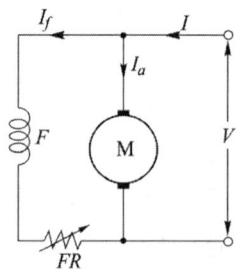

(6) 계자 회로가 단선이 되면 자속 ϕ가 0이 되어 경부하시에는 원심력에 의해 기계가 파괴될 정도의 과속도에 도달할 수 있으므로 주의하여야 한다.

(7) 공급 전원의 방향을 반대로 하면 계자 전류와 전기자 전류의 방향이 동시에 반대로 되어 회전 방향은 바뀌지 않는다.

5) 직권 전동기

(1) 전기자 전류 = 계자 전류 = 부하 전류 ($I_a = I_f = I$)

(2) 단자 전압 $V = E_c + I_a(R_s + R_a)$
 (여기서, R_s : 직권계자 권선저항, R_a : 전기자 저항)

(3) 회전속도 $n = K \cdot \dfrac{V - I_a(R_a + R_s)}{\phi}$ [rps]

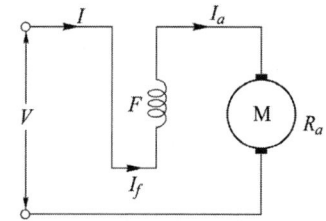

(4) 토크 $T = \dfrac{E_c I_a}{2\pi n} = \dfrac{p\phi n \dfrac{Z}{a} I_a}{2\pi n} = \dfrac{pZ}{2\pi a}\phi I_a = K\phi I_a$ [N·m]

① 부하 전류가 적어 철심의 자기포화가 되지 않는 범위 $T = K I_a^2$ [N·m]

② 부하 전류가 증가하여 철심이 자기포화된 경우 $T = K I_a$ [N·m]

(5) 직권 전동기에서 무부하가 되면($I = I_a = I_f = 0$, $\phi = 0$) 속도는 무한대가 되어 원심력 때문에 기계를 파괴할 염려가 있다. 따라서, 직권 전동기는 벨트 운전을 하지 않는다.

(6) 직권전동기의 용도
 직권전동기는 전차, 기중기등의 부하 변동이 심하고 큰 기동토크가 요구되는 기기에 주로 사용된다.

6) 속도 변동률

$$\epsilon = \frac{N_0 - N_n}{N_n} \times 100[\%]$$

(N_0 : 무부하 속도, N_n : 정격부하에서 정격속도)

7) 직류 분권 전동기의 속도 제어법

구 분	제어 특성	특 징
계자 제어법	· 정출력 제어	· 속도제어 범위가 좁다.
전압 제어법	· 정토크 제어 　┌ 워드 레오나드 방식 　└ 일그너 방식	· 제어범위가 넓다. · 손실이 매우 적다. · 정역운전이 가능 · 설비비가 많이 든다.
직렬 저항법		· 효율 나쁘다.

8) 직권 전동기의 속도제어

(1) 계자 제어법　　(2) 직렬 저항 제어법　　(3) 직·병렬 제어법

9) 직류기의 제동법

(1) 발전 제동 : 전동기를 발전기로 동작시켜 그때 발생된 전력을 열로 소비하여 제동
(2) 회생 제동 : 전동기를 발전기로 동작시켜 발생하는 전력을 전원으로 반환함으로써 제동
(3) 역상 제동(플러깅 제동) : 전기자의 결선을 바꾸어 역 방향의 토크를 발생하여 급 제동하는 방법

3. 직류기의 손실, 효율 및 정격

1) 손실의 종류

```
총 손실 ┬ 무부하손 ┬ 철 손 …… 히스테리시스손, 와류손
        │          ├ 분권 계자 권선 동손, 타여자 권선 동손
        │          └ 기계손 …… 풍손, 베어링 마찰손, 브러시 마찰손
        └ 부하손 ┬ 전기자 저항손
                 ├ 계자 저항손 (분권 계자 권선 및 타여자 권선 제외)
                 ├ 브러시 손
                 └ 표류 부하손 …… 철손, 기계손, 동손 이외의 손실
```

2) **실측 효율** $\eta = \dfrac{출력}{입력} \times 100 [\%]$

3) **규약효율(전기적 에너지를 기준으로 하여 암기)**

   (1) 발전기 (입력 : 기계적 에너지, 출력 : 전기적 에너지)

   $\eta = \dfrac{출력}{출력 + 손실} \times 100 [\%]$ (입력=출력+손실)

   (2) 전동기 (입력 : 전기적 에너지, 출력 : 기계적 에너지)

   $\eta = \dfrac{입력 - 손실}{입력} \times 100 [\%]$ (출력=입력−손실)

4) **최대효율 발생 조건** : 무부하손(고정손) = 부하손(가변손)

4. 직류기의 시험

1) 직류기의 온도시험

(1) 실부하법

실부하법은 발전기 또는 전동기에 **실제로 부하를 인가**하여 온도상승을 시험하는 방법으로 일반적으로 **소용량의 경우로 한정**된다.

(2) 반환 부하법

중용량 이상의 기계에서 사용하며, 손실을 공급하는 방법에 따라 **블론델법, 카프법 및 홉킨스 법**이 있다.

2) 토크 및 출력측정

(1) 소형의 전동기 토크 측정법

① 와전류 제동기   ② 프로니(plony) 브레이크법

(2) 대형의 전동기 토크 측정법

① 전기 동력계법 $T = 0.975 \dfrac{P}{N} = W \cdot L [\text{kg} \cdot \text{m}]$

여기서, W : 저울추의 지시값[kg], L : 암(arm)의 길이[m]

CHAPTER. 1 직류기
출제예상문제

01 기 17-2

직류전동기에서 정속도(constant speed)전동기라고 볼 수 있는 전동기는?

① 직권전동기
② 타여자전동기
③ 화동복권전동기
④ 차동복권전동기

풀이

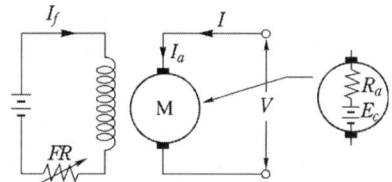

타여자 전동기는 **계자전류를 외부전원에서 일정하게 공급**할 수 있으므로 부하변동에 의한 속도 변화가 적어 **정속도 전동기**라고 할 수 있다.

02 산기 23-1, 산기 25-2

직류전동기 중 부하가 변하면 속도가 심하게 변하는 전동기는?

① 분권 전동기
② 직권 전동기
③ 차동 복권 전동기
④ 가동 복권 전동기

풀이 **직권 전동기**는 전기자 권선과 계자 권선이 직렬로 되어 $I = I_a = I_f$ [A]가 된다. 따라서 **부하 전류 I의 증감에 따라서 자속 ϕ도 변화**하게 된다.
직권 전동기에서 R_a 및 R_s값이 매우 적기 때문에 $I_a(R_a + R_s)$값도 적게되어 무시하면 직권 전동기의 속도 $n = K\dfrac{V - I_a(R_a + R_s)}{\phi}$에서 $n = K\dfrac{V}{\phi}$로 되어 $n \propto \dfrac{1}{\phi} \propto \dfrac{1}{I}$ 가 된다.
따라서, 직권전동기는 부하의 변화에 따라 전동기의 속도도 크게 변화게 된다.

정답 01. ② 02. ②

03 직류 직권전동기의 운전상 위험속도를 방지하는 방법 중 가장 적합한 것은?

① 무부하 운전한다.
② 경부하 운전한다.
③ 무여자 운전한다.
④ 부하와 기어를 연결한다.

풀이 직권 전동기에서는 $I_a = I = I_f$이므로 $I = I_f \propto \phi$가 된다.

회전 속도 $n = K\dfrac{V - I_a(R_a + R_s)}{\phi}$에서 알 수 있듯이 **무부하 상태**($I = 0$, 즉 $\phi = 0$)가 되면 **속도가 급격히 상승**하여 원심력으로 파괴될 우려가 있다. 그러므로, 직권 전동기로 다른 기계를 운전하려면, 반드시 **직결하거나 기어(gear)를 사용하여야 한다**.

04 부하전류가 크지 않을 때 직류 직권전동기 발생 토크는? (단, 자기회로가 불포화인 경우이다.)

① 전류에 비례한다.
② 전류에 반비례한다.
③ 전류의 제곱에 비례한다.
④ 전류의 제곱에 반비례한다.

풀이 [조건1]
부하 전류가 적어 철심이 **자기포화가 되지 않는 범위**에서
직권전동기는 $I_a = I_f = I \propto \phi$ 이므로 $T = KI_a^2 [\text{N} \cdot \text{m}]$
[조건2]
부하 전류가 증가하여 철심이 자기포화된 경우에는 자속 ϕ는 일정하므로
$T = KI_a [\text{N} \cdot \text{m}]$

정답 03. ④ 04. ③

산기 22-1, 산기 24-1

05 정격 전압에서 전 부하로 운전하는 직류 직권전동기의 부하전류가 50[A]이다. 부하토크가 반으로 감소하면 부하전류는 약 몇 [A] 인가? (단, 자기포화는 무시한다.)

① 25　　　　　　　　　　② 35
③ 45　　　　　　　　　　④ 50

풀이 토크와 속도와의 관계 (자기포화가 되지 않는 범위, 즉 $\phi \propto I$)에서
$T = K_1 \phi I_a$ 에서 $T = K_2 I^2$ (∵ 직권전동기에서 $I_a = I_f = I \propto \phi$ 이다.)

따라서, $T : \dfrac{1}{2}T = 50^2 : I^2$

∴ $I^2 = \dfrac{1}{2} \times 50^2$, $I = \dfrac{1}{\sqrt{2}} \times 50 = 35.36[A]$

기 22-1

06 직류 직권전동기의 발생 토크는 전기자 전류를 변화시킬 때 어떻게 변하는가? (단, 자기포화는 무시한다.)

① 전류에 비례한다.
② 전류에 반비례한다.
③ 전류의 제곱에 비례한다.
④ 전류의 제곱에 반비례한다.

풀이 직류직권 전동기의 토오크 $P = E_c I_a = 2\pi n T$ 에서

$T = \dfrac{E_c I_a}{2\pi n} = \dfrac{p\phi n \dfrac{Z}{a} I_a}{2\pi n} = \dfrac{pZ}{2\pi a} \phi I_a = K\phi I_a [\text{N} \cdot \text{m}]$

(단, $K = \dfrac{pZ}{2\pi a}$)

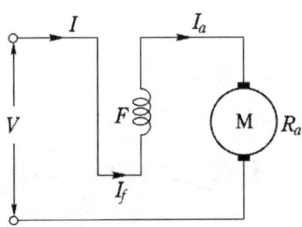

[조건1]
　부하 전류가 적어 철심이 자기포화가 되지 않는
　범위에서 직권전동기는 $I_a = I_f = I \propto \phi$ 이므로
　$T = K I_a^2 [\text{N} \cdot \text{m}]$

[조건2]
　부하 전류가 증가하여 철심이 자기포화된 경우에는 자속 ϕ는 일정하므로
　$T = K I_a [\text{N} \cdot \text{m}]$

정답　05. ②　06. ③

07 정격속도 1732[rpm]의 직류직권전동기의 부하토크가 $\frac{3}{4}$으로 되었을 때의 속도는 약 몇 [rpm]인가? (단, 자기 포화는 무시한다.)

① 1155
② 1550
③ 1750
④ 2000

풀이
- 직권 전동기의 속도 $n = K\dfrac{V}{\phi}$에서 $n \propto \dfrac{1}{\phi} \propto \dfrac{1}{I_a}$
  (직권전동기에서 $I = I_a = I_f \propto \phi$ 이므로)
- 토크 $T = K\phi I_a$ 에서 자기포화를 무시하면 $I_a = I_f \propto \phi$이므로 $T = KI_a^2$가 된다.
- 직류직권전동기는 $T \propto I_a^2 \propto \dfrac{1}{n^2}$이므로

$$\frac{T_1}{T_2} = \frac{n_2^2}{n_1^2} \rightarrow \frac{T_1}{\frac{3}{4}T_1} = \frac{n_2^2}{1732^2}$$

$$\therefore n_2 = \sqrt{\frac{4}{3} \times 1732^2} \fallingdotseq 2000[\text{rpm}]$$

08 100[HP], 600[V], 1200[rpm]의 직류 분권전동기가 있다. 분권 계자저항이 400[Ω], 전기자 저항이 0.22[Ω]이고 정격부하에서의 효율이 90[%]일 때 전부하시의 역기전력은 약 몇 [V]인가?

① 550[V]
② 570[V]
③ 590[V]
④ 610[V]

풀이 전동기의 입력을 P_i 라고 하면

$$P_i = \frac{P_o}{\eta} = \frac{100 \times 746}{0.9} = 82888[\text{W}]$$

전부하 전류 $I = \dfrac{P_i}{V} = \dfrac{82888}{600} = 138[\text{A}]$

계자 전류 $I_f = \dfrac{V}{R_f} = \dfrac{600}{400} = 1.5[\text{A}]$

전기자 전류 $I_a = I - I_f = 138 - 1.5 = 136.5[\text{A}]$

따라서, 역기전력 $E_c = V - I_a R_a = 600 - 136.5 \times 0.22 \fallingdotseq 570[\text{V}]$

09 전기자저항과 계자저항이 각각 0.8[Ω]인 직류직권전동기가 회전수 200[rpm], 전기자전류 30[A]일 때 역기전력은 300[V] 이다. 이 전동기의 단자전압을 500[V]로 사용한다면 전기자 전류가 위와 같은 30[A]로 될 때의 속도[rpm]는? (단, 전기자 반작용, 마찰손, 풍손 및 철손은 무시한다.)

① 200
② 301
③ 452
④ 500

풀이
- 회전수 $n_1 = 200$[rpm] 일 때 역기전력 $E_{c1} = 300$[V]
- 단자전압 500[V] 인가 시 역기전력 E_{c2}
  $E_{c2} = V - I \times (R_a + R_s) = 500 - 30 \times (0.8 + 0.8) = 452$[V]
- 역기전력 $E_c = p\phi n \dfrac{Z}{a} = K\phi n \propto n$

(계자전류가 일정한 경우)에서
$300 : 452 = 200 : n_2$
$n_2 = \dfrac{452}{300} \times 200 = 301.33$[rpm]

10 직류 분권전동기의 공급전압의 극성을 반대로 하면 회전 방향은 어떻게 되는가?

① 반대로 된다.
② 변하지 않는다.
③ 발전기로 된다.
④ 회전하지 않는다.

풀이 직류 분권 전동기의 공급 전압의 극성이 반대로 되면, 계자 전류와 전기자 전류의 방향이 동시에 반대로 된다. 따라서, 회전 방향은 변하지 않는다.

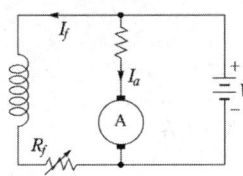 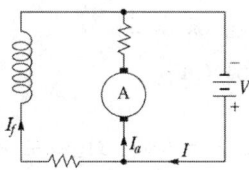

정답 09. ② 10. ②

11 직류 분권전동기 운전 중 계자권선의 저항이 증가할 때 회전속도는?

① 일정하다.　　　　　　　　② 감소한다.
③ 증가한다.　　　　　　　　④ 관계없다.

풀이 $n = k\dfrac{V-I_a R_a}{\phi}$ 에서 자속 ϕ가 감소(여자전류 I_f 감소)하면 회전속도 n이 증가하게 된다.
($I_f = \dfrac{V}{R_f}$ 에서 계자 권선 저항 R_f가 증가하면 계자 전류 I_f는 감소한다.)

기 18-1, 산기 23-2

12 직류전동기의 회전수를 $\dfrac{1}{2}$로 하자면 계자자속을 어떻게 해야 하는가?

① $\dfrac{1}{4}$로 감소시킨다.　　　　② $\dfrac{1}{2}$로 감소시킨다.
③ 2배로 증가시킨다.　　　　④ 4배로 증가시킨다.

풀이 전동기의 회전수 $n = K\dfrac{V-I_a R_a}{\phi} \propto \dfrac{1}{\phi}$ 이므로 n을 $\dfrac{1}{2}$로 하자면 자속 ϕ는 2배가 되어야 한다.

산기 23-1

13 직류 분권전동기 기동 시 계자 저항기의 저항값은?

① 최대로 해 둔다.
② 0(영)으로 해 둔다.
③ 중간으로 해 둔다.
④ 1/3로 해 둔다.

풀이 토크 $T = K\phi I_a$, 회전속도 $N = K\dfrac{V-I_a R_a}{\phi}$
에서 **기동시 계자 저항을 최소**로 하여 계자 전류를 크게(자속 ϕ를 크게)하면 기동 토크가 크게 되고 속도는 저속으로 된다.

정답 11. ③　12. ③　13. ②

14 직류 분권전동기의 전압이 일정할 때 부하토크가 2배로 증가하면 부하전류는 약 몇 배가 되는가?

① 1   ② 2
③ 3   ④ 4

풀이 분권 전동기 토크 $T = K\phi I_a$ [kg·m]에서 $T \propto I_a$ 이므로
$T : 2T = I_a : I_x$, $I_x = 2I_a$

15 직류분권전동기의 전체 도체수는 100이고, 단중 중권이며 자극수는 4, 자속수는 극당 0.628[Wb]이다. 부하를 걸어 전기자에 5[A]가 흐르고 있을 때의 토크는 약 몇 [N·m]인가?

① 15   ② 25
③ 50   ④ 100

풀이 $p = 4$, $Z = 100$, $\phi = 0.628$[Wb], $I_a = 5$[A]
단중 중권이므로 $a = p = 4$이다.
$P = EI_a = p\phi n \dfrac{Z}{a} I_a = 2\pi n T$

$\therefore T = \dfrac{p\phi n \dfrac{Z}{a} I_a}{2\pi n} = \dfrac{p\phi Z I_a}{2\pi a} = \dfrac{4 \times 0.628 \times 100 \times 5}{2\pi \times 4} \fallingdotseq 50$[N·m]

16 총 도체 수 200, 단중파권으로 자극 수 4, 매극 당 자속 수 3.14[Wb]의 부하를 가하여 전기자에 3[A]가 흐르고 있는 직류 분권전동기의 토크는 몇 [N·m]인가?

① 600   ② 500
③ 400   ④ 300

풀이 자극 $p = 4$, 총도체 수 $Z = 200$, 매극 당 자속 수 $\phi = 3.14$[Wb], 전기자 전류 $I_a = 3$[A], 파권이므로 내부 회로 수 $a = 2$이다.

• 역기전력 $E_c = p\phi n \dfrac{Z}{a}$[V]

• $P = 2\pi n T = E_c I_a = p\phi n \dfrac{Z}{a} I_a$

$\therefore T = \dfrac{p\phi Z I_a}{2\pi a} = \dfrac{4 \times 3.14 \times 200 \times 3}{2\pi \times 2} = 600$[N·m]

정답 14. ② 15. ③ 16. ①

17 전기자 총 도체수 500, 6극, 중권의 직류전동기가 있다. 전기자 전 전류가 100[A]일 때의 발생 토크는 약 몇 [kg·m] 인가? (단, 1극당 자속수는 0.01 [Wb] 이다.)

① 8.12
② 9.54
③ 10.25
④ 11.58

풀이 $T = \dfrac{pZ}{2\pi a}\phi I_a = \dfrac{6 \times 500}{2 \times \pi \times 6} \times 0.01 \times 100 = 79.58[\text{N}\cdot\text{m}]$

1 [kg·m] = 9.8[N·m] 이므로

토크 $T = \dfrac{79.58}{9.8} = 8.12[\text{kg}\cdot\text{m}]$

18 직류전동기의 전기자전류가 10[A] 일 때 5[kg·m]의 토크가 발생하였다. 이 전동기의 계자자속이 80[%]로 감소되고, 전기자 전류가 12[A]로 되면 토크는 약 몇 [kg·m]인가?

① 5.2
② 4.8
③ 4.3
④ 3.9

풀이
- 변경 전 $\tau = \dfrac{PZ}{2\pi a}\phi I_a = k\phi I_a = 5[\text{kg}\cdot\text{m}]$에서

  $k\phi = \dfrac{5}{I_a} = \dfrac{5}{10} = 0.5$

- 변경 후 $\tau' = k\phi' I_a' = k\phi \times 0.8 I_a' = 0.5 \times 0.8 \times 12 = 4.8[\text{kg}\cdot\text{m}]$

19 직류 분권전동기가 전기자 전류 100[A]일 때 50 [kg·m]의 토크를 발생하고 있다. 부하가 증가하여 전기자 전류가 120[A]로 되었다면 발생 토크[kg·m]는 얼마인가?

① 60
② 67
③ 88
④ 160

풀이
- 분권 전동기 토크 $T = K\phi I_a$ [kg·m]에서 $T \propto I_a$ 이므로

  $100 : 120 = 50 : T'$

  $\therefore T' = \dfrac{120}{100} \times 50 = 60[\text{kg}\cdot\text{m}]$

정답 17. ① 18. ② 19. ①

20 200[V], 10[kW]의 직류 분권전동기가 있다. 전기자저항은 0.2[Ω], 계자저항은 40[Ω]이고 정격전압에서 전류가 15[A]인 경우 5[kg · m]의 토크를 발생한다. 부하가 증가하여 전류가 25[A]로 되는 경우 발생 토크[kg · m]는?

① 2.5　　② 5
③ 7.5　　④ 10

풀이

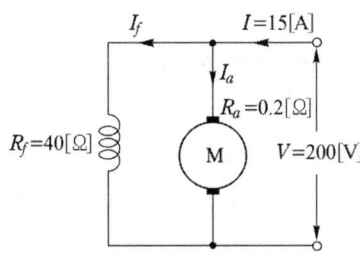

직류 분권전동기

- 계자전류 $I_f = \dfrac{V}{R_f} = \dfrac{200}{40} = 5[A]$
- 전기자 전류 $I_a = I - I_f = 15 - 5 = 10[A]$
- 부하가 증가 한 경우 전기자 전류 $I_a' = I' - I_f = 25 - 5 = 20[A]$
- 분권 전동기 토크 $T = K\phi I_a [N \cdot m]$에서 $T \propto I_a$ 이므로
  $5 : T' = 10 : 20$
  $\therefore T' = 10[kg \cdot m]$

21 단자전압 110[V], 전기자 전류 15[A], 전기자 회로의 저항 2[Ω], 정격속도 1800[rpm]으로 전부하에서 운전하고 있는 직류 분권전동기의 토크는 약 몇 [N · m]인가?

① 6.0　　② 6.4
③ 10.08　　④ 11.14

풀이
- 역기전력 $E_c = V - R_a I_a = 110 - 2 \times 15 = 80[V]$
- 전기자 발생 기계 동력 $P_m = E_c I_a = 80 \times 15 = 1200[W]$
- $P_m = E_c I_a = 2\pi n T [N \cdot m]$에서
  토크 $T = \dfrac{P_m}{2\pi n} = \dfrac{1200}{2\pi \times \dfrac{1800}{60}} = 6.37[N \cdot m]$

정답 20. ④　21. ②

22 어떤 직류전동기가 역기전력 200[V], 매분 1200회전으로 토크 158.76[N·m]를 발생하고 있을 때의 전기자 전류는 약 몇 [A]인가? (단, 기계손 및 철손은 무시한다.)

① 90   ② 95
③ 100 ④ 105

풀이 출력 $P = E_c I_a = 2\pi n T$ [W]에서

전기자전류 $I_a = \dfrac{2\pi n T}{E_c} = \dfrac{2\pi \times \dfrac{1200}{60} \times 158.76}{200} = 99.75$[A]

23 단자전압 100[V], 전기자 전류 10[A], 전기자 회로 저항 1[Ω], 회전수 1800[rpm]으로 전부하 운전하고 있는 직류 전동기의 토크는 약 몇 [kg·m]인가?

① 0.049 ② 0.49
③ 49   ④ 490

풀이
- 역기전력 $E_c = V - I_a R_a = 100 - 10 \times 1 = 90$[V]
- $P = 2\pi n T = E_c I_a$ 에서

토크 $T = \dfrac{E_c I_a}{2\pi n} = \dfrac{90 \times 10}{2\pi \times \dfrac{1800}{60}} = 4.775$[N·m] $= \dfrac{4.775}{9.8}$[kg·m] $= 0.487$[kg·m]

24 직류 분권전동기에서 단자전압 210[V], 전기자전류 20[A], 1500[rpm]으로 운전할 때 발생 토크는 약 몇 [N·m]인가? (단, 전기자저항은 0.15[Ω]이다.)

① 13.2 ② 26.4
③ 33.9 ④ 66.9

풀이 $V = 210$[V], $I_a = 20$[A], $N = 1500$[rpm], $r_a = 0.15$[Ω] 이므로
$E_c = V - I_a R_a = 210 - (20 \times 0.15) = 207$[V]

발생 토크 $T = \dfrac{P}{\omega} = \dfrac{E_c I_a}{2\pi n} = \dfrac{E_c I_a}{2\pi \dfrac{N}{60}}$ 에서

$T = \dfrac{207 \times 20}{2\pi \times \dfrac{1500}{60}} = 26.36$[N·m]

정답 22. ③ 23. ② 24. ②

25 직류 분권전동기의 단자전압과 계자전류를 일정하게 하고 2배의 속도로 2배의 토크를 발생하는데 필요한 전력은 처음 전력의 몇 배인가?

① 불변
② 2배
③ 4배
④ 8배

풀이 출력 $P = \omega T = 2\pi \times \dfrac{N}{60} \times T$ 에서 $P \propto NT$

따라서, $P : P' = NT : (2N)(2T)$
$P' = 4P$

26 직류 분권전동기를 무부하로 운전 중 계자회로에 단선이 생긴 경우 발생하는 현상으로 옳은 것은?

① 역전한다.
② 즉시 정지한다.
③ 과속도로 되어 위험하다.
④ 무부하이므로 서서히 정지한다.

풀이 $n = k \dfrac{V - I_a R_a}{\phi}$

에서 계자 회로가 단선되면 ϕ가 0이 되므로 과속도로 되어 위험하다.

정답 25. ③ 26. ③

27 직류 분권전동기의 기동 시에 정격전압을 공급하면 전기자 전류가 많이 흐르다가 회전속도가 점점 증가함에 따라 전기자 전류가 감소하는 원인은?

① 전기자반작용의 증가
② 전기자권선의 저항증가
③ 브러시의 접촉저항증가
④ 전동기의 역기전력상승

풀이

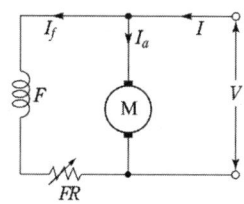

- 단자전압 $V = E_c + I_a R_a$ 에서 전기자 전류 $I_a = \dfrac{V - E_c}{R_a}$[A]가 된다.
- 역기전력 $E_c = p\phi n \dfrac{Z}{a}$[V]에서 $E_c \propto n$
- 기동 시 에는 속도 n이 적기 때문에 역기전력 E_c도 적다.

  따라서, 전기자 전류 $I_a = \dfrac{V - E_c}{R_a}$[A]에서 알 수 있듯이 많은 전류가 흐르게 된다.

  (참고 : 전기자 저항 R_a는 매우 적은 값이다.)

- 속도 n이 점점 증가하게 되면 역기전력 $E_c = p\phi n \dfrac{Z}{a}$도 증가하게 된다.

  따라서, 전기자 전류 $I_a = \dfrac{V - E_c}{R_a}$[V]에서 E_c가 증가하게 되므로 전기자 전류 I_a는 감소하게 된다.

28 직류전동기의 속도제어법이 아닌 것은?

① 계자 제어법
② 전력 제어법
③ 전압 제어법
④ 저항 제어법

풀이 직류전동기의 속도제어법 비교

구 분	제어 특성	특 징
계자제어법	• 정출력 제어	• 속도제어범위가 좁다.
전압제어법	• 정토크 제어 　- 워드 레오나드 방식 　- 일그너 방식	• 제어범위가 넓다. • 손실이 매우 적다. • 정역운전이 가능 • 설비비가 많이 든다.
직렬저항법		• 효율이 나쁘다.

정답 27. ④ 28. ②

기 23-3, 기 17-3

29 직류전동기의 속도제어 방법이 아닌 것은?

① 계자 제어법
② 전압 제어법
③ 주파수 제어법
④ 직렬 저항 제어법

풀이
- 전동기의 회전수 $N = K \dfrac{V - I_a R_a}{\Phi}$
- 직류 전동기의 속도 제어법 비교

구 분	제어 특성	특 징
계자 제어법	• 정출력 제어	• 속도제어 범위가 좁다.

전압 제어법	• 정토크 제어
	  – 워드 레오나드 방식
	  – 일그너 방식
		• 제어범위가 넓다.
		• 손실이 매우 적다.
		• 정역운전이 가능
		• 설비비가 많이 든다.

직렬 저항법		• 효율 나쁘다.

즉, **직류전동기 이므로 주파수와는 무관**하다.

기 21-3

30 직류 직권전동기에서 분류 저항기를 직권권선에 병렬로 접속해 여자전류를 가감시켜 속도를 제어하는 방법은?

① 저항 제어
② 전압 제어
③ 계자 제어
④ 직·병렬 제어

풀이 직권 전동기의 속도제어
① 계자 제어법
  계자 권선에 병렬로 접속한 저항 R_f를 조정해서 계자 전류를 변화시키는 방법과 계자 권선의 중간에 내놓은 탭 접속을 바꾸어 계자를 조정하는 방법이 있다.
② 직렬 저항 제어법
  전기자 회로에 저항을 넣어서 속도를 저하 시키는 방법으로 효율이 나쁜 것이 결점이지만 직·병렬 제어법과 병용하여 많이 사용되는 방법이다.
③ 직·병렬 제어법
  전압 제어법의 일종으로 정격이 같은 전동기를 직·병렬 접속하여 전동기에 인가되는 전압을 조정하여 속도를 제어하는 방법으로 이것만으로는 속도의 변화가 원활하지 못하므로 저항 제어법을 병용한다.

정답 29. ③ 30. ③

31 직류 분권전동기에서 정출력 가변속도의 용도에 적합한 속도제어법은?

① 계자제어
② 저항제어
③ 전압제어
④ 극수제어

풀이 직류 전동기의 속도 제어법 비교

구 분	제어 특성	특 징
계자 제어법	• 정출력 제어	• 속도제어 범위가 좁다.
전압 제어법	• 정토크 제어 – 워드 레오나드 방식 – 일그너 방식	• 제어범위가 넓다. • 손실이 매우 적다. • 정역운전이 가능 • 설비비가 많이 든다.
직렬 저항법		• 효율 나쁘다.

32 직류전동기의 속도제어 방법에서 광범위한 속도제어가 가능하며, 운전효율이 가장 좋은 방법은?

① 계자제어
② 전압제어
③ 직렬 저항제어
④ 병렬 저항제어

풀이 직류 전동기의 속도 제어법 비교

구 분	제어 특성	특 징
계자 제어법	• 정출력 제어	• 속도 제어 범위가 좁다.
전압 제어법	• 정토크 제어 – 워드 레오나드 방식 – 일그너 방식	• **제어 범위가 넓다.** • **손실이 매우 적다.** • 정역 운전이 가능 • 압연기나 권상기 등의 속도제어에 사용 • 설비비가 많이 든다.
직렬 저항법		• 효율이 나쁘다.

정답 31. ① 32. ②

기 20-1,2, 산기 24-3
33 직류전동기의 워드레오나드 속도제어 방식으로 옳은 것은?

① 전압제어
② 저항제어
③ 계자제어
④ 직병렬제어

풀이 직류 전동기의 속도 제어법 비교

구 분	제어 특성	특 징
계자 제어법	• 정출력 제어	• 속도제어 범위가 좁다.
전압 제어법	• 정토크 제어 – 워드 레오나드 방식 – 일그너 방식	• 제어범위가 넓다. • 손실이 매우 적다. • 정역운전이 가능 • 설비비가 많이 든다.
직렬 저항법		• 효율 나쁘다.

산기 22-1
34 직류전동기의 속도제어법 중 정지 워드 레오나드 방식에 관한 설명으로 틀린 것은?

① 광범위한 속도제어가 가능하다.
② 정토크 가변속도의 용도에 적합하다.
③ 제철용압연기, 엘리베이터 등에 사용된다.
④ 직권전동기의 저항제어와 조합하여 사용한다.

풀이 직류 전동기의 속도 제어법 비교

구 분	제어 특성	특 징
계자 제어법	• 정출력 제어	• 속도제어 범위가 좁다.
전압 제어법	• 정토크 제어 – 워드 레오나드 방식 – 일그너 방식	• 제어범위가 넓다. • 손실이 매우 적다. • 정역운전이 가능 • 압연기나 권상기 등의 속도제어에 사용 • 설비비가 많이 든다.
직렬 저항법		• 효율 나쁘다.

정답 33. ① 34. ④

35 그림은 여러 직류전동기의 속도 특성곡선을 나타낸 것이다. 1부터 4까지 차례로 옳은 것은?

① 차동복권, 분권, 가동복권, 직권
② 직권, 가동복권, 분권, 차동복권
③ 가동복권, 차동복권, 직권, 분권
④ 분권, 직권, 가동복권, 차동복권

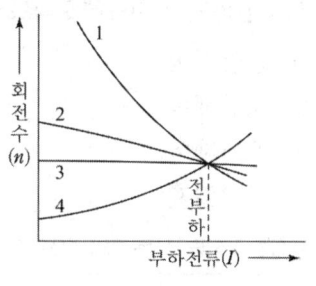

풀이 직류 전동기의 속도 및 토크 특성

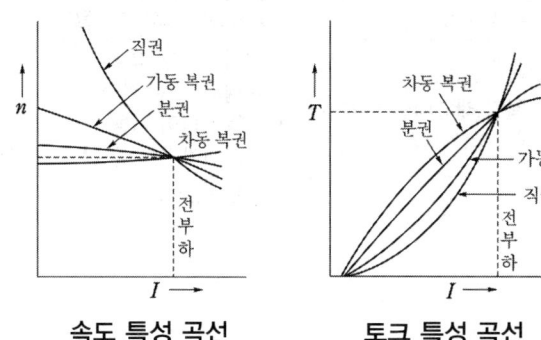

속도 특성 곡선   토크 특성 곡선

36 전동기의 입력이 1[kW]일 때 출력이 1[HP]인 경우 손실은 약 몇[W]인가?

① 154[W]
② 230[W]
③ 254[W]
④ 275[W]

풀이
- 1[HP]= 746[W]
- 손실=입력−출력= 1000 − 746 = 254[W]

정답 35. ② 36. ③

37 220[V], 50[kW]인 직류 직권전동기를 운전하는데 전기자 저항(브러시의 접촉저항 포함)이 0.05[Ω]이고 기계적 손실이 1.7[kW], 표유손이 출력의 1[%]이다. 부하전류가 100[A]일 때의 출력은 약 몇 [kW] 인가?

① 14.5
② 16.7
③ 18.2
④ 19.6

풀이 역기전력
$$E_c = V - (R_a + R_s)I = 220 - 0.05 \times 100 = 215[V]$$
$$\therefore P = E_c I = 215 \times 100 = 21500[W] = 21.5[kW]$$
$$\therefore P' = 21.5 - 1.7 - (21.5 \times 0.01) = 19.6[kW]$$

38 직류 전동기의 실측효율을 측정하는 방법이 아닌 것은?

① 보조 발전기를 사용하는 방법
② 프로니 브레이크를 사용하는 방법
③ 전기 동력계를 사용하는 방법
④ 블론델법을 사용하는 방법

풀이 직류기의 온도시험 방법
① 실부하법
② 반환부하법 : 블론델법, 카프법 및 홉킨스 법
따라서, **블론델법**은 효율을 측정하는 방법이 아니라 **온도시험 방법의 한 종류**이다.

정답 37. ④ 38. ④

기 19-1, 산기 22-2, 산기 24-1

39 직류기의 손실 중 기계손에 속하는 것은?

① 풍손
② 와전류손
③ 히스테리시스손
④ 브러시의 전기손

풀이

총손실	무부하손	철손	히스테리시스손
			와류손
		기계손 : **풍손**, 베어링 마찰손, 브러시 마찰손
	부하손	전기자 저항손 $P_c = I_a^2 R$[W]
		브러시 전기손
		표유부하손 : 권선 이외 부분의 누설 자속에 의해 발생

기 18-2

40 직류기의 철손에 관한 설명으로 틀린 것은?

① 성층철심을 사용하면 와전류손이 감소한다.
② 철손에는 풍손과 와전류손 및 저항손이 있다.
③ 철에 규소를 넣게 되면 히스테리시스손이 감소한다.
④ 전기자 철심에는 철손을 작게 하기위해 규소강판을 사용한다.

풀이
1. 총손실
  (1) 무부하손
    ① 철손
      ㉠ **히스테리시스손** $P_h = \sigma_h f B_a^{1.6}$[W/m³]
      ㉡ **와류손** $P_e = \sigma_e (t f B_a)^2$[W/m³]
    ② 기계손 : **풍손**, 베어링 마찰손, 브러시 마찰손
  (2) 부하손
    ① **전기자 저항손** $P_c = I_a^2 R$[W]
    ② 브러시 손
    ③ 표류 부하손 : 철손, 기계손, 동손 이외의 손실
2. 성층철심 ⇒ 와류손 감소
3. 규소강판 ⇒ 히스테리시스손 감소
즉, **풍손은 기계손, 저항손은 부하손에 해당한다.**

정답 39. ① 40. ②

41 다음 중 전기기계에 있어서 히스테리시스손을 감소시키기 위하여 어떻게 하는 것이 가장 좋은가?

① 성층 철심 사용 ② 규소 강판 사용
③ 보극 설치 ④ 보상 권선 설치

풀이
- 규소강판 ⇒ 히스테리 시스손 감소
- 성층철심 ⇒ 와류손 감소

42 직류전동기의 규약효율을 나타낸 식으로 옳은 것은?

① $\dfrac{출력}{입력} \times 100[\%]$ ② $\dfrac{입력}{입력+손실} \times 100[\%]$

③ $\dfrac{출력}{출력+손실} \times 100[\%]$ ④ $\dfrac{입력-손실}{입력} \times 100[\%]$

풀이 규약효율 (전기적 에너지를 기준으로 하여 암기)
- 전동기 (입력 ; 전기적 에너지, 출력 ; 기계적 에너지) : 입력이 전기적 에너지이므로 입력을 기준
 $\eta = \dfrac{입력 - 손실}{입력} \times 100[\%]$ (출력 = 입력 - 손실)
- 발전기 (입력 : 기계적 에너지, 출력 : 전기적 에너지) : 출력이 전기적 에너지이므로 출력을 기준
 $\eta = \dfrac{출력}{출력 + 손실} \times 100[\%]$ (입력 = 출력 + 손실)

43 출력이 20[kW]인 직류발전기의 효율이 80[%]이면 전 손실은 약 몇 [kW]인가?

① 0.8 ② 1.25
③ 5 ④ 45

풀이
- 효율 $\eta = \dfrac{출력}{입력} \times 100 = \dfrac{출력}{출력 + 손실} \times 100 = \dfrac{P}{P+P_l} \times 100$ 에서
- 전 손실 $P_l = \dfrac{P}{\dfrac{\eta}{100}} - P = \dfrac{20}{0.8} - 20 = 5[kW]$

정답 41. ② 42. ④ 43. ③

44 직류발전기가 90[%] 부하에서 최대효율이 된다면 이 발전기의 전부하에 있어서 고정손과 부하손의 비는?

① 1.1
② 1.0
③ 0.9
④ 0.81

풀이
- 최대 효율은 $m^2 P_c = P_i$ 일 때(즉, 고정손과 부하손이 서로 같을 때) 발생
- $\dfrac{P_i}{P_c} = m^2 = 0.9^2 = 0.81$

  여기서, P_i : 철손(고정손)
  P_c : 동손(가변손, 부하손)
  m : 부하율

45 직류발전기를 3상 유도전동기에서 구동하고 있다. 이 발전기에 55[kW]의 부하를 걸 때 전동기의 전류는 약 몇 [A] 인가? (단, 발전기의 효율은 88[%], 전동기의 단자전압은 400[V], 전동기의 효율은 88 [%], 전동기의 역률은 82[%]로 한다.)

① 125
② 225
③ 325
④ 425

풀이
- 발전기의 입력 $P_g = \dfrac{P}{\eta_g} = \dfrac{55}{0.88} = 62.5$[kW]
- 발전기의 입력=전동기의 출력 이므로 전동기의 출력 $P_0 = 62.5$[kW]
- 전동기의 입력 $P_i = \dfrac{P_0}{\eta_m} = \dfrac{62.5}{0.88} = 71.02$[kW]
- 전동기 전류 $I = \dfrac{P_i}{\sqrt{3}\, V\cos\theta} = \dfrac{71.02 \times 10^3}{\sqrt{3} \times 400 \times 0.82} = 125.01$[A]

정답 44. ④ 45. ①

46 정격이 10[HP], 200[V]인 직류 분권전동기가 있다. 전부하 전류는 46[A], 전기자저항은 0.25[Ω], 계자저항은 100[Ω]이며, 브러시 접촉에 의한 전압강하는 2[V], 철손과 마찰손을 합쳐 380[W]이다. 표류부하손을 정격출력의 1[%]라 한다면 이 전동기의 효율[%]은?
(단, 1[HP] = 746[W] 이다.)

① 84.5
② 82.5
③ 80.2
④ 78.5

풀이
- $I_f = \dfrac{V}{R_f} = \dfrac{200}{100} = 2[A]$
- $E_c = V - I_a R_a - e_b = 200 - 44 \times 0.25 - 2 = 187[V]$
- $P_m = E_c I_a = 187 \times 44 = 8228[W]$
- 표류부하손 $= 10 \times 746 \times 0.01 = 74.6[W]$

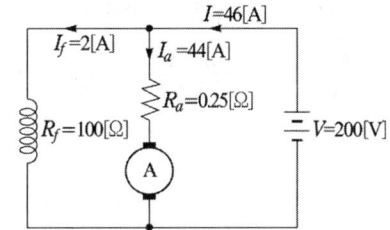

- 효율 $\eta = \dfrac{P_m - (\text{철손} + \text{기계손} + \text{표류부하손})}{VI} \times 100$

  $= \dfrac{8228 - (380 + 74.6)}{200 \times 46} \times 100 = 84.49[\%]$

46. ①

47 직류 분권전동기가 있다. 그 출력이 9[kW]일 때, 단자전압은 220[V], 입력전류는 51.5[A], 계자전류는 1.5[A], 회전속도는 1500[rpm]이였다. 이때의 발생 토크[kg·m]와 효율[%]은? (단, 전기자 저항은 0.1 [Ω]이다.)

① 5.85[kg·m], 94.8[%]
② 6.98[kg·m], 79.4[%]
③ 36.74[kg·m], 79.4[%]
④ 57.33[kg·m], 94.8[%]

풀이
- 전기자 전류 $I_a = I - I_f = 51.5 - 1.5 = 50[A]$
- 전기자 역기전력 $E_c = V - R_a I_a = 220 - 0.1 \times 50 = 215[V]$
- 기계적 출력 $P = E_c I_a = 215 \times 50 = 10750[W]$
- 발생 토크 $\tau = 0.975 \dfrac{P}{N} = 0.975 \times \dfrac{10750}{1500} = 6.98[kg \cdot m]$
- 효율 $\eta = \dfrac{출력}{입력} \times 100 = \dfrac{P}{VI} \times 100 = \dfrac{9 \times 10^3}{220 \times 51.5} \times 100 = 79.43[\%]$

48 대형 직류 전동기의 토크를 측정하는데 가장 적당한 방법은?

① 전기 동력계
② 와전류 제동기
③ 프로니 브레이크법
④ 앰플리다인

풀이
- 전기 동력계 : 대형 전동기 및 수차 등의 출력이나 토크 측정
- 와전류 제동기 : 소형의 전동기 토크 측정
- 프로니 브레이크 법 : 소형의 전동기 토크 측정
- 앰플리다인 : 증폭기

정답 47. ② 48. ①

49 직류기의 온도상승 시험 방법 중 반환부하법의 종류가 아닌 것은?

① 카프법 ② 홉킨슨법
③ 스코트법 ④ 블론델법

풀이 직류기의 온도시험
직류기의 온도시험에는 실부하법과 반환 부하법이 있다.
① **실부하법**
실부하법은 발전기 또는 전동기에 실제로 부하를 인가하여 온도상승을 시험하는 방법으로 일반적으로 소용량의 경우로 한정된다.
② **반환 부하법**
반환 부하법에서는 동일 정격(정격 출력, 정격 전압, 정격 속도)의 기계 2대를 기계적으로 연결하여 1대는 발전기, 다른 1대는 전동기로서 운전하여 상호간에 전력 및 기계적 동력을 서로 주고 받도록 하면 양기의 손실만큼만 외부에서 에너지를 공급하면 되므로 경제적이 된다. 따라서, 양기의 손실을 공급하는 방법에 따라 **블론델법, 카프법 및 홉킨스 법**이 있다.
그러나, **스코트법은 3상에서 2상의 전원을 얻는 결선방법**이다.

50 전동력 응용기기에서 GD^2의 값이 적은 것이 바람직한 기기는?

① 압연기 ② 엘리베이터
③ 송풍기 ④ 냉동기

풀이 **엘리베이터용 전동기**는 일반적으로 성능이 높은 신뢰도를 지니며 기동 토크가 큰 것이 요구된다. 또한 사용빈도가 높으며, 마이너스 부하로부터 과부하까지 광범위하게 제어가 되어야 할 뿐만 아니라 기동 전류와 전동기의 GD^2이 작아야 하고, 소음 및 속도와 회전력의 맥동이 없어야 한다.

51 1 [kg·m]의 회전력으로 매분 1000회전하는 직류 전동기의 출력[kW]은 다음의 어느 것에 가장 가까운가?

① 0.1 ② 1
③ 2 ④ 5

풀이 $P = 2\pi n T = 2\pi \times \dfrac{1000}{60} \times 1 \times 9.8 = 1026.25[W] \fallingdotseq 1[kW]$

정답 49. ③ 50. ② 51. ②

CHAPTER 2 동기기

1. 동기 발전기

1) 동기 속도 $N_s = \dfrac{120f}{p}$ [rpm]

2) 동기기에서 분포권의 장점 및 단점

   (1) 장점

   ① 기전력의 파형이 좋아진다.
   ② 권선의 누설리액턴스가 감소
   ③ 전기자에 발생되는 열을 골고루 분포시켜 과열을 방지

   (2) 단점 : 집중권에 비해 합성 유기 기전력이 감소

3) 분포권 계수

$$K_{dn} = \dfrac{\sin\dfrac{n\pi}{2m}}{q\sin\dfrac{n\pi}{2mq}} \quad (n\text{차 고조파},\ q : \text{매극매상 당 슬롯 수},\ m : \text{상수})$$

4) 매극 매상 당 슬롯 수 = $\dfrac{\text{총 슬롯 수}}{\text{상수} \times \text{극수}}$

5) 단절권의 장·단점

   (1) 장점

   ① 고조파를 제거하여 기전력의 파형을 개선하고
   ② 동의 양이 적게 되는 이점이 있다.

   (2) 단점 : 전절권에 비해 합성 유기기전력이 감소

6) 단절권 계수

$$K_{pn} = \sin\frac{n\beta\pi}{2} \quad (n\text{차 고조파}, \ \beta = \frac{\text{코일간격}}{\text{극간격}})$$

7) 동기기의 전기자 권선법

권선법 $\begin{cases} \text{환산권} \times \\ \text{고상권} \ \bigcirc \end{cases}$ $\begin{cases} \text{개로권} \times \\ \text{폐로권} \ \bigcirc \end{cases}$ $\begin{cases} \text{단층권} \times \\ \text{이층권} \ \bigcirc \end{cases}$ $\begin{cases} \text{파권} \times \\ \text{중권} \ \bigcirc \end{cases}$ $\begin{cases} \text{집중권} \times \\ \text{분포권} \ \bigcirc \\ \\ \text{전절권} \times \\ \text{단절권} \ \bigcirc \end{cases}$

8) 전기자 권선을 Y결선으로 하는 이유

(1) 중성점을 접지할 수 있으므로 권선보호 장치의 시설이 용이
(2) 이상전압의 방지 대책이 용이
(3) 권선의 불평형 및 제3고조파에 의한 순환전류가 흐르지 않는다.
(4) 상전압은 선간 전압의 $\frac{1}{\sqrt{3}}$ 이 되어 코일의 절연이 용이하고 코로나 발생을 억제

9) 고조파 기전력을 제거하여 정현파로 하기 위해 채용되는 방법

(1) 매극 매상의 슬롯수 q를 크게 한다.
(2) 단절권 및 분포권으로 한다.
(3) 전기자 철심을 사(skewed slot) 슬롯으로 한다.
(4) Y(성형)결선을 한다.

10) 유기 기전력

(1) 1개의 도체에 유기되는 기전력의 순시치 $e = Blv[\text{V}]$
(2) 권수 W에 유기되는 기전력의 실효치 $E = 4.44K_w f W\phi[\text{V}]$

11) 전압변동률

$$\epsilon = \frac{V_0 - V_n}{V_n} \times 100[\%] \quad (V_0 : \text{무부하 단자전압}, \ V_n : \text{정격단자전압})$$

(1) 유도부하인 경우 : $\epsilon > 0 \ (V_0 > V_n)$
(2) 용량부하인 경우 : $\epsilon < 0 \ (V_0 < V_n)$

12) 동기 발전기의 출력

(1) 비돌극기(원통형)의 출력

- 단상 발전기 $P ≒ \dfrac{EV}{x_s}\sin\delta$

  (E : 유기기전력, V : 단자전압, δ : 부하각)

- 3상 발전기 $P ≒ \dfrac{3EV}{x_s}\sin\delta$

- 최대 출력 : 부하각 $\delta = 90°$에서 발생

(2) 돌극기의 출력

- 출력 $P = \dfrac{EV}{x_d}\sin\delta + \dfrac{V^2(x_d - x_q)}{2x_d x_q}\sin 2\delta$

  (x_d : 직축 동기 리액턴스, x_q : 횡축 동기 리액턴스)

- 최대 출력 : 부하각 $\delta ≒ 60°$에서 발생

13) 전기자 반작용

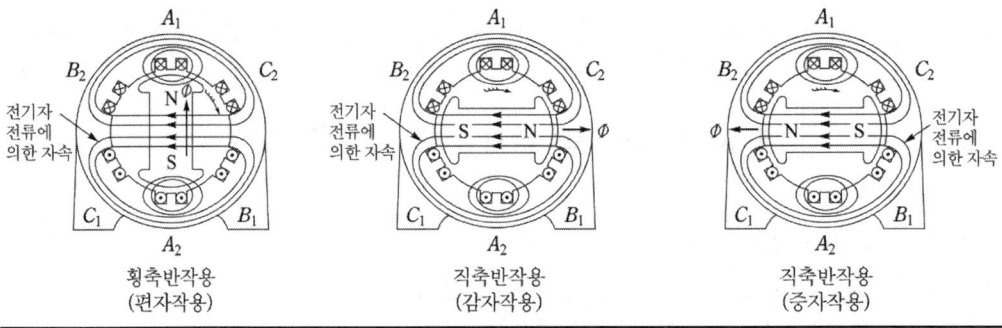

역 률	부 하	전류와 전압과의 위상	작 용
역률 1	저항	I_a가 E와 동상인 경우	교차 자화 작용(횡축 반작용)
뒤진역률 0	유도성 부하	I_a가 E보다 $\pi/2$ 뒤지는 경우	감자 작용(직축 반작용)
앞선역률 0	용량성 부하	I_a가 E보다 $\pi/2$ 앞서는 경우	증자 작용(자화 작용)

(1) 횡축 반작용 성분 : $I\cos\theta$

(2) 직축 반작용 성분 : $I\sin\theta$

- 전압보다 $\dfrac{\pi}{2}$ 앞선 $I\sin\theta$(진상전류, 콘덴서 부하) : 증자작용
- 전압보다 $\dfrac{\pi}{2}$ 뒤진 $I\sin\theta$(지상전류, 리액터 부하) : 감자작용

2. 동기 발전기의 특성

1) 동기 임피던스

$$Z_s = r_a + jx_s = r_a + j(x_a + x_l)\ [\Omega]$$

r_a : 전기자 저항$[\Omega]$

x_a : 전기자 반작용 리액턴스$[\Omega]$

x_l : 전기자 누설 리액턴스$[\Omega]$)

동기 임피던스 $Z_s = \dfrac{E_n}{I_s} = \dfrac{V_n}{\sqrt{3}\,I_s}\ [\Omega]$

2) %동기 임피던스 $\%Z_s$

(1) $\%Z_s = \dfrac{Z_s I_n}{E_n} \times 100\ [\%]$

(2) $\%Z_s = \dfrac{P Z_s}{10 V^2}\ [\%]$

(P : 기준용량[kVA], V : 선간전압[kV])

3) 리액턴스의 크기 비교

(1) 초기 과도 리액턴스 < 과도 리액턴스 < 동기리액턴스
(2) 돌극형 동기 발전기 : $x_d > x_q$ (x_d : 직축 동기리액턴스)
(3) 원통형(비철극기) 동기발전기 : $x_d = x_q = x_s$ (x_q : 횡축 동기리액턴스)

4) 단락 전류

(1) 돌발 단락 전류 $I_s = \dfrac{E}{r_a + jx_l} \fallingdotseq \dfrac{E}{jx_l}$ (돌발 단락 전류 억제 : 누설 리액턴스 x_l)

(2) 영구 단락 전류 $I_s = \dfrac{E}{r_a + jx_s} = \dfrac{E}{r_a + j(x_a + x_l)} \fallingdotseq \dfrac{E}{jx_s}$

($x_s = x_a + x_l$, 영구 단락 전류 억제 : 동기 리액턴스 x_s)

5) 단락 시 흐르는 단락전류의 크기변화

단락초기 막대한 과도 전류가 흐르다가 점차 감소하여 수초 후에는 영구 단락 전류값에 이르게 된다.

6) 단락비

$$K_s = \frac{I_f'}{I_f''} = \frac{1}{Z\,[\text{PU}]}$$

여기서, I_f' : 무부하에서 정격 전압을 유기하는데 요하는 여자 전류

I_f'' : 3상 영구 단락 전류를 통하는 데 요하는 여자 전류

7) 철기계(돌극형)의 특징

① 단락비가 크다.
② 동기 임피던스가 적다.
③ 반작용 리액턴스 x_a가 적다.
④ 전압 변동률이 양호해진다.
⑤ 기계의 중량이 크다.
⑥ 과부하 내량이 증대
⑦ 극수가 많은 저속기에 적합하다.
⑧ 안정도가 높다.

8) 동기계(원통형, 비돌극형)의 특징

① 단락비가 적다.
② 동기 임피던스가 크다.
③ 전기자 반작용이 크다.
④ 중량이 가볍고, 가격이 싸다.

9) 발전기의 병렬운전 조건

① 기전력의 크기가 같을 것
② 기전력의 위상이 같을 것
③ 기전력의 주파수가 같을 것
④ 기전력의 파형이 같을 것

이 외에도 3상 동기 발전기의 병렬 운전 시에는 상회전 방향이 같아야 한다.

10) 동기화 전류(유효전류)

$$I_s = \frac{E_1}{x_s}\sin\frac{\delta}{2}\,[\text{A}] \quad (\delta : \text{위상차})$$

11) 동기화력(유효전력)

$$P_s = \frac{E_1^{\,2}}{2x_s} \sin \delta [\text{W}] \quad (x_s : 동기리액턴스)$$

12) 부하의 분담

① 유효 전력의 분담 : 원동기의 속도 특성에 따라 정해진다.
② 무효 전력의 분담 : 기전력의 크기. 즉, 계자 전류의 크기에 의해 결정된다.

13) 동기발전기의 안정도 향상대책

① 동기 임피던스를 작게 한다.
② 속응 여자 방식을 채택한다.
③ 단락비를 크게 한다.
④ 동기 탈조 계전기를 사용한다.
⑤ 회전자에 플라이 휘일을 설치하여 관성 모멘트를 크게 한다.
⑥ 정상 임피던스는 작고, 영상, 역상 임피던스를 크게 한다.

14) 동기발전기의 시험 및 측정

측정 항목	시험의 종류
철손	무부하 시험
기계손	무부하 시험
동기임피던스	단락 시험
동기리액턴스	단락 시험
단락비	무부하(포화)시험, 단락 시험

CHAPTER. 2 동기기
출제예상문제

01 기 16-1

12극의 3상 동기발전기가 있다. 기계각 15°에 대응하는 전기각은?

① 30 ② 45
③ 60 ④ 90

풀이▶ 전기각 α_e[rad] = 기하학적 각도 α[rad]$\times \dfrac{p}{2}$
$= 15°\times \dfrac{12}{2} = 90°$

02 기 21-2

동기발전기에서 동기속도와 극수와의 관계를 옳게 표시한 것은?
(단, N : 동기속도, p : 극수이다.)

① 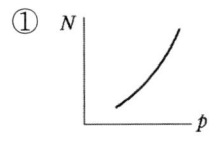   ②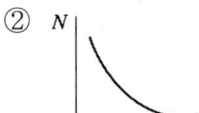

③ 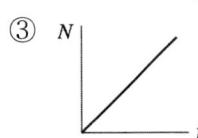   ④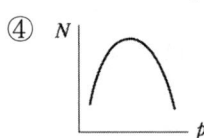

풀이▶ 동기속도 $N = \dfrac{120f}{p} \propto \dfrac{1}{p}$
즉, 동기 속도는 극수 p에 반비례하므로 쌍곡선이 된다.

정답 01. ④ 02. ②

03 3상 20000[kVA]인 동기발전기가 있다. 이 발전기는 60[Hz]일 때는 200[rpm], 50[Hz]일 때는 약 167[rpm]으로 회전한다. 이 동기발전기의 극수는?

① 18극　　　　　　　　　　　② 36극
③ 54극　　　　　　　　　　　④ 72극

풀이
- 동기속도 $N_s = \dfrac{120f}{P}$ [rpm]에서 극수 $P = \dfrac{120f}{N_s}$ [극]
- 60[Hz]일 때 200[rpm]으로 회전하므로 극수 P는
$$P = \dfrac{120f}{N_s} = \dfrac{120 \times 60}{200} = 36[\text{극}]$$

04 동기발전기의 회전자 둘레를 2배로 하면 회전자 주변속도는 몇 배가 되는가?

① 1　　　　　　　　　　　② 2
③ 4　　　　　　　　　　　④ 8

풀이 회전자 주변속도 $v = \pi D n_s$ [m/s]에서 $v \propto \pi D$ 이므로
회전자 둘레(πD)를 2배로 하면 주변속도도 2배로 된다.

05 1상의 유도기전력이 6000[V]인 동기발전기에서 1분간 회전수를 900[rpm]에서 1800[rpm]으로 하면 유도기전력은 약 몇 [V]인가?

① 6000　　　　　　　　　　② 12000
③ 24000　　　　　　　　　　④ 36000

풀이 유도기전력 $e = Blv = Bl \times \pi Dn \propto n$ ($\because v = \pi Dn$)
여기서, B : 자속밀도, l : 도체의 길이, D : 전기자의 직경, n : 회전수
따라서, 유도기전력과 속도는 비례($e \propto n$)하므로,
$6000 : e' = 900 : 1800$
$$\therefore e' = \dfrac{1800}{900} \times 6000 = 12000[\text{V}]$$

정답 03. ②　04. ②　05. ②

기 23-3, 기 17-2

06 동기기의 회전자에 의한 분류가 아닌 것은?

① 원통형
② 유도자형
③ 회전계자형
④ 회전전기자형

풀이 동기 발전기의 회전자에 의한 분류
① **유도자형** : 계자극과 전기자를 함께 고정시키고 그 중앙에 유도자라고 하는 권선이 없는 회전자를 갖춘 것으로 수백~수만[Hz] 정도의 고주파 발전기로 사용된다.
② **회전 계자형** : 전기자를 고정자로 하고 계자극을 회전자로 한 것으로 일반적으로 거의 대부분 회전 계자형을 사용한다.
③ **회전 전기자형** : 계자극을 고정자로 한 것으로 특수용도 및 극히 소용량에 적용

기 23-3

07 동기 발전기에서 전기자 권선과 계자권선이 모두 고정되고 유도자가 회전하는 것은?

① 수차 발전기
② 고주파 발전기
③ 터빈 발전기
④ 엔진 발전기

풀이 **유도자형**
계자극과 전기자를 함께 고정시키고 그 중앙에 유도자라고 하는 권선이 없는 회전자를 갖춘 것으로 주로 수백~수만[Hz] 정도의 **고주파 발전기**로 쓰인다.

산기 22-1

08 발전기의 종류 중 회전계자형으로 하는 것은?

① 동기 발전기
② 유도 발전기
③ 직류 복권발전기
④ 직류 타여자발전기

풀이 회전 계자형은 전기자를 고정자로 하고, 계자극을 회전자로 한 것으로서 발전기 중 현재 가장 많이 사용되고 있는 **동기 발전기는 회전 계자형**으로 되어 있다.

정답 06. ① 07. ② 08. ①

09 동기발전기에 회전계자형을 사용하는 경우에 대한 이유로 틀린 것은?

① 기전력의 파형을 개선한다.
② 전기자가 고정자이므로 고압 대전류용에 좋고, 절연하기 쉽다.
③ 계자가 회전자지만 저압 소용량의 직류이므로 구조가 간단하다.
④ 전기자보다 계자극을 회전자로 하는 것이 기계적으로 튼튼하다.

풀이 회전 계자형 동기 발전기는 전기자를 고정자로 하고 계자극을 회전자로 한 것으로 회전계자형을 사용하는 이유로는
- 전기자 권선은 전압이 높고 결선이 복잡하며, 대용량으로 되면 전류도 커지고, 3상 권선의 경우에는 4개의 도선을 인출하여야 한다.
- 계자 회로는 직류의 저압 회로이므로 소요 동력도 작으며, 인출 도선이 2개만 있어도 되기 때문이다.
- 계자극은 기계적으로 튼튼하게 만드는 데 용이하기 때문이다.
- 고장시의 과도 안정도를 높이기 위하여 회전자의 관성을 크게 하기 쉽기 때문이기도 하다.

그러나 **기전력의 파형을 개선**하기 위해서는 **전기자 권선을 단절권 및 분포권**으로 하여야 한다.

10 동기발전기 종류 중 회전계자형의 특징으로 옳은 것은?

① 고주파 발전기에 사용
② 극소용량, 특수용으로 사용
③ 소요전력이 크고 기구적으로 복잡
④ 기계적으로 튼튼하여 가장 많이 사용

풀이 회전 계자형 동기 발전기는 전기자를 고정자로 하고 계자극을 회전자로 한 것으로 회전계자형을 사용하는 이유로는
- 전기자 권선은 전압이 높고 결선이 복잡하며, 대용량으로 되면 전류도 커지고, 3상 권선의 경우에는 4개의 도선을 인출하여야 한다.
- 계자 회로는 직류의 저압 회로이므로 소요 동력도 작으며, 인출 도선이 2개만 있어도 되기 때문이다.
- **계자극은 기계적으로 튼튼**하게 만드는 데 용이하기 때문이다.
- 고장시의 과도 안정도를 높이기 위하여 회전자의 관성을 크게 하기 쉽기 때문이기도 하다.

정답 09. ① 10. ④

11 3상 동기발전기의 전기자 권선을 Y결선으로 하는 이유로서 적당하지 않은 것은?

① 고조파 순환 전류가 흐르지 않는다.
② 이상전압 방지의 대책이 용이하다.
③ 전기자 반작용이 감소한다.
④ 코일의 코로나, 열화 등이 감소된다.

풀이 전기자 권선을 Y결선으로 하는 이유
① 중성점을 접지할 수 있으므로 권선보호 장치의 시설이 용이
② 이상전압의 방지대책이 용이
③ 권선의 불평형 및 제3고조파에 의한 순환전류가 흐르지 않는다.
④ 상전압은 선간 전압의 $\dfrac{1}{\sqrt{3}}$ 이 되어 코일의 절연이 용이하고 코로나 발생을 억제

12 3상 동기발전기에서 그림과 같이 1상의 권선을 서로 똑같은 2조로 나누어 그 1조의 권선전압을 E[V], 각 권선의 전류를 I[A]라 하고 지그재그 Y형(Zigzag Star)으로 결선하는 경우 선간전압[V], 선전류[A] 및 피상전력[VA]은?

① $3E,\ I,\ \sqrt{3}\times 3E\times I = 5.2EI$
② $\sqrt{3}\,E,\ 2I,\ \sqrt{3}\times\sqrt{3}\,E\times 2I = 6EI$
③ $E,\ 2\sqrt{3}\,I,\ \sqrt{3}\times E\times 2\sqrt{3}\,I = 6EI$
④ $\sqrt{3}\,E,\ \sqrt{3}\,I,\ \sqrt{3}\times\sqrt{3}\,E\times\sqrt{3}\,I = 5.2EI$

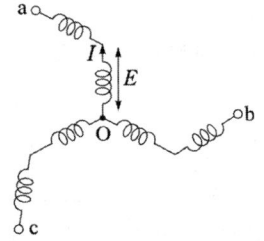

풀이 Y결선에서

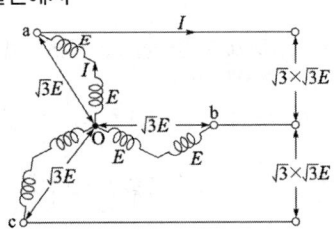

- 선간전압 $= \sqrt{3}\times$상전압
- 선전류 $=$ 상전류
- 피상전력 $= \sqrt{3}\times$선간전압 $\times$ 선전류

13 3상 동기발전기에서 그림과 같이 1상의 권선을 서로 똑같은 2조로 나누어서 그 1조의 권선전압을 E [V], 각 권선의 전류를 I [A]라 하고 2중 Y형(double star)으로 결선한 경우 선간전압 [V], 선전류 [A], 피상전력 [VA]은?

① $3E$, I, $5.19EI$
② $\sqrt{3}E$, $2I$, $6EI$
③ E, $2\sqrt{3}I$, $6EI$
④ $\sqrt{3}E$, $\sqrt{3}I$, $5.19EI$

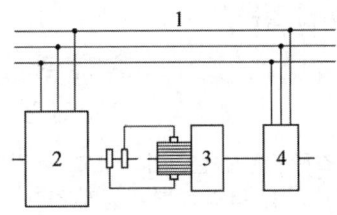

풀이
- Y결선의 선간전압 $V_l = \sqrt{3}E$
- 2개의 코일이 병렬로 되어 있으므로 전체 선전류 $I_l = 2I$
- 피상전력 $P_a = \sqrt{3}V_l I_l = \sqrt{3} \times \sqrt{3}E \times 2I = 6EI$

14 그림은 동기발전기의 구동 개념도이다. 그림에서 2를 발전기라 할 때 3의 명칭으로 적합한 것은?

① 전동기　② 여자기
③ 원동기　④ 제동기

풀이 **여자기의 구동방식**

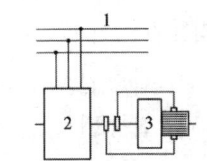
(a) 여자기가 발전기 축단에 연결

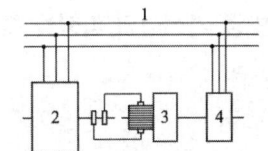
(b) 별도의 전동발전기 사용

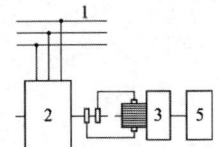
(c) 여자기 전용의 원동기 사용

1 : 모선, 2 : 발전기, 3 : 여자기, 4 : 전동기, 5 : 원동기

정답 13. ② 14. ②

15. 터빈 발전기의 냉각을 수소냉각방식으로 하는 이유로 틀린 것은?

① 풍손이 공기 냉각 시의 약 1/10로 줄어든다.
② 열전도율이 좋고 가스냉각기의 크기가 작아진다.
③ 절연물의 산화작용이 없으므로 절연열화가 작아서 수명이 길다.
④ 반폐형으로 하기 때문에 이물질의 침입이 없고 소음이 감소한다.

풀이 수소 냉각 발전기의 장·단점
① 장점
- 비중이 공기의 약 7[%]로 가볍고 풍손은 공기의 약 1/10로 감소
- 비열이 공기의 약 14배로 열전도성이 좋고, 공기냉각 발전기에 비하여 약 25[%]의 출력이 증가
- 가스 냉각기가 적어도 된다.
- 코로나 발생전압이 높고 절연물의 수명이 길어진다.
- **전폐형으로 함으로써** 불순물의 침입이 없고 운전 중 소음이 적다.

② 단점
- 공기와 적당히 혼합하면 폭발할 우려가 있다.
- 폭발 예방을 위한 부속설비가 필요하며 설비비가 증가

16. 동기기의 전기자 권선법이 아닌 것은?

① 중권
② 2층권
③ 분포권
④ 전절권

풀이 코일 간격이 극 간격과 같은 것을 전절권이라 하고, 극 간격보다 작은 것을 단절권이라 한다. 단절권은 고조파를 제거하고 기전력의 파형을 좋게 하고, 코일 단부가 짧게 되어 동(Cu)의 양이 적게 드는 이점이 있어, 동기기에는 단절권을 사용하며 **전절권은 사용하지 않는다.**

17. 동기기의 권선법 중 기전력의 파형을 좋게 하는 권선법은?

① 전절권, 2층권
② 단절권, 집중권
③ 단절권, 분포권
④ 전절권, 집중권

풀이 ① **단절권의 특징**
- 고조파를 제거하여 **기전력의 파형을 좋게** 하고
- 자기 인덕턴스 감소
- 유기 기전력 감소

② **분포권의 특징**
- 기전력의 고조파가 감소하여 **파형이 좋아진다.**
- 권선의 누설 리액턴스가 감소한다.
- 분포권은 집중권에 비하여 합성 유기 기전력이 감소한다.

정답 15. ④ 16. ④ 17. ③

18 동기기의 전기자 권선법 중 단절권과 분포권을 사용하는 이유 중 가장 중요한 목적은?

① 높은 전압을 얻기 위해서
② 일정한 주파수를 얻기 위해서
③ 좋은 파형을 얻기 위해서
④ 효율을 좋게 하기 위해서

풀이
- 단절권의 장점
  ① 고조파를 제거하여 기전력의 **파형을 좋게 한다.**
  ② 코일 끝부분의 길이가 단축되어 기계 전체의 길이가 축소된다.
  ③ 구리의 양이 적게 든다.
- 분포권의 장점
  ① 기전력의 고조파가 감소하여 **파형이 좋아진다.**
  ② 권선의 누설 리액턴스가 감소한다.
  ③ 전기자 권선에 의한 열을 고르게 분포시켜 과열을 방지한다.

19 동기기의 기전력의 파형 개선책이 아닌 것은?

① 단절권
② 집중권
③ 공극조정
④ 자극모양

풀이 고조파를 소거하여 **기전력의 파형을 개선**하는 방법
① 매극 매상의 슬롯수 q를 크게 한다.
② 부정수(不整數) 슬롯권을 채용한다.
③ **단절권 및 분포권**으로 한다.
④ **반폐 슬롯**을 사용한다.
⑤ 전기자 철심을 스큐 슬롯으로 한다.
⑥ **공극의 길이를 크게** 한다.
⑦ Y결선을 한다.

정답 18. ③ 19. ②

기 18-1
20 교류발전기의 고조파 발생을 방지하는 방법으로 틀린 것은?

① 전기자 반작용을 크게 한다.
② 전기자 권선을 단절권으로 감는다.
③ 전기자 슬롯을 스큐 슬롯으로 한다.
④ 전기자 권선의 결선을 성형으로 한다.

풀이 **고조파 기전력을 소거하는 방법**은 다음과 같다.
① 매극 매상의 슬롯수 q를 크게 한다.
② 부정수(不整數) 슬롯권을 채용한다.
③ **단절권** 및 **분포권**으로 한다.
④ 반폐 슬롯을 사용한다.
⑤ **전기자 철심을 스큐 슬롯**으로 한다.
⑥ 공극의 길이를 크게 한다.
⑦ Y결선을 한다.

기 18-2
21 동기발전기의 전기자권선을 분포권으로 하면 어떻게 되는가?

① 난조를 방지한다.
② 기전력의 파형이 좋아진다.
③ 권선의 리액턴스가 커진다.
④ 집중권에 비하여 합성 유기기전력이 증가한다.

풀이 **분포권의 장 · 단점**
[장점]
• 기전력의 고조파가 감소하여 **파형이 좋아진다.**
• 권선의 누설 리액턴스가 감소한다.
• 전기자 권선에 의한 열을 고르게 분포시켜 과열을 방지한다.
[단점]
• 분포권은 집중권에 비하여 합성 유기 기전력이 감소한다.

정답 20. ① 21. ②

22. 교류기에서 유기기전력의 특정 고조파분을 제거하고 또 권선을 절약하기 위하여 자주 사용되는 권선법은?

① 전절권
② 분포권
③ 집중권
④ 단절권

풀이 ① 기전력의 파형을 좋게 하고, 권선량을 절약하기 위해서는 단절권으로 하여야 한다.
② 단절권의 장점
- **동량 절약**
- 자기 인덕턴스 감소
- **특정 고조파를 제거**하여 파형 개선

23. 동기발전기 단절권의 특징이 아닌 것은?

① 코일 간격이 극 간격보다 작다.
② 전절권에 비해 합성 유기 기전력이 증가한다.
③ 전절권에 비해 코일 단이 짧게 되므로 재료가 절약된다.
④ 고조파를 제거해서 전절권에 비해 기전력의 파형이 좋아진다.

풀이 단절권 : 코일 간격이 극 간격보다 작은 것

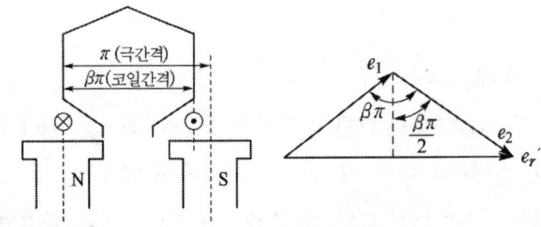

[장점]
① 고조파를 제거하여 기전력의 파형을 개선하고
② 코일 단부가 짧게 되어 기계전체 길이가 축소되어 동의 양이 적게 되는 이점이 있다.
[단점]
① 전절권에 비해 **합성 유기기전력이 감소**

정답 22. ④ 23. ②

24 코일피치와 자극피치의 비를 β라 하면 기본파 기전력에 대한 단절계수는?

① $\sin\beta\pi$

② $\cos\beta\pi$

③ $\sin\dfrac{\beta\pi}{2}$

④ $\cos\dfrac{\beta\pi}{2}$

풀이
- 기본파에 대한 **단절권 계수** $K_p = \sin\dfrac{\beta\pi}{2}$
- n차 고조파에 단절권 계수 $K_{pn} = \sin\dfrac{n\beta\pi}{2}$

여기서, $\beta = \dfrac{\text{코일간격}}{\text{극간격}}$

25 3상 동기발전기의 각 상의 유기기전력에서 제3고조파를 제거할 수 있는 $\beta = \dfrac{\text{코일간격}}{\text{극간격}}$은?
(단, 전기자 권선은 단절권으로 한다.)

① 0.11

② 0.33

③ 0.67

④ 1.34

풀이
- 제n고조파에 대한 단절 계수(코일 간격/극 간격)
  $K_{pn} = \sin\dfrac{n\beta\pi}{2}$ 이므로 제3고조파에 대한 단절 계수 $K_{p3} = \sin\dfrac{3\beta\pi}{2}$ 이다.
- $\sin\theta$의 값이 0이 되기 위해서는 $\theta = 0, \pi, 2\pi, \cdots$가 되어야 한다.
- $\dfrac{3\beta\pi}{2}(=\theta)$가 $0, \pi, 2\pi, \cdots$ 이 되기 위한 β는 $0, 0.67, 1.33, \cdots$ 이나, 이 중에서 **1보다 작고 가장 가까운** $\beta = 0.67$이 제일 적당하다.

정답 24. ③ 25. ③

26 동기발전기의 전기자 권선법 중 집중권인 경우 매극 매상의 홈(slot) 수는?

① 1개
② 2개
③ 3개
④ 4개

풀이
- 집중권 : 1극, 1상의 코일이 차지하는 슬롯수가 1개인 것으로 각 coil에 유기되는 기전력 사이에 위상차가 없다.

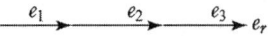

- 분포권 : 1극, 1상의 코일이 차지하는 슬롯수가 2개 이상인 것으로 각 coil에 유기되는 기전력 사이에 위상차가 존재한다. 따라서 전체 기전력의 크기는 집중권에 비해 낮다.

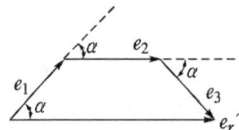

27 슬롯수 36의 고정자 철심이 있다. 여기에 3상 4극의 2층권으로 권선할 때 매극 매상의 슬롯수와 코일수는?

① 3과 18
② 9와 36
③ 3과 36
④ 8과 18

풀이
- 매극매상 슬롯수 $= \dfrac{\text{총 슬롯수}}{\text{상수} \times \text{극수}} = \dfrac{36}{3 \times 4} = 3$
- 코일수 $= \dfrac{\text{총 슬롯수} \times \text{층수}}{2} = \dfrac{36 \times 2}{2} = 36$

정답 26. ① 27. ③

28 상수 m, 매극 매상당 슬롯수 q인 동기발전기에서 n차 고조파분에 대한 분포계수는?

① $\dfrac{q\sin\dfrac{n\pi}{mq}}{\sin\dfrac{n\pi}{m}}$ ② $\dfrac{\sin\dfrac{n\pi}{m}}{q\sin\dfrac{n\pi}{mq}}$

③ $\dfrac{\sin\dfrac{\pi}{2m}}{q\sin\dfrac{n\pi}{2mq}}$ ④ $\dfrac{\sin\dfrac{n\pi}{2m}}{q\sin\dfrac{n\pi}{2mq}}$

풀이 분포권계수

$$K_d = \dfrac{\text{분포권의 유기기전력}}{\text{집중권의 유기기전력}} = \dfrac{e_r{'}}{e_r}$$

으로 다음과 같다.

$$K_d = \dfrac{\sin\dfrac{\pi}{2m}}{q\sin\dfrac{\pi}{2mq}}\text{(기본파)}, \quad K_{dn} = \dfrac{\sin\dfrac{n\pi}{2m}}{q\sin\dfrac{n\pi}{2mq}}\text{(n차 고조파)}$$

여기서, q : 매극 매상당 슬롯수, m : 상수

29 3상 동기발전기의 매극 매상의 슬롯수를 3이라 할 때 분포권 계수는?

① $6\sin\dfrac{\pi}{18}$ ② $3\sin\dfrac{\pi}{36}$

③ $\dfrac{1}{6\sin\dfrac{\pi}{18}}$ ④ $\dfrac{1}{12\sin\dfrac{\pi}{18}}$

풀이 분포권 계수 K_d는

$$K_d = \dfrac{\sin\dfrac{n\pi}{2m}}{q\sin\dfrac{n\pi}{2mq}} \text{ 에서}$$

$n=1$, 상수 $m=3$, 매극, 매상의 슬롯수 $q=3$이므로

$$\therefore\ K_d = \dfrac{\sin\dfrac{\pi}{6}}{3\sin\dfrac{\pi}{2\times 3\times 3}} = \dfrac{\dfrac{1}{2}}{3\sin\dfrac{\pi}{18}} = \dfrac{1}{6\sin\dfrac{\pi}{18}}$$

정답 28. ④ 29. ③

30 4극, 3상 동기기가 48개의 슬롯을 가진다. 전기자 권선 분포 계수 K_d를 구하면 약 얼마인가?

① 0.923
② 0.945
③ 0.957
④ 0.969

풀이 매극 매상당 슬롯 수 q는

$$q = \frac{\text{총 슬롯 수}}{\text{상수} \times \text{극}} = \frac{48}{3 \times 4} = 4$$

$$K_d = \frac{\sin\dfrac{\pi}{2m}}{q\sin\dfrac{\pi}{2mq}} = \frac{\sin\dfrac{\pi}{2\times 3}}{4\times \sin\dfrac{\pi}{2\times 3\times 4}} = 0.957$$

31 20극, 360 [rpm]의 3상 동기 발전기가 있다. 전 슬롯수 180, 2층권 각 코일의 권수 4, 전기자 권선은 성형으로, 단자 전압 6600 [V]인 경우 1극의 자속[Wb]은 얼마인가? 단, 권선 계수는 0.9라 한다.

① 0.0375
② 0.3751
③ 0.0662
④ 0.6621

풀이 $E = 4.44 k_w f W \phi$ [V]에서 1상의 기전력은

$$E = \frac{6600}{\sqrt{3}} = 3810.51 \text{ [V]}$$

$$N_s = \frac{120f}{p} \text{에서 } f = \frac{pN_s}{120} = \frac{20\times 360}{120} = 60 \text{ [Hz]}$$

$$W = \frac{180\times 4}{3} = 240$$

$$\therefore \phi = \frac{3810.51}{4.44\times 0.9 \times 60 \times 240} = 0.0662 \text{ [Wb]}$$

정답 30. ③ 31. ③

32 극수 20, 주파수 60[Hz]인 3상 동기발전기의 전기자권선이 2층 중권, 전기자 전 슬롯 수 180, 각 슬롯 내의 도체 수 10, 코일피치 7슬롯인 2중 성형결선으로 되어 있다. 선간전압 3300[V]를 유도하는데 필요한 기본파 유효자속은 약 몇 [Wb] 인가? (단, 코일피치와 자극피치의 비 $\beta = \dfrac{7}{9}$ 이다.)

① 0.004
② 0.062
③ 0.053
④ 0.07

풀이 유기기전력 $E = 4.44 K_w f W \phi$ [V]
여기서, K_w : 권선계수 ($K_w = K_d \times K_p$), K_d : 분포계수, K_p : 단절계수
f : 주파수, W : 한 상당 권수, ϕ : 자속

① 분포권 계수 (K_d)
매극 매상 당 슬롯 수 q
$$q = \frac{\text{총슬롯수}}{\text{상수} \times \text{극수}} = \frac{180}{3 \times 20} = 3$$
분포권 계수
$$K_d = \frac{\sin\dfrac{\pi}{2m}}{q\sin\dfrac{\pi}{2mq}} = \frac{\sin\dfrac{\pi}{2\times 3}}{3\sin\dfrac{\pi}{2\times 3\times 3}} = 0.96$$

② 단절권 계수 (K_p)
$$K_p = \sin\frac{\beta\pi}{2} = \sin\left(\frac{7}{9} \times \frac{\pi}{2}\right) = 0.94$$

③ 한 상당 권수 (W)
$$W = \frac{180 \times 10}{3 \times 2} \times \frac{1}{2} = 150$$

∴ 자속 $\phi = \dfrac{E}{4.44 K_w f W} = \dfrac{E}{4.44 K_d K_p f W}$
$$= \frac{3300/\sqrt{3}}{4.44 \times 0.96 \times 0.94 \times 60 \times 150} = 0.053 \text{[Wb]}$$

33 돌극형 동기발전기에서 직축 동기리액턴스를 X_d, 횡축 동기리액턴스를 X_q라 할 때의 관계는?

① $X_d < X_q$
② $X_d > X_q$
③ $X_d = X_q$
④ $X_d \ll X_q$

풀이 돌극형(철극기)에서는 직축이 횡축에 비하여 공극(air gap)이 작으므로 직축(동기) 리액턴스 X_d가 횡축(동기) 리액턴스 X_q보다 크다 ($X_d > X_q$).
그러나 **비철극기**에서는 공극이 일정하므로 $X_d = X_q = X_s$로 된다.

34 비돌극형 동기발전기 한 상의 단자전압을 V, 유기기전력을 E, 동기리액턴스를 X_s, 부하각이 δ이고 전기자저항을 무시할 때 한 상의 최대출력[W]은?

① $\dfrac{EV}{X_s}$
② $\dfrac{3EV}{X_s}$
③ $\dfrac{E^2V}{X_s}\sin\delta$
④ $\dfrac{EV^2}{X_s}\sin\delta$

풀이 비돌극기의 매상 출력 $P = \dfrac{EV}{Z_s}\sin(\alpha+\delta) - \dfrac{V^2}{Z_s}\sin\alpha$에서 전기자 저항 r_a는 매우 작으므로 이것을 무시하고 $Z_s \fallingdotseq X_s$, $\alpha \fallingdotseq 0$이라 하면 $P \fallingdotseq \dfrac{EV}{X_s}\sin\delta$ [W] 가 된다.

여기서 $\sin\delta = 1$일 때 **최대출력**이 되므로, 비돌극형 동기발전기 한 상의 최대출력 $P_{\max}$은

$P_{\max} = \dfrac{EV}{X_s}\sin\delta = \dfrac{EV}{X_s} \times 1 = \dfrac{EV}{X_s}$[W]

정답 33. ② 34. ①

35 동기 리액턴스 $x_s = 10[\Omega]$, 전기자 권선 저항 $r_a = 0.1[\Omega]$, 유도 기전력 $E = 6400[V]$, 단자 전압 $V = 4000[V]$, 부하각 $\delta = 30°$이다. 3상 동기 발전기의 출력[kW]은? 단, 1상 값이다.

① 1280
② 3840
③ 5560
④ 6650

풀이 $P = \dfrac{EV}{x_s}\sin\delta = \dfrac{6400 \times 4000}{10} \times \sin 30 \times 10^{-3} = 1280[kW]$

참고 3상의 경우 1상의 3배가 되어야 한다.
$P_3 = 3\dfrac{EV}{x_s}\sin\delta$

36 동기리액턴스 $X_s = 10[\Omega]$, 전기자 권선저항 $r_a = 0.1[\Omega]$, 3상 중 1상의 유도기전력 $E = 6400[V]$, 단자전압 $V = 4000[V]$, 부하각 $\delta = 30°$이다. 비철극기인 3상 동기발전기의 출력은 약 몇 [kW]인가?

① 1280
② 3840
③ 5560
④ 6650

풀이 비돌극기(비철극기, 원통형)의 출력
① 단상 발전기 $P \fallingdotseq \dfrac{EV}{X_s}\sin\delta$
② 3상 발전기 $P \fallingdotseq \dfrac{3EV}{X_s}\sin\delta$
③ 최대 출력 : 부하각 $\delta = 90°$에서 발생
즉, 3상 동기발전기의 출력
$P = 3\dfrac{EV}{X_s}\sin\delta = 3 \times \dfrac{6400 \times 4000}{10} \times \sin 30 \times 10^{-3} = 3840[kW]$

정답 35. ① 36. ②

37 비철극형 3상 동기발전기의 동기 리액턴스 $X_s = 10[\Omega]$, 유도기전력 $E = 6000[V]$, 단자전압 $V = 5000[V]$, 부하각 $\delta = 30°$일 때 출력은 몇 [kW]인가? (단, 전기자 권선저항은 무시한다.)

① 1500 ② 3500
③ 4500 ④ 5500

풀이 비철극형 3상 발전기의 출력 $P ≒ \dfrac{3EV}{x_s} \sin\delta$ 에서

$$P = \dfrac{3 \times 6000 \times 5000}{10} \times \sin 30° \times 10^{-3} = 4500 [\text{kW}]$$

38 3상 비돌극형 동기발전기가 있다. 정격출력 5000[kVA], 정격전압 6000[V], 정격역률 0.8이다. 여자를 정격상태로 유지할 때 이 발전기의 최대출력은 약 몇 [kVA] 인가? (단, 1상의 동기 리액턴스는 0.8[P.U]이며 저항은 무시한다.)

① 7500 ② 10000
③ 11500 ④ 12500

풀이
- 비돌극기의 매상 출력 $P ≒ \dfrac{EV}{x_s} \sin\delta$ [W]
- 비돌극기의 최대출력은 $\sin\delta = 1$일 때 이므로

$$P_{\max} = \dfrac{EV}{x_s} \sin\delta = \dfrac{EV}{x_s} \times 1 = \dfrac{EV}{x_s} [\text{W}]$$

- 단위법으로 그린 1상의 벡터도

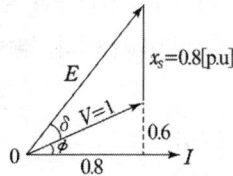

- $E = \sqrt{0.8^2 + (0.6 + 0.8)^2} = 1.61 [\text{P.U}]$
- $P_{\max} = \dfrac{EV}{x_s} = \dfrac{1.61 \times 1}{0.8} = 2.01 [\text{P.U}]$

$\therefore P_{\max} = 2.01 \times 5000 = 10,050 [\text{kVA}]$

정답 37. ③ 38. ②

39 정격출력 10000[kVA], 정격전압 6600[V], 정격역률 0.8인 3상 비돌극 동기발전기가 있다. 여자를 정격상태로 유지할 때 이 발전기의 최대 출력은 약 몇 [kW] 인가? (단, 1상의 동기 리액턴스를 0.9[pu]라 하고 저항은 무시한다.)

① 17089 ② 18889
③ 21259 ④ 23619

풀이
- 비돌극기의 매상 출력 $P \fallingdotseq \dfrac{EV}{x_s} \sin\delta$ [W]
- 비돌극기의 최대출력은 $\sin\delta = 1$일 때 이므로
$$P_{\max} = \dfrac{EV}{x_s}\sin\delta = \dfrac{EV}{x_s} \times 1 = \dfrac{EV}{x_s}\text{[W]}$$
- 단위법으로 그린 1상의 벡터도

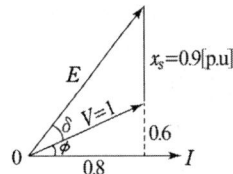

- $E = \sqrt{0.8^2 + (0.6+0.9)^2} = 1.7$[pu]
- $P_{\max} = \dfrac{EV}{x_s} = \dfrac{1.7 \times 1}{0.9} = 1.8889$[pu]
- $\therefore P_{\max} = 1.8889 \times 10000 = 18889$[kVA]

40 전기자저항 $r_a = 0.2[\Omega]$, 동기리액턴스 $x_s = 20[\Omega]$인 Y결선의 3상 동기발전기가 있다. 3상 중 1상의 단자전압 $V = 4400$[V], 유도기전력 $E = 6600$[V] 이다. 부하각 $\delta = 30°$라고 하면 발전기의 출력은 약 몇 [kW] 인가?

① 2178 ② 3251
③ 4253 ④ 5532

풀이 3상 출력 $P = \dfrac{3EV}{Z_s}\sin\delta$ [W]에서
$$P = \dfrac{3 \times 6600 \times 4400}{\sqrt{0.2^2 + 20^2}} \times \sin30° \times 10^{-3} = 2177.89\text{[kW]}$$

정답 39. ② 40. ①

41 원통형 회전자를 가진 동기발전기는 부하각 δ가 몇 도일 때 최대 출력을 낼 수 있는가?

① 0° ② 30°
③ 60° ④ 90°

풀이
- 비돌극기(비철극기, 원통형 회전자) 최대 출력의 출력각 : 90°
- 돌극기 최대 출력의 출력각 : 60° 부근

42 3상 3300[V], 100[kVA]의 동기발전기의 정격 전류는 약 몇 [A]인가?

① 17.5 ② 25
③ 30.3 ④ 33.3

풀이 정격 전류 $I = \dfrac{P}{\sqrt{3}\,V} = \dfrac{100 \times 10^3}{\sqrt{3} \times 3300} \fallingdotseq 17.5[\text{A}]$

43 동기 발전기의 제동권선의 주요 작용은?

① 제동작용
② 난조방지작용
③ 시동권선작용
④ 자려작용(自勵作用)

풀이 회전 자극 표면에 설치한 유도 전동기의 농형 권선과 같은 권선으로서 회전자가 동기 속도로 회전하고 있는 동안에는 전압을 유도하지 않으므로 아무런 작용이 없다. 그러나, 조금이라도 동기 속도를 벗어나면 전기자 자속을 끊어 전압이 유도되어 단락 전류가 흐르므로 동기 속도로 되돌아가게 된다. 즉, 진동 에너지를 열로 소비하여 진동을 방지한다. 이 **제동 권선은 난조 방지**에 쓰인다.

정답 41. ④ 42. ① 43. ②

44. 동기발전기에 설치된 제동권선의 효과로 틀린 것은?

① 난조 방지
② 과부하 내량의 증대
③ 송전선의 불평형 단락 시 이상전압 방지
④ 불평형 부하 시의 전류, 전압 파형의 개선

풀이 제동 권선의 역할
① 난조 방지
② 기동 토크 발생
③ 불평형 부하시의 전류, 전압 파형 개선
④ 송전선의 불평형 단락시의 이상 전압 방지

45. 동기발전기에서 전기자 전류를 I, 역률을 $\cos\theta$라 하면 횡축 반작용을 하는 성분은?

① $I\cos\theta$
② $I\cot\theta$
③ $I\sin\theta$
④ $I\tan\theta$

풀이
- 유효분 $I\cos\theta$: 기전력과 같은 위상의 전류 성분으로서 **횡축 반작용**
- 무효분 $I\sin\theta$: 기전력 보다 $\pi/2$[rad]만큼 뒤지거나 앞서기 때문에 직축 반작용

46. 3상 교류 발전기의 기전력에 대하여 $\frac{\pi}{2}$[rad] 뒤진 전기자 전류가 흐르면 전기자 반작용은?

① 증자작용을 한다.
② 감자작용을 한다.
③ 횡축 반작용을 한다.
④ 교차 자화작용을 한다.

풀이 발전기와 전동기의 전기자 반작용은 서로 반대이다.

분류	동기 발전기	동기 전동기
전압과 동상	교차 자화 작용 (횡축 반작용)	교차 자화 작용 (횡축 반작용)
전압에 대하여 진상전류	증자 작용	감자 작용
전압에 대하여 지상전류	**감자 작용**	증자 작용

정답 44. ② 45. ① 46. ②

47 정격 출력 10,000[kVA], 정격 전압 6,600[V], 정격 역률 0.6인 3상 동기 발전기가 있다. 동기 리액턴스 0.6[p.u]인 경우의 전압 변동률[%]은?

① 21 ② 31
③ 40 ④ 52

풀이

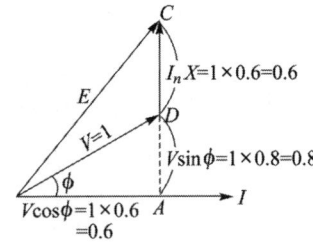

$$E = \sqrt{0.6^2 + (0.8+0.6)^2} = 1.523$$
$$\epsilon = \frac{E-V}{V} \times 100 = \frac{1.523-1}{1} \times 100 = 52.3[\%]$$

48 동기기의 전기자 저항을 r, 전기자 반작용 리액턴스를 X_a, 누설 리액턴스를 X_l이라고 하면 동기임피던스를 표시하는 식은?

① $\sqrt{r^2 + \left(\dfrac{X_a}{X_l}\right)^2}$

② $\sqrt{r^2 + X_l^2}$

③ $\sqrt{r^2 + X_a^2}$

④ $\sqrt{r^2 + (X_a+X_l)^2}$

풀이 동기임피던스 $Z_s = r + jX_s = r + j(X_a+X_l)[\Omega]$

$$\therefore Z_s = \sqrt{r^2 + (X_a+X_l)^2}$$

여기서, r_a : 전기자 저항[Ω]
X_s : 동기 리액턴스[Ω]
(전기자 반작용 리액턴스와 누설 리액턴스의 합)
X_a : 전기자 반작용 리액턴스[Ω]
X_l : 전기자 누설 리액턴스[Ω]

정답 47. ④ 48. ④

49 동기기에서 동기 임피던스 값과 실용상 같은 것은? (단, 전기자 저항은 무시한다.)

① 전기자 누설 리액턴스 ② 동기 리액턴스
③ 유도 리액턴스 ④ 등가 리액턴스

풀이 동기 임피던스 $Z_s = r + jx_s\,[\Omega]$에서
일반적으로 전기자 저항 r은 매우 적으므로 무시하면 $Z_s \fallingdotseq x_s$
즉, "동기임피던스 = 동기리액턴스" 라고 한다.

50 3상 동기발전기의 여자전류 10[A]에 대한 단자전압이 $1000\sqrt{3}$[V], 3상 단락전류가 50[A]인 경우 동기임피던스는 몇 [Ω] 인가?

① 5 ② 11
③ 20 ④ 34

풀이 동기 임피던스 $Z_s = \dfrac{E_n}{I_s} = \dfrac{V_n}{\sqrt{3}\,I_s}[\Omega]$

여기서, E_n : 정격 상전압 [V]
I_s : 3상 단락 전류 [A]
V_n : 정격 단자 전압 [V]

$\therefore Z_s = \dfrac{1000\sqrt{3}}{\sqrt{3}\times 50} = 20[\Omega]$

51 정격전압 6000[V], 용량 5000[kVA]의 3상 동기발전기에서 여자전류가 200[A]일 때 무부하 단자 전압이 6000[V], 단락전류는 500[A]이었다. 동기 리액턴스는 약 몇 [Ω]인가?

① 8.65 ② 7.26
③ 6.93 ④ 5.77

풀이 단락전류 $I_s = \dfrac{E}{Z_s} = \dfrac{V}{\sqrt{3}\,Z_s}$[A]에서

$Z_s = X_s = \dfrac{V}{\sqrt{3}\,I_s} = \dfrac{6000}{\sqrt{3}\times 500} = 6.93[\Omega]$

(단, 저항분은 무시한 경우임)

정답 49. ② 50. ③ 51. ③

52 그림과 같은 동기발전기의 무부하 포화곡선에서 포화계수는?

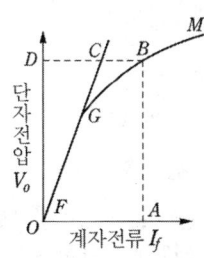

① $\overline{OA}/\overline{OG}$
② $\overline{OD}/\overline{DB}$
③ $\overline{BC}/\overline{CD}$
④ $\overline{CD}/\overline{CO}$

풀이

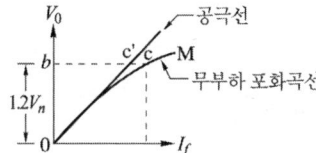

동기 발전기의 포화 정도를 나타내는 데는 포화율(saturation factor)이 사용된다. 동기기의 무부하 포화 곡선상에 정격 전압 V_n의 1.2배가 되는 점 c를 잡고 점 c에서 횡축에 평행선을 그어 종축과 만나는 점을 b라고 한다. 다음에 원점 O에서 무부하 포화 곡선 OM에 접선(공극선)을 긋고, 선 bc와 만나는 점을 c'라고 하면, 포화율 σ는

$$\sigma = \frac{cc'}{bc'}$$

53 동기발전기의 단자 부근에서 단락이 일어났다고 하면 단락전류는 어떻게 되는가?

① 전류가 계속 증가한다.
② 큰 전류가 증가와 감소를 반복한다.
③ 처음에는 큰 전류이나 점차 감소한다.
④ 일정한 큰 전류가 지속적으로 흐른다.

풀이 평형 3상 전압을 유기하고 있는 발전기의 단자를 갑자기 단락하면 단락 초기에 전기자 반작용이 순간적으로 나타나지 않기 때문에 막대한 **과도 전류**가 흐르고, 수초 후에는 전기자 반작용 리액턴스에 의해 **단락 전류는 점차 감소**되어 영구 단락 전류값에 이르게 된다.

정답 52. ③ 53. ③

54 동기발전기의 단자부근에서 단락 시 단락전류는?

① 서서히 증가하여 큰 전류가 흐른다.
② 처음부터 일정한 큰 전류가 흐른다.
③ 무시할 정도의 작은 전류가 흐른다.
④ 단락된 순간은 크나, 점차 감소한다.

풀이 평형 3상 전압을 유기하고 있는 발전기의 단자를 갑자기 단락하면 **단락 초기**에 전기자 반작용이 순간적으로 나타나지 않기 때문에 **막대한 과도 전류가 흐르고, 수초 후**에는 전기자 반작용 리액턴스에 의해 **단락 전류는 점차 감소되어 영구 단락 전류값**에 이르게 된다.

55 3상 동기발전기의 단락곡선이 직선으로 되는 이유는?

① 전기자 반작용으로
② 무부하 상태이므로
③ 자기포화가 있으므로
④ 누설 리액턴스가 크므로

풀이 단락전류는 전기자 저항을 무시하면 동기리액턴스에 의해 그 크기가 결정된다.
즉, 동기리액턴스에 의해 흐르는 전류는 90° 늦은 전류가 크게 흐르게 되며, 이 전류에 의한 **전기자 반작용이 감자 작용이 되므로 3상 단락곡선은 직선**이 된다.

56 동기발전기의 3상 단락곡선에서 단락전류가 계자전류에 비례하여 거의 직선이 되는 이유로 가장 옳은 것은?

① 무부하 상태이므로
② 전기자 반작용으로
③ 자기포화가 있으므로
④ 누설 리액턴스가 크므로

풀이
• 단락전류는 전기자 저항을 무시하면 동기리액턴스에 의해 그 크기가 결정된다.
$$I_s = \frac{E}{Z_s} = \frac{E}{\sqrt{r_a^2 + x_s^2}} \fallingdotseq \frac{E}{jx_s}$$
• 동기리액턴스에 의해 흐르는 전류는 90° 늦은 전류가 크게 흐르게 되며, 이 전류에 의한 **전기자 반작용이 감자 작용이 되므로 3상 단락곡선은 직선**이 된다.

정답 54. ④ 55. ① 56. ②

57. 동기발전기의 돌발 단락 시 발생되는 현상으로 틀린 것은?

① 큰 과도전류가 흘러 권선 소손
② 단락전류는 전기자 저항으로 제한
③ 코일 상호간 큰 전자력에 의한 코일 파손
④ 큰 단락전류 후 점차 감소하여 지속 단락전류 유지

풀이 평형 3상 전압을 유기하고 있는 발전기의 단자를 갑자기 단락하면 단락 초기에 전기자 반작용이 순간적으로 나타나지 않기 때문에 막대한 과도 전류가 흐르다가 점차 감소하여 수초 후에는 영구 단락 전류값에 이르게 된다.

① 돌발 단락 전류 $I_s = \dfrac{E}{r_a + jx_l}$
  - 돌발 단락 전류 제한 : 전기자 권선저항 r_a + 누설 리액턴스 x_l
② 영구 단락 전류 $I_s = \dfrac{E}{r_a + jx_s} = \dfrac{E}{r_a + j(x_a + x_l)} = \dfrac{E}{Z_s}$
  - 영구 단락 전류 제한 : 전기자 권선 저항 r_a + 누설 리액턴스 x_l + 전기자 반작용 리액턴스 x_a

58. 동기 발전기의 돌발 단락 전류를 주로 제한하는 것은?

① 동기 리액턴스
② 누설 리액턴스
③ 권선 저항
④ 동기 임피던스

풀이 동기기에서 저항은 누설 리액턴스에 비하여 작으며 전기자 반작용은 단락 전류가 흐른 뒤에 작용하므로 **돌발 단락 전류를 제한하는 것은 누설 리액턴스**이다. 역상 리액턴스는 역상 전류에 대응하는 것으로 3상 평형 단락이 되면 역상 전류는 흐르지 않는다.
동기 리액턴스 = 누설 리액턴스 + 반작용 리액턴스

59. 동기 발전기의 단락비를 계산하는 데 필요한 시험은?

① 부하 시험과 돌발 단락시험
② 단상 단락 시험과 3상 단락 시험
③ 무부하 포화 시험과 3상 단락 시험
④ 정상, 역상, 영상 리액턴스의 측정시험

풀이
- 무부하 시험 : 철손, 기계손
- 단락시험 : 동기임피던스, 동기리액턴스
- 단락비 : **무부하(포화)시험, 단락시험**

정답 57. ② 58. ② 59. ③

60 동기발전기의 단락비나 동기임피던스를 산출하는데 필요한 특성곡선은?

① 부하 포화곡선과 3상 단락곡선
② 단상 단락곡선과 3상 단락곡선
③ 무부하 포화곡선과 3상 단락곡선
④ 무부하 포화곡선과 외부특성곡선

풀이

측정항목	시험의 종류
철손	무부하 시험
기계손	무부하 시험
동기임피던스	단락 시험
동기리액턴스	단락 시험
단락비	무부하(포화) 시험, 단락 시험

61 동기발전기에서 무부하 정격전압일 때의 여자전류를 I_{f0}, 정격부하 정격전압일 때의 여자전류를 I_{f1}, 3상 단락 정격전류에 대한 여자전류를 I_{fs}라 하면 정격속도에서의 단락비 K는?

① $K = \dfrac{I_{fs}}{I_{f0}}$

② $K = \dfrac{I_{f0}}{I_{fs}}$

③ $K = \dfrac{I_{fs}}{I_{f1}}$

④ $K = \dfrac{I_{f1}}{I_{fs}}$

풀이 단락비 $K_s = \dfrac{\text{무부하에서 정격전압을 유기하는 데 필요한 여자전류}}{\text{정격전류와 같은 3상 단락전류를 흘리는 데 필요한 여자전류}}$

$= \dfrac{I_{f0}}{I_{fs}} = \dfrac{I_s}{I_n}$

정답 60. ③ 61. ②

62 정격출력 5000[kVA], 정격전압 3.3[kV], 동기임피던스가 매상 1.8[Ω]인 3상 동기발전기의 단락비는 약 얼마인가?

① 1.1
② 1.2
③ 1.3
④ 1.4

풀이 단락 전류 $I_s = \dfrac{E}{Z_s} = \dfrac{V/\sqrt{3}}{Z_s} = \dfrac{3300}{\sqrt{3} \times 1.8} = 1058.48$[A]

정격 전류 $I_n = \dfrac{P}{\sqrt{3}\,V} = \dfrac{5000 \times 10^3}{\sqrt{3} \times 3300} = 874.77$[A]

∴ 단락비 $K_s = \dfrac{I_s}{I_n} = \dfrac{1058.48}{874.77} = 1.21$

63 단락비가 큰 동기기의 특징으로 옳은 것은?

① 안정도가 떨어진다.
② 전압변동률이 크다.
③ 선로 충전용량이 크다.
④ 단자 단락 시 단락 전류가 적게 흐른다.

풀이 단락비 $K_s = \dfrac{1}{\text{동기 임피던스 [Pu]}}$

이며 **단락비가 큰 기계의 특징**으로는
① 동기 임피던스가 작으며, 전압 강하와 전압 변동률이 작다.
② 전기자 반작용이 작다.
③ 안정도가 향상되며, 출력이 증가한다.
④ 과부하 내량의 증대, **선로의 충전 용량의 증가**
⑤ 철이 많이 사용되어 철기계라 불린다.
⑥ 철손이 증가하여 효율이 떨어진다.
⑦ 공극이 크며 기계의 형태, 중량이 커진다.
⑧ 고가이다.

정답 62. ② 63. ③

64 단락비가 큰 동기기에 대한 설명으로 옳은 것은?

① 안정도가 높다.
② 기계가 소형이다.
③ 전압변동률이 크다.
④ 전기자 반작용이 크다.

풀이 단락비 $K_s = \dfrac{1}{\text{동기 임피던스 [Pu]}}$

이며 **단락비가 큰 기계의 특징**으로는
① 동기 임피던스가 작으며, 전압 강하와 전압변동률이 작다.
② 전기자 반작용이 작다.
③ **안정도가 향상**되며, 출력이 증가한다.
④ 과부하 내량의 증대, 선로의 충전 용량의 증가
⑤ 철이 많이 사용되어 철기계라 불린다.
⑥ 철손이 증가하여 효율이 떨어진다.
⑦ 공극이 크며 기계의 형태, 중량이 커진다.
⑧ 고가이다.

65 동기발전기의 단락비가 적을 때의 설명으로 옳은 것은?

① 동기 임피던스가 크고 전기자 반작용이 작다.
② 동기 임피던스가 크고 전기자 반작용이 크다.
③ 동기 임피던스가 작고 전기자 반작용이 작다.
④ 동기 임피던스가 작고 전기자 반작용이 크다.

풀이 단락비 $K_s = \dfrac{1}{\text{동기 임피던스 [Pu]}}$

이며 단락비가 적은 기계(동기계)의 특징으로는
① **동기 임피던스가 크다.**
② **전기자 반작용이 크다.**
③ 공극이 적다.
④ 전압변동률이 크다.
⑤ 중량이 가볍고 재료가 적게 들어 가격이 싸다.

정답 64. ① 65. ②

66 전압변동률이 작은 동기발전기의 특성으로 옳은 것은?

① 단락비가 크다.
② 속도변동률이 크다.
③ 동기 리액턴스가 크다.
④ 전기자 반작용이 크다.

풀이 단락비가 큰 기계를 철기계, 단락비가 작은 기계를 동기계라 하며, **철기계는 부피가 커지며 값이 비싸고, 철손, 기계손 등의 고정손이 커서 효율은 나빠지나 전압 변동률이 작고 안정도 및 선로 충전 용량이 커지는 이점이 있다.**

67 어떤 수차용 교류 발전기의 단락비가 1.2 이다. 이 발전기의 % 동기임피던스는?

① 0.12　　② 0.25
③ 0.52　　④ 0.83

풀이 단락비 $K_s = \dfrac{1}{\%Z}$ 에서　$\%Z = \dfrac{1}{K_s} = \dfrac{1}{1.2} = 0.83$

68 정격전압 6600[V]인 3상 동기발전기가 정격출력(역률 = 1)으로 운전할 때 전압변동률이 12[%]이었다. 여자전류와 회전수를 조정하지 않은 상태로 무부하 운전하는 경우 단자전압 [V]은?

① 6433　　② 6943
③ 7392　　④ 7842

풀이 전압변동률 $\epsilon = \dfrac{V_0 - V_n}{V_n} \times 100 = \left(\dfrac{V_0}{V_n} - 1\right) \times 100 [\%]$

따라서, 무부하 단자전압

$V_0 = \left(1 + \dfrac{\epsilon}{100}\right) V_n = \left(1 + \dfrac{12}{100}\right) \times 6600 = 7392 [\text{V}]$

정답　66. ①　67. ④　68. ③

69 동기발전기를 병렬운전 하는데 필요하지 않은 조건은?

① 기전력의 용량이 같을 것
② 기전력의 파형이 같을 것
③ 기전력의 크기가 같을 것
④ 기전력의 주파수가 같을 것

풀이 ① 동기발전기의 병렬운전 조건
- **기전력의 크기**가 같을 것
- **기전력의 위상**이 같을 것
- **기전력의 주파수**가 같을 것
- 기전력의 파형이 같을 것
- 상회전 방향이 같을 것

② **동기 발전기 병렬 운전 시 서로 같지 않아도 되는 사항**
- **발전기 용량**
- 부하 전류
- 임피던스

70 동기발전기의 병렬운전 조건에서 같지 않아도 되는 것은?

① 주파수
② 용량
③ 위상
④ 기전력

풀이 동기 발전기의 **병렬 운전 조건**은 다음과 같다.
① 기전력의 **크기**가 같을 것
② 기전력의 **위상**이 같을 것
③ 기전력의 **주파수**가 같을 것
④ 기전력의 **파형**이 같을 것
⑤ **상회전 방향**이 같을 것

71 동기발전기의 병렬운전에서 일치하지 않아도 되는 것은?

① 기전력의 크기
② 기전력의 위상
③ 기전력의 극성
④ 기전력의 주파수

풀이 동기발전기의 **병렬운전 조건**
① 기전력의 **크기**가 같을 것
② 기전력의 **위상**이 같을 것
③ 기전력의 **주파수**가 같을 것
④ 기전력의 **파형**이 같을 것
⑤ **상회전 방향**이 같을 것

정답 69. ① 70. ② 71. ③

72 3상 동기 발전기를 병렬운전 하는 경우 필요한 조건이 아닌 것은?

① 회전수가 같다.　　　　　　② 상회전이 같다.
③ 발생 전압이 같다.　　　　　④ 전압 파형이 같다.

풀이 동기 발전기의 병렬 운전 조건은 다음과 같다.
① 기전력의 크기가 같을 것
② 기전력의 위상이 같을 것
③ 기전력의 주파수가 같을 것
④ 기전력의 파형이 같을 것
⑤ 상회전 방향이 같을 것

주파수가 같다는 것은 $N_s = \dfrac{120f}{p}$에서 $f = \dfrac{N_s\,p}{120}$

즉, (회전수×극수)가 같아야 한다는 것이다.

73 극수는 6 회전수가 1200[rpm]인 교류발전기와 병렬 운전하는 극수가 8인 교류발전기의 회전수[rpm]는?

① 1200　　　　　　　　　　② 900
③ 750　　　　　　　　　　　④ 520

풀이 교류발전기의 **병렬운전** 조건은 주파수가 같아야 한다.

극수 6인 발전기의 주파수를 구하면, $N_s = \dfrac{120f}{p}$에서

$$\therefore f = \dfrac{N_s \times p}{120} = \dfrac{1200 \times 6}{120} = 60[\text{Hz}]$$

따라서, 극수 8인 발전기의 회전수는

$$\therefore N = \dfrac{120f}{p} = \dfrac{120 \times 60}{8} = 900[\text{rpm}]$$

74 1[MVA], 3300[V], 동기 임피던스 6[Ω] 2대의 3상 교류 발전기를 병렬운전 중 한 발전기의 계자를 강화해서 두 유도기전력(상전압) 사이에 210[V]의 전압차가 생기게 했을 때 두 발전기 사이에 흐르는 무효횡류는?

① 17.5 [A]　　　　　　　　② 20 [A]
③ 15.5 [A]　　　　　　　　④ 14 [A]

풀이 무효 횡류 $I_c = \dfrac{E_1 - E_2}{2Z_s} = \dfrac{E_c}{2Z_s} = \dfrac{210}{2 \times 6} = \dfrac{210}{12} = 17.5[\text{A}]$

정답 72. ①　73. ②　74. ①

75 3000[V], 1500[kVA], 동기 임피던스 3[Ω]인 동일 정격의 두 동기발전기를 병렬 운전하던 중 한 쪽 계자 전류가 증가해서 각 상 유도 기전력 사이에 300 [V]의 전압차가 발생했다면 두 발전기 사이에 흐르는 무효횡류는 몇 [A]인가?

① 20
② 30
③ 40
④ 50

풀이 기전력의 크기가 같지 않은 경우 흐르는 무효횡류

$$I_c = \frac{E_1 - E_2}{2Z_s} = \frac{E_r}{2Z_s} [A]에서$$

무효횡류 $I_c = \frac{300}{2 \times 3} = 50 [A]$

76 정전압 계통에 접속된 동기발전기의 여자를 약하게 하면?

① 출력이 감소한다.
② 전압이 강하한다.
③ 앞선 무효전류가 증가한다.
④ 뒤진 무효전류가 증가한다.

풀이 A, B 동기발전기를 병렬 운전중 A기의 여자를 약하게 하면 A기의 유기기전력이 저하하고 A기에는 **진상 무효 전류**가 흐르게 되어 역률이 개선되고, B기에는 지상무효전류가 흘러 역률이 저하한다.

77 병렬 운전 중의 A, B 두 동기발전기 중에서 A 발전기의 여자를 B 발전기보다 강하게 하였을 경우 B기 발전기는?

① 90° 앞선 전류가 흐른다.
② 90° 뒤진 전류가 흐른다.
③ 동기화 전류가 흐른다.
④ 부하 전류가 증가한다.

풀이 동기발전기의 병렬운전
• 유기기전력이 높은 발전기(여자전류가 높은 경우) : 지상전류가 흘러 역률이 저하
• **유기기전력이 낮은 발전기(여자전류가 낮은 경우) : 진상전류가 흘러 역률이 상승**
따라서, A발전기의 여자를 강하게 하였으므로 상대적으로 B발전기의 전압은 A발전기에 비해 낮으므로 B발전기에는 90° 앞선 전류가 흐른다.

정답 75. ④ 76. ③ 77. ①

78 A, B 2대의 동기발전기를 병렬운전 중 계통 주파수를 바꾸지 않고 B기의 역률을 좋게 하는 것은?

① A기의 여자전류를 증대
② A기의 원동기 출력을 증대
③ B기의 여자전류를 증대
④ B기의 원동기 출력을 증대

풀이
- 유기 기전력이 높은 발전기(여자 전류가 높은 경우) : 90° 지상전류가 흘러 역률이 저하
- 유기 기전력이 낮은 발전기(여자 전류가 낮은 경우) : 90° 진상전류가 흘러 역률이 상승

79 동기발전기의 병렬운전에서 기전력의 위상이 다른 경우, 동기화력(P_s)을 나타낸 식은? (단, P : 수수전력, δ : 상차각 이다.)

① $P_s = \dfrac{dP}{d\delta}$

② $P_s = \int P d\delta$

③ $P_s = P \times \cos\delta$

④ $P_s = \dfrac{P}{\cos\delta}$

풀이 동기화력은 상차각 δ의 미소변동에 대한 출력(P)의 변화율이므로

$$P_s = \frac{dP}{d\delta} = \frac{d}{d\delta} \cdot \frac{E^2}{2x_s}\sin\delta = \frac{E^2}{2x_s}\cos\delta [\text{W}]$$

정답 78. ① 79. ①

80 유도기전력의 크기가 서로 같은 A, B 2대의 동기발전기를 병렬 운전할 때, A발전기의 유기기전력 위상이 B보다 앞설 때 발생하는 현상이 아닌 것은?

① 동기화력이 발생한다.
② 고조파 무효순환전류가 발생된다.
③ 유효전류인 동기화전류가 발생된다.
④ 전기자 동손을 증가시키며 과열의 원인이 된다.

풀이 병렬 운전 중인 A 발전기의 위상이 B발전기 보다 앞선 경우
- A 발전기로부터 B 발전기로 **동기화 전류**가 흐르게 된다.
  (동기화 전류 $I_s = \dfrac{E}{x_s} \sin \dfrac{\delta}{2}$ [A])
- A 발전기로부터 B 발전기로 **동기화력이 공급**된다.
  (동기 화력 $P_s = \dfrac{E^2}{2x_s} \sin \delta$ [W])
- 부하가 증가한 A 발전기의 위상은 늦어지고 상대적으로 부하가 감소한 B 발전기의 위상은 빨라져 두 발전기의 위상이 같게 된다. 그러나, **고조파 무효순환전류는 기전력의 파형이 다른 경우에 발생**한다.

81 동기발전기의 병렬운전 중 유도기전력의 위상차로 인하여 발생하는 현상으로 옳은 것은?

① 무효전력이 생긴다.
② 동기화전류가 흐른다.
③ 고조파 무효순환전류가 흐른다.
④ 출력이 요동하고 권선이 가열된다.

풀이 병렬 운전 조건이 다른 경우

병렬 운전 조건	다른 경우 흐르는 전류
기전력의 크기가 같을 것	무효 순환 전류
기전력의 위상이 같을 것	**동기화 전류(유효 횡류)**
기전력의 주파수가 같을 것	동기화 전류
기전력의 파형이 같을 것	고주파 무효순환전류

정답 80. ② 81. ②

82. 동기발전기의 병렬 운전 중 위상차가 생기면 어떤 현상이 발생하는가?

① 무효 횡류가 흐른다.
② 무효 전력이 생긴다.
③ 유효 횡류가 흐른다.
④ 출력이 요동하고 권선이 가열된다.

풀이 병렬 운전 조건이 다른 경우

병렬 운전 조건	다른 경우 흐르는 전류
기전력의 크기가 같을 것	무효 순환 전류
기전력의 위상이 같을 것	**동기화 전류(유효 횡류)**
기전력의 주파수가 같을 것	동기화 전류
기전력의 파형이 같을 것	고주파 무효순환전류

83. 기전력(1상)이 E_o이고 동기임피던스(1상)가 Z_s인 2대의 3상 동기발전기를 무부하로 병렬 운전시킬 때 각 발전기의 기전력 사이에 δ_s의 위상차가 있으면 한쪽 발전기에서 다른 쪽 발전기로 공급되는 1상당의 전력[W]은?

① $\dfrac{E_o}{Z_s}\sin\delta_s$ ② $\dfrac{E_o}{Z_s}\cos\delta_s$

③ $\dfrac{E_o^2}{2Z_s}\sin\delta_s$ ④ $\dfrac{E_o^2}{2Z_s}\cos\delta_s$

풀이 두 대의 동기발전기가 병렬운전 시 발전기 기전력의 위상이 서로 다른 경우 동기화 전류가 흐르게 되고 이 전류에 의해 수수전력이 발생하게 된다.

① 동기화 전류 $I_s = \dfrac{E_o}{Z_s}\sin\dfrac{\delta_s}{2}$

② 수수전력 $P_s = \dfrac{E_o^2}{2Z_s}\sin\delta_s$

정답 82. ③ 83. ③

기 21-2

84 8극, 900[rpm] 동기발전기와 병렬 운전하는 6극 동기발전기의 회전수는 몇 [rpm] 인가?

① 900
② 1000
③ 1200
④ 1400

풀이 발전기 병렬운전 조건에서 주파수가 동일해야 한다.

극수 8인 발전기의 주파수는 $N_s = \dfrac{120f}{p}$ 에서

$$900 = \dfrac{120f}{8}$$

$$\therefore f = \dfrac{900 \times 8}{120} = 60[Hz]$$

따라서, 병렬운전하는 극수 6인 교류발전기의 주파수도 60[Hz]가 되어야 하므로 이때의 회전수 N은

$$\therefore N = \dfrac{120 \times 60}{6} = 1200[rpm]$$

기 18-3

85 유도자형 동기발전기의 설명으로 옳은 것은?

① 전기자만 고정되어 있다.
② 계자극만 고정되어 있다.
③ 회전자가 없는 특수 발전기이다.
④ 계자극과 전기자가 고정되어 있다.

풀이 유도자형 발전기는 계자극과 전기자를 함께 고정시키고 그 중앙에 유도자라고 하는 권선이 없는 회전자를 갖춘 것으로 주로 수백~수만 [Hz] 정도의 고주파 발전기로 쓰인다.

정답 84. ③ 85. ④

86 동기기의 안정도를 증진시키는 방법이 아닌 것은?

① 단락비를 크게 할 것
② 속응여자방식을 채용할 것
③ 정상 리액턴스를 크게 할 것
④ 영상 및 역상 임피던스를 크게 할 것

> **풀이** 동기발전기의 안정도 증진법
> ① 동기 임피던스를 작게 한다.
> ② 속응 여자 방식을 채택한다.
> ③ 회전자에 플라이 휠을 설치하여 관성 모멘트를 크게 한다.
> ④ **정상 임피던스는 작고, 영상, 역상 임피던스를 크게** 한다.
> ⑤ 단락비를 크게 한다.
> ⑥ 동기 탈조 계전기를 사용한다.

87 동기발전기의 안정도를 증진시키기 위한 대책이 아닌 것은?

① 속응 여자 방식을 사용한다.
② 정상 임피던스를 작게 한다.
③ 역상·영상 임피던스를 작게 한다.
④ 회전자의 플라이 휠 효과를 크게 한다.

> **풀이** 동기발전기의 안정도 증진법
> ① 동기 임피던스를 작게 한다.
> ② 속응 여자 방식을 채택한다.
> ③ 회전자에 플라이 휠을 설치하여 관성 모멘트를 크게 한다.
> ④ 정상 임피던스는 작고, **영상, 역상 임피던스를 크게** 한다.
> ⑤ 단락비를 크게 한다.
> ⑥ 동기 탈조 계전기를 사용한다.

정답 86. ③ 87. ③

88 동기기의 과도 안정도를 증가시키는 방법이 아닌 것은?

① 속응 여자방식을 채용한다.
② 동기 탈조계전기를 사용한다.
③ 동기화 리액턴스를 작게 한다.
④ 회전자의 플라이휠 효과를 작게 한다.

풀이
1) 과도 안정도
   부하의 급변, 선로의 개폐, 접지, 단락 등의 고장 또는 기타의 원인에 의해서 운전 상태가 급변하여도 계통이 안정을 유지하는 정도를 말한다.
2) 안정도 향상대책
   ① 동기 임피던스를 작게 한다.
   ② 속응 여자 방식을 채택한다.
   ③ **회전자에 플라이 휘일을 설치하여 관성 모멘트를 크게** 한다.
   ④ 정상 임피던스는 작고, 영상, 역상 임피던스를 크게 한다.
   ⑤ 단락비를 크게 한다.
   ⑥ 동기 탈조 계전기를 사용한다.

89 3상 동기발전기가 그림과 같이 1선 지락이 발생하였을 경우 지락전류 I_0를 구하는 식은?
(단, E_a는 무부하 유기기전력의 상전압, Z_0, Z_1, Z_2는 영상, 정상, 역상 임피던스이다.)

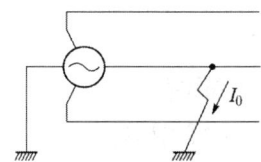

① $\dot{I}_0 = \dfrac{3\dot{E}_a}{\dot{Z}_0 \times \dot{Z}_1 \times \dot{Z}_2}$

② $\dot{I}_0 = \dfrac{\dot{E}_a}{\dot{Z}_0 \times \dot{Z}_1 \times \dot{Z}_2}$

③ $\dot{I}_0 = \dfrac{3\dot{E}_a}{\dot{Z}_0 + \dot{Z}_1 + \dot{Z}_2}$

④ $\dot{I}_0 = \dfrac{3\dot{E}_a}{\dot{Z}_0 + \dot{Z}_1^2 + \dot{Z}_2^3}$

풀이 1선 지락전류 $\dot{I}_0 = \dfrac{3\dot{E}_a}{\dot{Z}_0 + \dot{Z}_1 + \dot{Z}_2}$ [A]

정답 88. ④ 89. ③

3. 동기 전동기

1) 동기 전동기의 입·출력

(1) 동기전동기의 입력 $P_1 = \dfrac{VE}{x_s}\sin\delta$

(V : 단자전압, E : 역기전력, δ : V와 E의 위상차)

(2) 동기전동기의 출력 $P_2 = \dfrac{VE}{Z_s}\cos(\beta-\delta) - \dfrac{E^2}{Z_s}\cos\beta$ $\left(\beta = \tan^{-1}\dfrac{x_s}{r}\right)$

(3) 최대출력 $P_{2\max} = \dfrac{VE}{Z_s} - \dfrac{E^2}{Z_s}\cos\beta$

즉, 최대출력은 $\delta = \beta$일 때 발생

2) 동기와트

(1) 전동기의 출력 $P = 2\pi n T$에서 출력은 토크와 속도의 곱으로 나타낸다.
(2) 동기전동기의 경우 속도 n은 항상 일정하므로 기계적 출력을 토크로 표시하기도 하는데 이와 같이 출력와트를 토크로 표시할 때를 동기와트라 한다.

3) 토크 T

- $T = \dfrac{60}{2\pi} \cdot \dfrac{P_2}{N_s}[\text{N}\cdot\text{m}]$

- $T = \dfrac{1}{9.8} \times \dfrac{60}{2\pi} \times \dfrac{P_2}{N_s} = 0.975 \times \dfrac{P_2}{N_s}[\text{kg}\cdot\text{m}]$

4) 동기기의 전기자 반작용

작 용	동기 발전기	동기 전동기
교차 자화 작용(횡축 반작용)	I_a가 E와 동상인 경우	I_a가 V와 동상인 경우
감자 작용(직축 반작용)	I_a가 E보다 $\pi/2$ 뒤지는 경우	I_a가 V보다 $\pi/2$ 앞서는 경우
증자 작용(자화 작용)	I_a가 E보다 $\pi/2$ 앞서는 경우	I_a가 V보다 $\pi/2$ 뒤지는 경우

여기서, I_a : 전기자 전류, E : 유기 기전력, V : 단자전압(공급전압)

5) 제동 권선의 기능

① 난조 방지
② 기동 토크 발생
③ 불평형 부하시의 전류, 전압 파형 개선
④ 송전선의 불평형 단락시의 이상 전압 방지

6) 동기 전동기의 위상특성곡선 (V 곡선)

(1) 역률 1

① $\cos\theta = 1$ (V와 I는 동상)
② 전기자 전류 $I\left(I ≒ \dfrac{E_s}{jX}\right)$는 최소

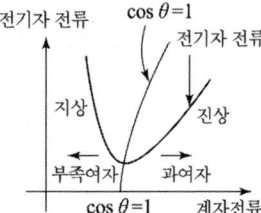

(2) 과여자

① $\cos\theta =$ 진상
② 콘덴서의 역할
③ 진상의 전기자 전류 증대(I가 V보다 위상이 θ만큼 앞섬)

(3) 부족 여자

① $\cos\theta =$ 지상
② 리액터의 역할
③ 지상의 전기자 전류 증대 (I가 V보다 위상이 θ만큼 뒤짐)

CHAPTER. 2 동기기
출제예상문제

01 [기 21-3] 동기조상기의 구조상 특징으로 틀린 것은?
① 고정자는 수차발전기와 같다.
② 안전 운전용 제동권선이 설치된다.
③ 계자 코일이나 자극이 대단히 크다.
④ 전동기 축은 동력을 전달하는 관계로 비교적 굵다.

풀이 동기 조상기는 동기 전동기를 무부하로 회전시켜 직류 계자 전류 I_f의 크기를 조정하여 무효 전력을 지상 또는 진상으로 제어하는 기기이다.
- 과여자 : 콘덴서 C로 작용
- 부족여자 : 인덕턴스 L로 작용

02 [기 17-3] 동기전동기에 대한 설명으로 옳은 것은?
① 기동 토크가 크다.
② 역률조정을 할 수 있다.
③ 가변속 전동기로서 다양하게 응용된다.
④ 공극이 매우 작아 설치 및 보수가 어렵다.

풀이 동기 전동기의 특징
① 장점
- 속도가 일정 불변이다.
- 항상 역률 1로 운전할 수 있다.
- 여자 전류를 가감하여 **역률을 조정할 수 있다.**
- 유도 전동기에 비하여 효율이 좋다.
② 단점
- 보통 구조의 것은 기동 토크가 적고 속도 조정을 할 수 없다.
- 난조를 일으킬 염려가 있다.
- 여자용의 직류 전원을 필요로 하며 설비비가 많이 든다.

정답 01. ④ 02. ②

기 22-3

03 동기전동기의 특징에 대한 설명으로 틀린 것은?

① 난조를 일으킬 염려가 없다.
② 회전속도가 일정하다.
③ 제동권선이 필요하다.
④ 직류전원이 필요하다.

> 풀이 (1) 동기 전동기의 특징
>   ① 장점
>   • 속도가 일정 불변이다.
>   • 항상 역률 1로 운전할 수 있다.
>   • 부하의 역률을 개선할 수 있다.
>   • 유도 전동기에 비하여 효율이 좋다.
>   ② 단점
>   • 보통 구조의 것은 기동 토크가 적고 속도 조정을 할 수 없다.
>   • **난조를 일으킬 염려가 있다.**
>   • 여자용의 직류 전원을 필요로 하며 설비비가 많이 든다.
> (2) 동기전동기에 설치된 제동 권선의 역할
>   ① 난조 방지
>   ② 기동 토크 발생
>   ③ 불평형 부하시의 전류, 전압 파형 개선
>   ④ 송전선의 불평형 단락시의 이상 전압 방지

기 21-2

04 동기전동기에 대한 설명으로 틀린 것은?

① 동기전동기는 주로 회전계자형이다.
② 동기전동기는 무효전력을 공급할 수 있다.
③ 동기전동기는 제동권선을 이용한 기동법이 일반적으로 많이 사용된다.
④ 3상 동기전동기의 회전방향을 바꾸려면 계자권선 전류의 방향을 반대로 한다.

> 풀이 3상 동기전동기의 **회전방향을 바꾸려면 3선 중 2선의 전원 단자를 서로 바꾸어서 결선**하여야 한다.

정답 03. ① 04. ④

05 동기전동기가 무부하 운전 중에 부하가 걸리면 동기전동기의 속도는?

① 정지한다.
② 동기속도와 같다.
③ 동기속도보다 빨라진다.
④ 동기속도 이하로 떨어진다.

풀이 자극수 p의 교류기에 전원주파수 f인 교류를 공급하면 회전자는
$$N_s = \frac{120f}{p} [\text{rpm}]$$
의 항상 같은 방향의 회전력이 생기며 동기속도로 회전하므로 동기전동기라고 한다. 장점으로는
① **속도가 일정 불변**이다.
② 항상 역률 1로 운전할 수 있다.
③ 부하의 역률을 개선할 수 있다.
④ 유도 전동기에 비하여 효율이 좋다.

06 동기 전동기의 기동법 중 자기동법(self-starting method)에서 계자권선을 저항을 통해서 단락시키는 이유는?

① 기동이 쉽다.
② 기동 권선으로 이용한다.
③ 고전압의 유도를 방지한다.
④ 전기자 반작용을 방지한다.

풀이 동기전동기의 자기동법
이 방식은 난조 방지용인 제동권선을 기동권선으로 하여 시동토크를 얻는 방법으로서, **기동 시 전기자권선에 의한 회전자계에 의해 계자권선내에 고압이 유도되어 절연을 파괴할 우려가 있으므로 계자권선은 외부 저항을 통해 단락해 놓고 기동해야 한다.**

정답 05. ② 06. ③

07 역률 0.85의 부하 350[kW]에 50[kW]를 소비하는 동기전동기를 병렬로 접속하여 합성 부하의 역률을 0.95로 개선하려면 전동기의 진상 무효전력은 약 몇 [kVar] 인가?

① 68
② 72
③ 80
④ 85

풀이 역률을 0.85에서 0.95로 개선하기 위해서는 **동기전동기를 과여자하여 콘덴서로 작용하도록** 하여야 한다.
- 유효전력 = 부하 유효전력 + 동기전동기 유효전력
  = 350 + 50 = 400[kW]
- 부하의 무효전력 = $350 \times \dfrac{\sqrt{1-0.85^2}}{0.85} = 216.91$[kVar]
- 동기전동기의 진상무효전력 Q
- $\cos\theta = \dfrac{\text{유효전력}}{\text{피상전력}} = \dfrac{400}{\sqrt{400^2 + (216.91 - Q)^2}} = 0.95$

∴ $Q ≒ 85$[kVar]

08 동기전동기에서 전기자 반작용을 설명한 것 중 옳은 것은?

① 공급전압보다 앞선전류는 감자작용을 한다.
② 공급전압보다 뒤진전류는 감자작용을 한다.
③ 공급전압보다 앞선전류는 교차자화작용을 한다.
④ 공급전압보다 뒤진전류는 교차자화작용을 한다.

풀이 발전기와 전동기의 전기자 반작용은 서로 반대이다.

분 류	동기 발전기	동기 전동기
전압과 동상	교차 자화 작용	교차 자화 작용
진상 전류(앞선전류)	증자 작용	**감자 작용**
지상 전류(뒤진전류)	감자 작용	증자 작용

(전압 : 발전기에서는 유기기전력, 전동기에서는 공급전압을 기준)

정답 07. ④ 08. ①

산기 24-1
09 동기전동기에서 제동권선의 역할에 해당되지 않는 것은?

① 기동 토크를 발생한다.
② 난조 방지작용을 한다.
③ 전기자반작용을 방지한다.
④ 급격한 부하의 변화로 인한 속도의 요동을 방지한다.

풀이 제동 권선의 역할
① 난조 방지
② 기동 토크 발생
③ 불평형 부하시의 전류, 전압 파형 개선
④ 송전선의 불평형 단락시의 이상 전압 방지

기 23-1, 기 18-1
10 부하 급변 시 부하각과 부하 속도가 진동하는 난조 현상을 일으키는 원인이 아닌 것은?

① 전기자 회로의 저항이 너무 큰 경우
② 원동기의 토크에 고조파가 포함된 경우
③ 원동기의 조속기 감도가 너무 예민한 경우
④ 자속의 분포가 기울어져 자속의 크기가 감소한 경우

풀이 **난조 발생의 원인**
난조 방지에 대한 대책으로는 제동 권선이 적당하며 난조에 대한 원인 및 대책은 다음과 같다.
① **원동기의 조속기 감도가 지나치게 예민한 경우**
 방지대책 : 조속기를 적당히 조정하면 충분히 방지할 수 있다.
② **원동기의 토크에 고조파 토크가 포함된 경우**
 방지대책 : 디젤 기관 등에 생기는 문제로 회전부의 플라이휠 효과를 적당히 선정하면 방지할 수 있다.
③ **전기자 회로의 저항이 상당히 큰 경우**
 방지대책 : 회로의 저항을 작게 하거나 리액턴스를 삽입하면 방지할 수 있다.
④ **부하가 맥동할 때**
 방지대책 : 회전부의 플라이휠 효과를 적당히 선정하면 방지할 수 있다.

정답 09. ③ 10. ④

11 다음 중 일반적인 동기전동기 난조 방지에 가장 유효한 방법은?

① 자극수를 적게 한다.
② 회전자의 관성을 크게 한다.
③ 자극면에 제동권선을 설치한다.
④ 동기리액턴스 x_x를 작게 하고 동기화력을 크게 한다.

풀이 회전자의 관성을 크게 하면 난조의 발생 방지에는 유효하나 난조가 일어난 후에는 오히려 그 정지를 저해할 우려가 있다. 동기 화력도 이와 같다. 자극수의 감소도 효과가 있으나 이것은 원동기 조건으로 정해지는 것으로서 이 목적에는 맞지 않는다. 따라서 **난조방지에는 제동권선이 가장 적합**하다.

12 동기전동기에 일정한 부하를 걸고 계자전류를 0[A]에서부터 계속 증가시킬 때 관련 설명으로 옳은 것은? (단, I_a는 전기자전류이다.)

① I_a는 증가하다가 감소한다.
② I_a가 최소일 때 역률이 1이다.
③ I_a가 감소상태일 때 앞선 역률이다.
④ I_a가 증가상태일 때 뒤진 역률이다.

풀이

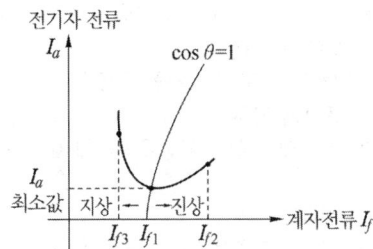

- I_{f1} : $\cos\theta = 1$
- I_{f2}(여자 전류 증가) : 진상의 전기자 전류가 흐르고, 전류는 증가한다.
- I_{f3}(여자 전류 감소) : 지상의 전기자 전류가 흐르고, 전류는 증가한다.

정답 11. ③ 12. ②

13 동기전동기에서 출력이 100[%]일 때 역률이 1이 되도록 계자전류를 조정한 다음에 공급전압 V 및 계자전류 I_f를 일정하게 하고, 전부하 이하에서 운전하면 동기전동기의 역률은?

① 뒤진 역률이 되고, 부하가 감소할수록 역률은 낮아진다.
② 뒤진 역률이 되고, 부하가 감소할수록 역률은 좋아진다.
③ 앞선 역률이 되고, 부하가 감소할수록 역률은 낮아진다.
④ 앞선 역률이 되고, 부하가 감소할수록 역률은 좋아진다.

풀이 동기전동기의 부하특성곡선에 의하여
① **전부하 이하에서는 과여자로 되므로 앞선 역률**로 되고, **부하가 감소할수록 역률은 낮아진다.**
② 전부하 이상에서는 부족여자로 되므로 뒤진 역률로 되고, 과부하가 될수록 역률은 낮아진다.

14 동기전동기의 위상특성곡선(V곡선)에 대한 설명으로 옳은 것은?

① 출력을 일정하게 유지할 때 부하전류와 전기자전류의 관계를 나타낸 곡선
② 역률을 일정하게 유지할 때 계자전류와 전기자전류의 관계를 나타낸 곡선
③ 계자전류를 일정하게 유지할 때 전기자전류와 출력사이의 관계를 나타낸 곡선
④ 공급전압 V와 부하가 일정할 때 계자전류의 변화에 대한 전기자전류의 변화를 나타낸 곡선

풀이

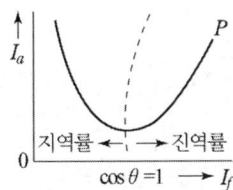

위상 특성 곡선이란 단자 전압과 부하를 일정하게 유지하고, 여자 전류를 변화시킬 경우 **계자 전류와 전기자 전류와의 관계를 표시한 것**
- 과여자(계자 전류가 역률 1일 때의 계자전류 보다 큰 경우) : 앞선 전기자 전류
- 부족여자(계자 전류가 역률 1일 때의 계자전류 보다 적은 경우) : 뒤진 전기자 전류

정답 13. ③ 14. ④

15 전압이 일정한 모선에 접속되어 역률 1로 운전하고 있는 동기전동기를 동기조상기로 사용하는 경우 여자전류를 증가시키면 이 전동기는 어떻게 되는가?

① 역률은 앞서고, 전기자 전류는 증가한다.
② 역률은 앞서고, 전기자 전류는 감소한다.
③ 역률은 뒤지고, 전기자 전류는 증가한다.
④ 역률은 뒤지고, 전기자 전류는 감소한다.

풀이

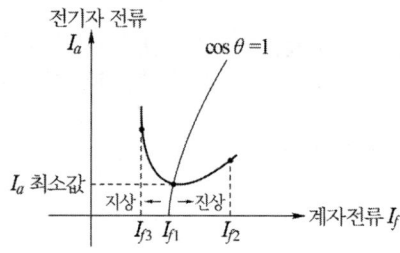

- I_{f1} : $\cos\theta = 1$
- I_{f2}(여자 전류 증가) : 진상의 전기자 전류가 흐르고, 전류는 증가한다.
- I_{f3}(여자 전류 감소) : 지상의 전기자 전류가 흐르고, 전류는 증가한다.

16 동기전동기의 공급 전압과 부하를 일정하게 유지하면서 역률을 1로 운전하고 있는 상태에서 여자 전류를 증가시키면 전기자 전류는?

① 앞선 무효전류가 증가
② 앞선 무효전류가 감소
③ 뒤진 무효전류가 증가
④ 뒤진 무효전류가 감소

풀이

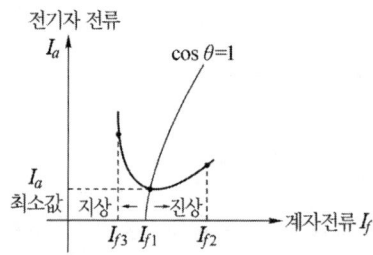

- I_{f1} : $\cos\theta = 1$
- I_{f2}(여자 전류 증가) : 진상의 전기자 전류가 흐르고, 전류는 증가한다.
- I_{f3}(여자 전류 감소) : 지상의 전기자 전류가 흐르고, 전류는 증가한다.

정답 15. ① 16. ①

17 전압이 일정한 모선에 접속되어 역률 100[%]로 운전하고 있는 동기전동기의 여자전류를 증가시키면 역률과 전기자전류는 어떻게 되는가?

① 뒤진 역률이 되고 전기자 전류는 증가한다.
② 뒤진 역률이 되고 전기자 전류는 감소한다.
③ 앞선 역률이 되고 전기자 전류는 증가한다.
④ 앞선 역률이 되고 전기자 전류는 감소한다.

풀이

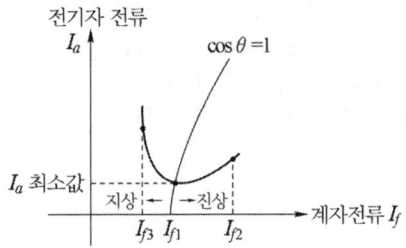

- I_{f1} : $\cos\theta = 1$
- I_{f2}(여자 전류 증가) : 진상의 전기자 전류가 흐르고, 전류는 증가한다.
- I_{f3}(여자 전류 감소) : 지상의 전기자 전류가 흐르고, 전류는 증가한다.

18 동기 전동기를 부족여자로 운전하면 어떠한 작용을 하는가?

① 충전 전류가 흐른다.
② 콘덴서 작용을 한다.
③ 뒤진 전류가 흐른다.
④ 뒤진 전류를 보상한다.

풀이

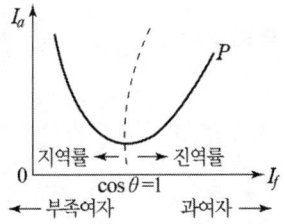

- 동기조상기는 무부하로 운전되는 동기전동기의 V곡선을 이용
- 동기전동기 운전
  - 과여자 운전 : 앞선 전류가 흘러 콘덴서로 작용
  - 부족 여자 운전 : 뒤진 전류가 흘러 리액터로 작용

정답 17. ③ 18. ③

19 동기전동기의 위상특성곡선(V곡선)에 대한 설명으로 옳은 것은?

① 출력을 일정하게 유지할 때 부하전류와 전기자전류의 관계를 나타낸 곡선
② 역률을 일정하게 유지할 때 계자전류와 전기자전류의 관계를 나타낸 곡선
③ 계자전류를 일정하게 유지할 때 전기자전류와 출력 사이의 관계를 나타낸 곡선
④ 공급전압 V와 부하가 일정할 때 계자전류의 변화에 대한 전기자전류의 변화를 나타낸 곡선

풀이 위상 특성 곡선이란 **단자전압과 부하를 일정**하게 유지하고, 여자 전류를 변화시킬 경우 **계자전류와 전기자 전류와의 관계**를 표시한 것으로 그 형상이 V자와 같으므로 V곡선이라고도 한다.
- 계자전류가 역률 1일 때 보다 크면, 앞선 전기자 전류가 흐른다.
- 계자전류가 역률 1일 때 보다 작으면, 뒤진 전기자 전류가 흐른다.

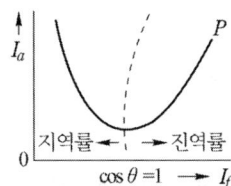

20 동기 전동기의 기동법 중 자기동법에서 계자권선을 단락하는 이유는?

① 고전압의 유도를 방지한다.　② 전기자 반작용을 방지한다.
③ 기동 권선으로 이용한다.　　④ 기동이 쉽다.

풀이 동기전동기의 자기동법
이 방식은 난조 방지용인 제동권선을 기동권선으로 하여 시동토크를 얻는 방법으로서, **기동 시 전기자권선에 의한 회전자계에 의해 계자권선내에 고압이 유도되어 절연을 파괴**할 우려가 있으므로 계자권선은 외부 저항을 통해 단락해 놓고 기동해야 한다.

21 동기 조상기의 계자를 과여자로 해서 운전할 경우 틀린 것은?

① 콘덴서로 작용한다.
② 위상이 뒤진 전류가 흐른다.
③ 송전선의 역률을 좋게 한다.
④ 송전선의 전압강하를 감소시킨다.

풀이
- **과여자 운전** : 콘덴서로 작용하여 **뒤진 전류를 보상**한다.
- **부족 여자 운전** : 리액터로 작용하여 앞선 전류를 보상한다.

정답 19. ④　20. ①　21. ②

22 동기 조상기의 구조상 특이점이 아닌 것은?

① 고정자는 수차발전기와 같다.
② 계자 코일이나 자극이 대단히 크다.
③ 안전 운전용 제동권선이 설치된다.
④ 전동기 축은 동력을 전달하는 관계로 비교적 굵다.

풀이 동기 조상기는 동기 전동기를 무부하로 회전시켜 직류 계자 전류 I_f의 크기를 조정하여 무효 전력을 지상 또는 진상으로 제어하는 기기이다.
- 과여자 : 콘덴서 C로 작용
- 부족여자 : 인덕턴스 L로 작용

23 동기조상기의 여자전류를 줄이면?

① 콘덴서로 작용 ② 리액터로 작용
③ 진상전류로 됨 ④ 저항손의 보상

풀이 동기 조상기는 동기 전동기를 무부하로 회전시켜 직류 계자 전류 I_f의 크기를 조정하여 무효 전력을 지상 또는 진상으로 제어하는 기기이다.
- 과여자 : 콘덴서 C로 작용
- 부족여자 : 인덕턴스 L로 작용

24 3상 전원의 수전단에서 전압 3300[V], 전류 1000[A], 뒤진 역률 0.8의 전력을 받고 있을 때 동기조상기로 역률을 개선하여 1로 하고자 한다. 필요한 동기조상기의 용량은 약 몇 [kVA] 인가?

① 1525 ② 1950
③ 3150 ④ 3429

풀이
- 부하의 무효전력 $Q_L = \sqrt{3}\, VI\sin\theta$ 에서
$Q_L = \sqrt{3} \times 3300 \times 1000 \times 0.6 \times 10^{-3} = 3429.46[\text{kVar}]$
($\because \cos\theta = 0.8$이므로 $\sin\theta = \sqrt{1-0.8^2} = 0.6$)
- 역률이 1이 되려면 무효전력 $Q = 0[\text{kVar}]$이 되어야 하므로 동기조상기에서 진상 무효전력 $Q_c = Q_L = 3429.46[\text{kVA}]$를 공급하여야 한다.

정답 22. ④ 23. ② 24. ④

25 중부하에서도 기동되도록 하고 회전계자형의 동기전동기에 고정자인 전기자 부분이 회전자의 주위를 회전할 수 있도록 2중 베어링의 구조를 가지고 있는 전동기는?

① 유도자형 전동기
② 유도 동기 전동기
③ 초동기 전동기
④ 반작용 전동기

풀이 ▶ **초동기 전동기**
기동 토크가 작은 것이 단점인 동기 전동기는 경부하에서 기동이 거의 불가능하므로 이것을 보완하여 **중부하에서도 기동이 되도록 한** 것이 **초동기 전동기**이다. 이 전동기는 회전계자형의 동기 전동기에 전기자 부분도 회전자의 주위를 회전할 수 있도록 2중 베어링의 구조로 되어 있어 고정자 회전 기동형이라고 한다.

26 동기점검등의 세 램프가 모두 꺼질 때의 상태로 옳은 것은?

① 위상과 주파수가 일치하지 않음
② 전압의 크기만 맞음
③ 전압, 주파수, 위상이 모두 일치
④ 전압과 위상이 일치하지 않음

풀이 ▶ 동기점검등
(1) 발전기나 비상전원을 계통에 병입하기 전에 해당 발전기의 출력이 계통 전원과 주파수, 위상이 일치하는지 육안으로 확인하기 위한 장치로 주로 병렬운전 조건 확인과 병입 시점 판단에 사용된다.
(2) 작동
　① 주파수 차이, 램프 깜박임
　② 위상 차이, 램프 교대로 깜박임
　③ 전압 차이가 클수록 램프가 밝아짐
　④ **전압, 위상, 주파수 일치, 램프 모두 꺼짐**

정답 25. ③ 26. ③

CHAPTER 3 변압기

1. 변압기의 원리

1) 실효값

(1) 1차측 유기기전력의 실효값
$e_1 = 4.44 f n_1 \phi_m [\text{V}]$

(2) 2차측 유기기전력의 실효값
$e_2 = 4.44 f n_2 \phi_m [\text{V}]$

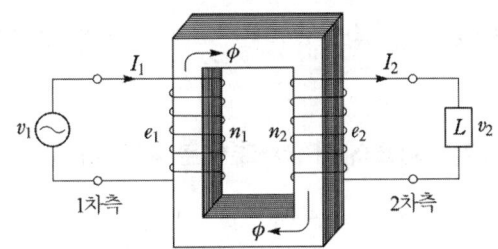

2) 변압기의 전압비 : 선간전압이 아닌 상전압이어야 한다.

$a = \dfrac{E_1}{E_2}$

3) 변압기의 전류비 : 선전류가 아닌 상전류이어야 한다.

$\dfrac{I_{p1}}{I_{p2}} = \dfrac{1}{a}$

4) 권수비

$a = \dfrac{E_1}{E_2} = \dfrac{N_1}{N_2} = \dfrac{I_2}{I_1} = \sqrt{\dfrac{Z_1}{Z_2}}$

2. 변압기의 등가회로

1) 변압기의 등가회로 작성에 필요한 시험

(1) 직류 저항 측정 : 권선 저항 측정
(2) 무부하 시험 : 철손 측정
(3) 단락 시험 : 동손 측정

2) 변압기 2차측에서 1차측으로 환산시

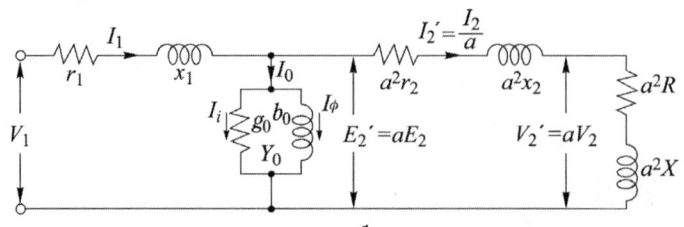

- 전압은 a배
- 임피던스는 a^2배
- 전류는 $\dfrac{1}{a}$배
- 어드미턴스는 $\dfrac{1}{a^2}$배

3) 변압기 1차측에서 2차측으로 환산시

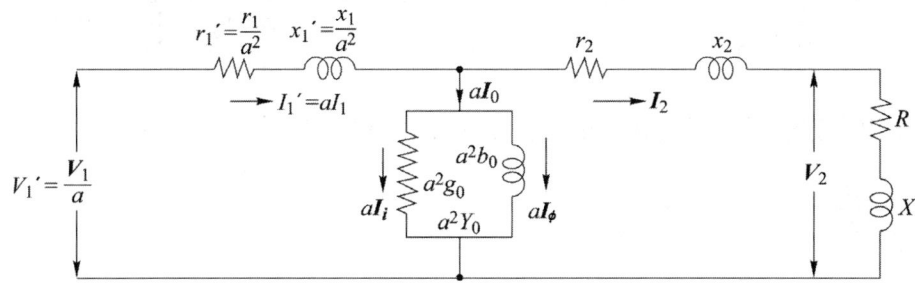

- 전압은 $\dfrac{1}{a}$배
- 임피던스는 $\dfrac{1}{a^2}$배
- 전류는 a배
- 어드미턴스는 a^2배

4) 여자전류

$$\boldsymbol{I_0} = \boldsymbol{I_\phi} + \boldsymbol{I_i} = \sqrt{I_\phi^2 + I_i^2}$$

$$I_i = \frac{P_i}{V_1}[\text{A}]$$

(여기서, I_0 : 여자전류,
I_ϕ : 자화전류, I_i : 철손전류,
P_i : 철손)

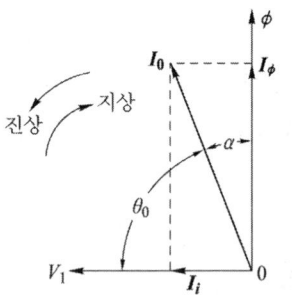 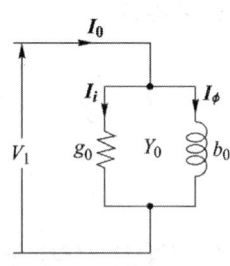

〈여자 회로 및 여자 전류의 벡터도〉

5) 여자 어드미턴스 $Y_0 = \sqrt{g_0^2 + b_0^2} = \dfrac{I_0}{V_1}[\mho]$

6) 변압기의 누설리액턴스 $L = \dfrac{\mu A N^2}{l} \propto N^2$

(A : 철심의 단면적[m^2], N : 코일의 권수, l : 자로의 길이[m])

3. 변압기 특성

1) 변압기 1차측 단락전류

(1) $I_{1s} = \dfrac{V_1}{Z_1 + Z_2'}$ [A] : 옴(ohm)법으로 표현

(Z_2' : 2차측 임피던스를 1차측으로 환산한 임피던스)

(2) $I_{1s} = \dfrac{100}{\%Z} \times I_n$: %Z 법으로 표현

2) %저항 강하 $p = \dfrac{r_{21} I_{1n}}{V_{1n}} \times 100 = \dfrac{r_{21} I_{1n}^2}{V_{1n} I_{1n}} \times 100 = \dfrac{P_c}{V_{1n} I_{1n}} \times 100$ [%]

3) %리액턴스 강하 $q = \dfrac{x_{21} I_{1n}}{V_{1n}} \times 100$ [%]

4) %임피던스 강하 $z = \dfrac{z_{21} I_{1n}}{V_{1n}} \times 100 = \dfrac{V_s}{V_{1n}} \times 100 = \sqrt{p^2 + q^2}$ [%]

5) 전압 변동률

(1) 전압으로 구하는 전압 변동률 $\epsilon = \dfrac{V_{20} - V_{2n}}{V_{2n}} \times 100$ [%]

(2) %임피던스로 구하는 전압변동률

① $\epsilon = p\cos\phi + q\sin\phi$ (지상 부하 시)

② $\epsilon = p\cos\phi - q\sin\phi$ (진상 부하 시)

(3) 역률이 100[%]일 때 전압 변동률

$\cos\phi = 1$, $\sin\phi = 0$이므로

$\epsilon \fallingdotseq p = \dfrac{I_{2n} r}{V_{2n}} \times 100 = \dfrac{I_{2n}^2 r}{V_{2n} I_{2n}} \times 100 = \dfrac{\text{전부하 동손}}{\text{정격 용량}} \times 100$ [%]

(4) 최대 전압변동률 $\epsilon_{\max} = \sqrt{p^2 + q^2}$

(5) 최대 전압변동률을 발생하는 역률 $\cos\phi_{\max} = \dfrac{p}{\sqrt{p^2 + q^2}}$

6) 변압기 손실의 종류

(1) 변압기 손실 = 무부하손 + 부하손
(2) 무부하손 = 히스테리시스손 + 와류손 + 유전체손
   (철손=히스테리시스손 + 와류손 ; 부하의 크기에 무관)
(3) 부하손 = 동손 + 표류 부하손

7) 히스테리시스손 $P_h = K_h f B_m^2$ [W/kg]

(K_h : 히스테리시스 계수, B_m : 최대 자속밀도[Wb/m^2])

$$P_h = K \cdot f \cdot \left(\frac{V}{f}\right)^2 = K\frac{V^2}{f}$$

8) 와류손 $P_e = K_e (t \cdot f \cdot K_f \cdot B_m)^2$

(K_e : 재료에 따라 정해지는 상수, t : 철심의 두께, K_f : 파형률)

$$P_e = K\left(f \cdot \frac{V}{f}\right)^2 = KV^2$$

9) 유전체손 : 절연물에서 생기는 손실

10) 동손 $P_c = I^2 R$ [W]로서 변압기의 부하율에 따라 그 값이 달라진다.

- 전 부하일 때의 동손 $P_c = I^2 R$ [W]
- 부하율 m일 때의 동손 $P_{cm} = m^2 P_c = m^2 \times I^2 R$[W]

11) 변압기의 손실과 주파수와의 관계

(1) 동손 $P_c = I^2 R$ 로 동손은 전류의 자승에 비례하나 주파수와는 무관하다.
(2) 와류손 $P_e = KE^2$에서 와류손은 주파수와 무관
(3) 히스테리시스손 $P_h = K\dfrac{E^2}{f}$로 주파수에 반비례한다.

12) 정격 부하시 효율

$$\eta = \frac{V_{2n} I_{2n} \cos\theta}{V_{2n} I_{2n} \cos\theta + P_i + {I_{2n}}^2 r_{21}} \times 100 \ [\%]$$

13) 부하율 m으로 운전시 효율

$$\eta = \frac{m V_{2n} I_{2n} \cos\theta}{m V_{2n} I_{2n} \cos\theta + P_i + m^2 I_{2n}^2 r_{21}} \times 100 \, [\%]$$

14) 최대 효율 운전 조건

부하율 $m = \sqrt{\dfrac{P_i}{P_c}}$ 의 부하로 운전시 최대 효율로 운전된다.

15) 변압기의 극성

변압기의 극성이란 어느 순간에 1차와 2차 양단자에 나타나는 유기기전력의 방향을 나타내는 것으로서 감극성과 가극성이 있으며 우리 나라는 감극성이 표준이다.

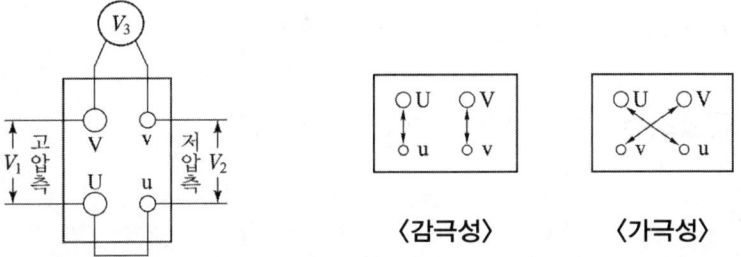

⑴ 감극성 : $V_3 = V_1 - V_2$
⑵ 가극성 : $V_3 = V_1 + V_2$

16) 변압기 결선

(1) △-△ 결선도

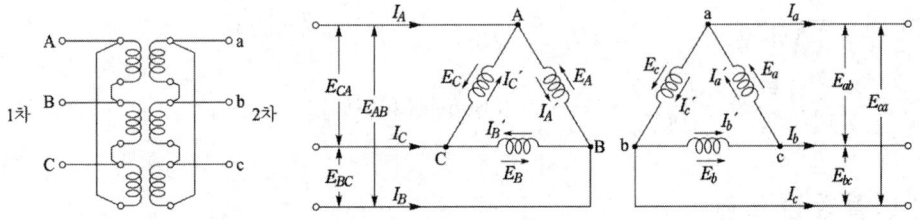

① $V_l = V_p \angle 0°$: 선간 전압과 상전압은 크기가 같고 동상이 된다.
② $I_l = \sqrt{3} I_p \angle -30°$: 선전류는 상전류에 비해 크기가 $\sqrt{3}$ 배이고 위상은 30° 뒤진다.

(2) Y-Y 결선

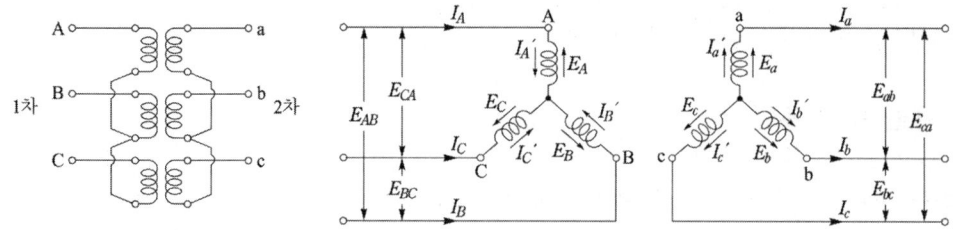

① $V_l = \sqrt{3}\,V_p \angle 30°$: 선간 전압은 상전압에 비해 크기가 $\sqrt{3}$ 배이고 위상은 30° 앞선다.

② $I_l = I_p \angle 0°$: 선전류는 상전류와 크기가 같고 위상이 동상이 된다.

17) 3상 출력 $P = \sqrt{3}\,V_l I_l = 3V_p I_p = 3 \times$ 단상 출력

18) 최대전력 공급조건 : "전원의 내부 저항 = 부하 저항"

19) V-V 결선

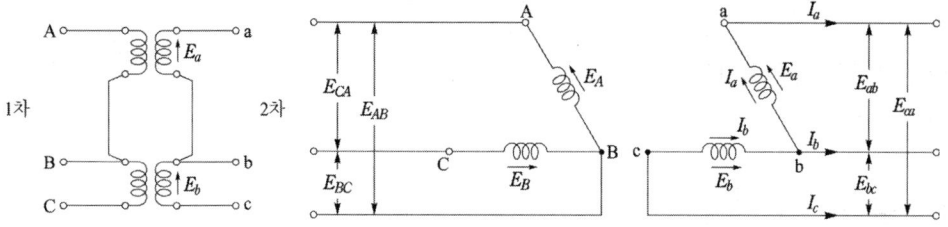

(1) V결선 출력 $P_V = \sqrt{3}\,V_p I_p = \sqrt{3} \times$ 단상변압기 1대 용량

(2) 출력의 비 $= \dfrac{V 결선 출력}{3상 출력} = \dfrac{\sqrt{3}\,VI}{3\,VI} = \dfrac{1}{\sqrt{3}} \fallingdotseq 0.577 = 57.7[\%]$

(3) 이용률 $= \dfrac{3상 출력}{설비용량} = \dfrac{\sqrt{3}\,VI}{2\,VI} = \dfrac{\sqrt{3}}{2} = 0.866 = 86.6[\%]$

20) 변압기 병렬 운전 조건

(1) 극성이 같을 것
(2) 권수비가 같고, 1차와 2차의 정격 전압이 같을 것
(3) %임피던스 강하가 같을 것
(4) 3상식에서는 위의 조건 외에 각 변압기의 상회전 방향 및 각 변위가 같을 것

21) 변압기 병렬운전 시 부하 분담

$$\frac{P_a}{P_b} = \frac{P_A}{P_B} \times \frac{\%Z_B}{\%Z_A}$$

여기서, P_a, P_b : A, B 변압기의 분담부하, P_A, P_B : A, B 변압기의 용량
$\%Z_A$, $\%Z_B$: A, B 변압기의 $\%Z$

- 부하 분담은 변압기의 $\%Z$에 반비례 한다.
- 부하 분담을 많이 하는 변압기라도 변압기의 자기 용량 이상을 분담하지 못한다.

22) 3상 변압기의 병렬 운전 결선

병렬 운전 가능	병렬 운전 불가능
△-△와 △-△	
Y-△ 와 Y-△	
Y-Y 와 Y-Y	△-△ 와 △-Y
△-Y 와 △-Y	△-Y 와 Y-Y
△-△와 Y-Y	
△-Y 와 Y-△	

23) 상수의 변환

(1) 3상-2상간의 상수 변환
① 스코트 결선(T결선)   ② 메이어 결선   ③ 우드 브리지 결선

(2) 3상-6상간의 상수 변환
① 환상 결선   ② 2중 3각 결선   ③ 2중 성형 결선
④ 대각 결선   ⑤ 포크 결선

24) 스코트 결선

(1) 권선비

① 주좌변압기 $\alpha_M = \dfrac{n_1}{n_2}$

② T좌변압기 $\alpha_T = \dfrac{\frac{\sqrt{3}}{2}n_1}{n_2} = \dfrac{\sqrt{3}}{2}\alpha_M$

(2) 이용률 $= \dfrac{\sqrt{3}\,VI}{2\,VI} = 0.866 = 86.6[\%]$

25) 단권 변압기의 자기 용량과 부하 용량

(1) 변압기 1차 정격전압과 공급전압이 동일 한 경우
- 단권 변압기 용량 (자기 용량) = 부하 용량 × $\dfrac{\text{고압} - \text{저압}}{\text{고압}}$

(2) 변압기 1차 정격전압과 공급전압이 서로 다른 경우(승압기의 경우)
- 단권변압기 자기용량 $P_n = e_2 I_2$

26) 계기용 변압기

- 공칭 전압비 : $K_{np} = \dfrac{V_1}{V_2}$
- 2차 전압은 110 [V]가 정격이다.

27) 변류기 : 변류기는 사용 중에 2차를 개로 해서는 안된다.

- 공칭 전류비 : $K_{nc} = \dfrac{I_1}{I_2}$
- 2차 전류는 5[A]가 정격이다.

28) 변압기 내부고장 검출용 보호 계전기

① 차동 계전기 (비율 차동 계전기)
② 부흐홀쯔 계전기
③ 압력 계전기
④ 가스 검출 계전기

29) 변압기 무부하(개방회로) 시험으로 측정 할 수 있는 항목

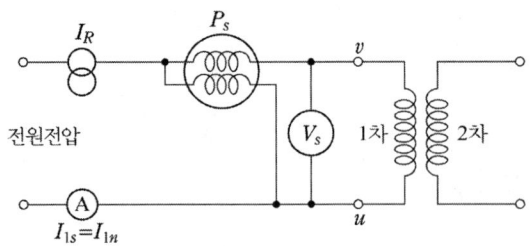

- Ⓥ 전압계 : 기준(정격전압)
- Ⓐ 전류계 : 무부하전류, 여자전류
- Ⓦ 전력계 : 철손
- 히스테리시스손, 와류손, 여자어드미턴스를 구할 수 있음

30) 변압기 단락시험으로 측정 할 수 있는 항목

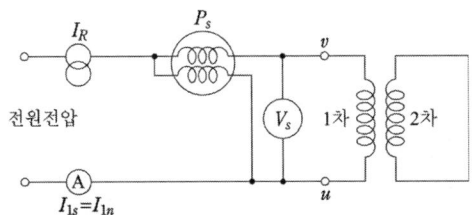

- Ⓥ 전압계 : 임피던스 전압
- Ⓘ 전류계 : 기준(정격전류)
- Ⓦ 전력계 : 동손, 임피던스 와트

31) 절연의 종류

종 류	최고사용온도 [℃]	종 류	최고사용온도 [℃]
Y 종	90	F 종	155
A 종	105	H 종	180
E 종	120	C 종	180 초과
B 종	130		

32) 절연유

(1) 열화 원인

변압기의 호흡작용에 의해 고온의 절연유가 외부 공기와의 접촉에 의해 열화 발생

(2) 열화 영향
- 절연내력의 저하
- 냉각효과 감소
- 침식작용

(3) 열화 방지설비
- 브리더
- 질소봉입
- 콘서베이터

CHAPTER. 3 변압기
출제예상문제

01 〔산기 23-2, 산기 24-2〕

변압기의 원리는?

① 전자유도 작용을 이용
② 정전유도 작용을 이용
③ 자기유도 작용을 이용
④ 플레밍의 오른손 법칙을 이용

풀이 변압기는 **전자 유도 작용을 이용**하여 교류 전압과 전류의 크기를 변성하는 장치로 2개 이상의 전기회로와 1개 이상의 공통 자기 회로로 이루어져 있다.

02 〔산기 23-3〕

변압기의 철심이 갖추어야 할 조건으로 틀린 것은?

① 투자율이 클 것
② 전기 저항이 작을 것
③ 성층 철심으로 할 것
④ 히스테리시스손 계수가 작을 것

풀이 변압기 철심의 구비조건
- 투자율이 클 것
- **전기 저항이 클 것**
- 히스테리시스 계수가 작을 것(히스테리시스손이 적을 것)
- 성층 철심으로 할 것(와류손이 적을 것)

03 〔기 16-1〕

단상 변압기에 정현파 유기기전력을 유기하기 위한 여자전류의 파형은?

① 정현파
② 삼각파
③ 왜형파
④ 구형파

풀이 변압기 철심의 자기 포화 현상과 히스테리시스 현상으로 자속은 정현파가 되지 못하고 고조파를 포함하는 왜형파가 된다. 따라서, **정현파 전압을 유기하기 위해서는 정현파의 자속이 필요**하게 되며 그 결과 자속을 만드는 **여자 전류는 제3고조파를 포함하는 왜형파가 되어야** 한다.

정답 01. ① 02. ② 03. ③

04 변압기에 있어서 부하와는 관계없이 자속만을 발생시키는 전류는?

① 1차 전류 ② 자화 전류
③ 여자 전류 ④ 철손 전류

풀이 여자전류 $\dot{I}_o = \dot{I}_\phi + \dot{I}_i$ ∴ $I_o = \sqrt{I_\phi^2 + I_i^2}$
$\dot{I}_\phi$ (자화전류) : 자속을 유지하는 전류
$\dot{I}_i$ (철손전류) : 철손을 공급하는 전류

05 이상적인 변압기의 무부하에서 위상관계로 옳은 것은?

① 자속과 여자전류는 동위상이다.
② 자속은 인가전압 보다 90° 앞선다.
③ 인가전압은 1차 유기기전력 보다 90° 앞선다.
④ 1차 유기기전력과 2차 유기기전력의 위상은 반대이다.

풀이 ① **자속과 여자전류는 동상**이다.
② 자속은 인가전압 보다 90° 뒤진다.
③ 인가전압은 1차 유기기전력 보다 180° 앞선다.
④ 1차 유기기전력과 2차 유기기전력은 동상이다.

06 변압비 3000/100 [V]인 단상 변압기 2대의 고압측을 그림과 같이 직렬로 3300 [V] 전원에 연결하고, 저압측에 각각 5 [Ω], 7 [Ω]의 저항을 접속하였을 때, 고압측의 단자 전압 E_1은 약 몇 [V]인가?

① 471
② 660
③ 1375
④ 1925

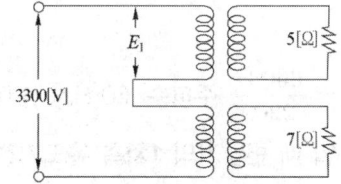

풀이 $E_1 = \dfrac{Z_1}{Z_1 + Z_2} \cdot E = \dfrac{5}{5+7} \times 3300 = 1375[V]$

$E_2 = \dfrac{Z_2}{Z_1 + Z_2} \cdot E = \dfrac{7}{5+7} \times 3300 = 1925[V]$

정답 04. ② 05. ① 06. ③

07
기 17-3

60[Hz], 1328/230[V]의 단상변압기가 있다. 무부하전류 $I = 3\sin\omega t + 1.1\sin(3\omega t + a_3)$ [A]이다. 지금 위와 똑같은 변압기 3대로 Y-△결선하여 1차에 2300[V]의 평형전압을 걸고 2차를 무부하로 하면 △회로를 순환하는 전류(실효치)는 약 몇 [A] 인가?

① 0.77　　② 1.10
③ 4.48　　④ 6.35

풀이 1차측 선간 전압 2300 [V], 상전압 1328 [V]를 가하여 여자 전류
$i = 3\sin\omega t + 1.1\sin(3\omega t + \alpha_3)$ 가 흐르지 않으면 안 되나, Y-△결선이므로 **제3고조파 전류**는 회로에 흐를 수가 없고 **2차 △회로에 순환 전류**로 되어 흐르게 된다. 그 크기는 권수비를 곱하여 2차로 환산한 값이 된다. 실효값으로 표시하면
$$\frac{1.1}{\sqrt{2}} \times \frac{1328}{230} = 4.49[A]$$

08
기 21-2, 기 19-2, 기 18-3

변압기의 누설리액턴스를 나타낸 것은? (단, N은 권수이다.)

① N에 비례　　② N^2에 반비례
③ N^2에 비례　　④ N에 반비례

풀이 $L\dfrac{di}{dt} = N\dfrac{d\Phi}{dt}$　∴ $L = \dfrac{N\Phi}{I}$

그런데 자속 Φ는 $\Phi = \dfrac{\mu A N I}{l}$

∴ $L = \dfrac{N \cdot \dfrac{\mu A N I}{l}}{I} = \dfrac{\mu A N^2}{l} \propto N^2$

09
기 22-1

권수비 $a = \dfrac{6600}{220}$, 주파수 60[Hz], 변압기의 철심 단면적 0.02[m²], 최대자속밀도 1.2 [Wb/m²] 일 때 변압기의 1차측 유도기전력은 약 몇 [V] 인가?

① 1407　　② 3521
③ 42198　　④ 49814

풀이 $E_1 = 4.44 f N_1 \Phi_m = 4.44 \times 60 \times 6600 \times 1.2 \times 0.02 = 42197.76[V]$

정답 07. ③　08. ③　09. ③

10 1차 전압 6600[V], 2차 전압 220[V], 주파수 60 [Hz], 1차 권수 1000회의 변압기가 있다. 최대 자속은 약 몇 [Wb]인가?

① 0.020
② 0.025
③ 0.030
④ 0.032

풀이 최대 자속 $\phi_m = \dfrac{E_1}{4.44 f N_1} = \dfrac{6600}{4.44 \times 60 \times 1000} = 0.025$[Wb]

11 단면적 10[cm²]인 철심에 200회의 권선을 감고, 이 권선에 60[Hz], 60[V]인 교류전압을 인가하였을 때 철심의 최대자속밀도는 약 몇 [Wb/m²]인가?

① 1.126×10^{-3}
② 1.126
③ 2.252×10^{-3}
④ 2.252

풀이
- 유기기전력 $E = 4.44 f \Phi_m N$[V]에서 $\Phi_m = \dfrac{E}{4.44 f N}$[Wb]
- 최대자속밀도 $B_m = \dfrac{\Phi_m}{A} = \dfrac{E}{4.44 f N A} = \dfrac{60}{4.44 \times 60 \times 200 \times 10 \times 10^{-4}} = 1.126$[Wb/m²]

12 60[Hz]의 변압기에 50[Hz]의 동일전압을 가했을 때의 자속밀도는 60[Hz] 때와 비교하였을 경우 어떻게 되는가?

① $\dfrac{5}{6}$로 감소
② $\dfrac{6}{5}$으로 증가
③ $\left(\dfrac{5}{6}\right)^{1.6}$로 감소
④ $\left(\dfrac{6}{5}\right)^2$으로 증가

풀이 $E = 4.44 f N \phi_m$에서 전압이 일정한 경우 $\phi_m \propto \dfrac{1}{f}$

또한, $\phi_m = B_m A$에서 $\phi_m \propto B_m$이므로 $B_m \propto \dfrac{1}{f}$

$B_{60} : B_{50} = \dfrac{1}{60} : \dfrac{1}{50}$ ∴ $B_{50} = \dfrac{6}{5} B_{60}$

정답 10. ② 11. ② 12. ②

13 변압기에서 1차 측의 여자 어드미턴스를 Y_0라고 한다. 2차 측으로 환산한 여자 어드미턴스 Y_0'을 옳게 표현한 식은? (단, 권수비를 a라고 한다.)

① $Y_0' = a^2 Y_0$
② $Y_0' = a Y_0$
③ $Y_0' = \dfrac{Y_0}{a^2}$
④ $Y_0' = \dfrac{Y_0}{a}$

풀이 1차측에서 2차측으로 환산
- 전압 $V_1' = \dfrac{V_1}{a}$
- 전류 $I_1' = a I_1$, 여자 전류 $I_0' = a I_0$
- 임피던스 $Z_1' = \dfrac{Z_1}{a^2} = \dfrac{r_1 + j x_1}{a^2}$
- 여자 어드미턴스 $Y_0' = a^2 Y_0 = a^2(g_0 - j b_0)$

14 다음 그림은 변압기 여자 회로에 흐르는 전류의 벡터도이다. C는 어떤 전류인가?

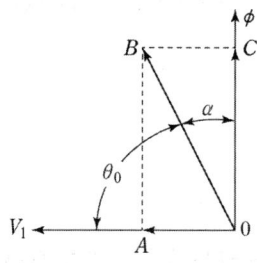

① 1차 전류
② 철손 전류
③ 여자전류
④ 자화 전류

풀이

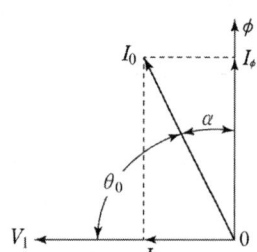

여자전류 $\dot{I}_o = \dot{I}_\phi + \dot{I}_i = \sqrt{I_\phi^2 + I_i^2}$
- $\dot{I}_\phi$ (자화전류) : 자속을 유지하는 전류
- $\dot{I}_i$ (철손전류) : 철손을 공급하는 전류

15 1차 전압은 3300[V]이고 1차측 무부하 전류는 0.15[A], 철손은 330[W]인 단상 변압기의 자화전류는 약 몇 [A]인가?

① 0.112 ② 0.145
③ 0.181 ④ 0.231

풀이 철손 전류 $I_i = \dfrac{P_i}{V_1} = \dfrac{330}{3300} = 0.1[A]$

따라서, 자화 전류 $I_\phi = \sqrt{I_0^2 - I_i^2}$ 식에서

∴ $I_\phi = \sqrt{0.15^2 - 0.1^2} = 0.112[A]$

16 정격전압 120[V], 60[Hz]인 변압기의 무부하 입력 80[W], 무부하 전류 1.4[A]이다. 이 변압기의 여자 리액턴스는 약 몇 [Ω]인가?

① 97.6 ② 103.7
③ 124.7 ④ 180

풀이

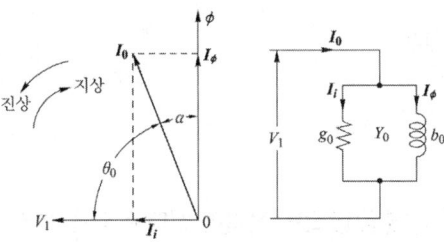

〈여자 회로 및 여자 전류의 벡터도〉

$I_0 = I_\phi + I_i = \sqrt{I_\phi^2 + I_i^2}$, $I_i = \dfrac{P_i}{V_1}[A]$

여기서, I_0 : 여자 전류(무부하 전류), I_ϕ : 자화 전류, I_i : 철손 전류, P_i : 철손

- 철손전류 $I_i = \dfrac{P_i}{V_1} = \dfrac{80}{120} = 0.67[A]$
- 자화전류 $I_\phi = \sqrt{I_0^2 - I_i^2} = \sqrt{1.4^2 - 0.67^2} = 1.23[A]$
- 여자 리액턴스 $x_0 = \dfrac{V_1}{I_\phi} = \dfrac{120}{1.23} = 97.6[\Omega]$

17 전력용 변압기에서 1차에 정현파 전압을 인가하였을 때, 2차에 정현파 전압이 유기되기 위해서는 1차에 흘러들어가는 여자전류는 기본파 전류 외에 주로 몇 고조파 전류가 포함되는가?

① 제2고조파
② 제3고조파
③ 제4고조파
④ 제5고조파

풀이 변압기 철심의 자기 포화 현상과 히스테리시스 현상으로 자속은 정현파가 되지 못하고 고조파를 포함하는 왜형파가 된다. 따라서, **정현파 전압을 유기하기 위해서는 정현파의 자속이 필요**하게 되며 그 결과 자속을 만드는 **여자 전류에 제3고조파**가 포함되어야 한다.

18 1차측 권수가 1500인 변압기의 2차측에 접속한 저항 16[Ω]을 1차측으로 환산했을 때 8[kΩ]으로 되어 있다면 2차측 권수는 약 얼마인가?

① 75
② 70
③ 67
④ 64

풀이 $n_1 = 1500$, $R_2 = 16[\Omega]$, $R_1 = 8000[\Omega]$
2차를 1차로 환산 $R_1 = a^2 R_2$에서

권수비 $a = \sqrt{\dfrac{R_1}{R_2}} = \sqrt{\dfrac{8000}{16}} = 22.36$

$\therefore N_2 = \dfrac{N_1}{a} = \dfrac{1500}{22.36} = 67.08[회]$

19 그림과 같은 변압기 회로에서 부하 R_2에 공급되는 전력이 최대로 되는 변압기의 권수비 a는?

① $\sqrt{5}$
② $\sqrt{10}$
③ 5
④ 10

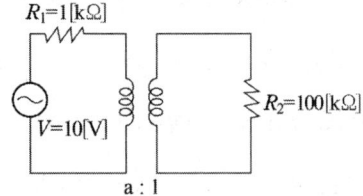

풀이 최대 전력 공급 조건은 **"전원의 내부 저항 = 부하 저항"** 이다.
즉, $R_1 = a^2 R_2$

$\therefore a = \sqrt{\dfrac{R_1}{R_2}} = \sqrt{\dfrac{1000}{100}} = \sqrt{10}$

20 3000/200[V] 변압기의 1차 임피던스가 225[Ω]이면 2차 환산 임피던스는 약 몇 [Ω] 인가?

① 1.0
② 1.5
③ 2.1
④ 2.8

풀이 권수비 $a = \dfrac{E_1}{E_2} = \dfrac{3000}{200} = 15$

따라서, 2차 환산 임피던스

$Z_2 = \dfrac{1}{a^2} Z_1 = \dfrac{1}{15^2} \times 225 = 1[\Omega]$

21 전압비 3300/105 [V], 1차 누설 임피던스 $Z_1 = 12 + j13[\Omega]$, 2차 누설 임피던스 $Z_2 = 0.015 + j0.013[\Omega]$의 변압기가 있다. 1차로 환산한 등가 임피던스[Ω]는?

① $12,015 + j13,013$
② $26.82 + j25.84$
③ $0.027 + j0.026$
④ $11,854.154 + j12,841.997$

풀이 권수비 $a = \dfrac{3300}{105} = 31.43$

$r' = r_1 + r_2' = r_1 + a^2 r_2 = 12 + 31.43^2 \times 0.015 = 26.82\,[\Omega]$
$x' = x_1 + x_2' = x_1 + a^2 x_2 = 13 + 31.43^2 \times 0.013 = 25.84\,[\Omega]$
$\therefore Z' = r' + x' = 26.82 + j25.84\,[\Omega]$

22 1차 전압 6600[V], 권수비 30인 단상변압기로 전등부하에 30[A]를 공급할 때의 입력[kW]은? (단, 변압기의 손실은 무시한다.)

① 4.4
② 5.5
③ 6.6
④ 7.7

풀이
- 변압기 2차 전류를 1차 전류로 환산하면 $I_1 = \dfrac{I_2}{a} = \dfrac{30}{30} = 1[A]$
- 별도의 언급이 없으므로 전등 부하의 역률 $\cos\theta = 1$
- 입력 $P_1 = V_1 I_1 \cos\theta = 6600 \times 1 \times 1 \times 10^{-3} = 6.6[kW]$

정답 20. ① 21. ② 22. ③

23 변압기 1차측 사용 탭이 22900[V]인 경우 2차측 전압이 360[V]였다면 2차측 전압을 약 380[V]로 하기 위해서는 1차측의 탭을 몇 [V]로 선택해야 하는가?

① 20900
② 21900
③ 22900
④ 23900

풀이 $\dfrac{V_1}{V_2} = \dfrac{n_1}{n_2}$ 에서 1차 공급전압 $V_1 = \dfrac{n_1}{n_2} \times V_2 = \dfrac{22900}{n_2} \times 360$[V]

1차 공급전압(V_1)이 일정한 상태에서 2차 전압을 380[V]로 상승시키기 위한 1차 측의 새로운 탭 전압 $n_1{'}$는

$$V_1 = \dfrac{n_1{'}}{n_2} \times V_2{'} = \dfrac{n_1{'}}{n_2} \times 380 = \dfrac{22900}{n_2} \times 360$$

$$\therefore n_1{'} = \dfrac{360}{380} \times 22900 = 21694.74[V] \text{ 로 하여야 한다.}$$

별해 변압기 1차측 전압이 일정한 경우 2차측 전압을 승압하려면, 1차측 탭전압을 낮추어 권수를 줄여야 한다. 따라서, 2차측 전압을 380[V]으로 승압하려면,

$$V_T{'} = \dfrac{360}{380} \times 22900 = 21694.73[V]$$

24 탭전환 변압기 1차측에 몇 개의 탭이 있는 이유는?

① 예비용 단자
② 부하 전류를 조정하기 위하여
③ 수전점의 전압을 조정하기 위하여
④ 변압기의 여자전류를 조정하기 위하여

풀이 탭(tap) 전환 변압기 : 전원 전압의 변동이나 부하의 변동에 따라 **변압기 2차측의 전압변동을 보상하고 일정 전압으로 유지**시키기 위하여, 고압측 1차 권선의 중앙 위치에 몇 개의 탭 단자를 두어 변압기의 권수비를 바꿀 수 있도록 설계한 변압기

정답 23. ② 24. ③

25 변압기 단락시험에서 계산할 수 있는 것은?

① 백분율 전압강하, 백분율 리액턴스강하
② 백분율 저항강하, 백분율 리액턴스강하
③ 백분율 전압강하, 여자 어드미턴스
④ 백분율 리액턴스강하, 여자 어드미턴스

풀이 변압기 단락시험으로부터 구할 수 있는 항목
- 권선의 저항
- 권선의 임피던스
- 권선의 누설리액턴스
- **백분율 저항강하**
- **백분율 리액턴스 강하**

26 변압기 단락시험에서 변압기의 임피던스 전압이란?

① 1차 전류가 여자전류에 도달했을 때의 2차측 단자전압
② 1차 전류가 정격전류에 도달했을 때의 2차측 단자전압
③ 1차 전류가 정격전류에 도달했을 때의 변압기 내의 전압강하
④ 1차 전류가 2차 단락전류에 도달했을 때의 변압기 내의 전압강하

풀이 임피던스 전압 $V_s = Z_{21} I_{1n}$ [V]
(Z_{21} = 1차측 임피던스 + 2차를 1차로 환산한 임피던스)
즉, 변압기의 임피던스 전압이란 정격전류가 흐를 때의 변압기 내부 전압강하를 말한다.

27 변압기에 임피던스전압을 인가할 때의 입력은?

① 철손
② 와류손
③ 정격용량
④ 임피던스와트

풀이 임피던스 전압 및 임피던스 와트
단락 전류 I_{1s}를 1차 정격 전류와 같게 조정했을 때의 1차 전압 V_s을 임피던스 전압, 이때의 입력 P_s[W]를 임피던스 와트라고 한다.

$$V_s = Z_{21} I_{1n} = \sqrt{r_{21}^2 + x_{21}^2}\, I_{1n}\ [\text{V}]$$
$$P_s = r_{21} I_{1n}^2 = (r_1 + a^2 r_2) I_{1n}^2\ [\text{W}]$$

정답 25. ② 26. ③ 27. ④

28 변압기의 임피던스 전압이란?

① 정격전류 시 2차측 단자전압이다.
② 변압기의 1차를 단락, 1차에 1차 정격전류와 같은 전류를 흐르게 하는데 필요한 1차 전압이다.
③ 변압기 내부임피던스와 정격전류와의 곱인 내부 전압강하이다.
④ 변압기의 2차를 단락, 2차에 2차 정격전류와 같은 전류를 흐르게 하는데 필요한 2차 전압이다.

풀이 변압기의 **임피던스 전압**이란, 변압기의 임피던스와 정격 전류와의 곱을 말한다.($E_s = I_n \cdot Z$) 즉, **정격 전류에 의한 변압기 내부 전압 강하**를 의미한다.

29 변압기의 %Z가 커지면 단락전류는 어떻게 변화하는가?

① 커진다.
② 변동없다.
③ 작아진다.
④ 무한대로 커진다.

풀이 단락전류 $I_s = \dfrac{100}{\%Z} I_n$[A]이므로, %$Z$가 커지면 단락전류는 작아지게 된다.

30 용량 40[kVA], 3200/200[V]인 3상 변압기 2차측에 3상 단락이 생겼을 경우 단락전류는 약 몇 A]인가? (단, %임피던스는 4[%] 이다.)

① 1887　　② 2887
③ 3243　　④ 3558

풀이 단락전류 $I_s = \dfrac{100}{\%Z} \times I_n$[A]에서

$$I_s = \dfrac{100}{\%Z} \times \dfrac{P}{\sqrt{3}\,V} = \dfrac{100}{4} \times \dfrac{40000}{\sqrt{3} \times 200} = 2887\text{[A]}$$

(V : 2차측 단락전류를 구할 때는 2차측 전압을, 1차측에서의 단락전류를 구할 때는 1차측 전압)

정답 28. ③　29. ③　30. ②

31 5[kVA], 3000/200[V]의 변압기의 단락시험에서 임피던스 전압 120[V], 동손 150[W]라 하면 %저항강하는 약 몇 [%]인가?

① 2
② 3
③ 4
④ 5

풀이 %저항 강하

$$p = \frac{I_{1n}r}{E_{1n}} \times 100 = \frac{I_{1n}^2 r}{E_{1n}I_{1n}} \times 100 = \frac{P_c}{VA} \times 100 = \frac{150}{5000} \times 100 = 3[\%]$$

32 15[kVA], 3000/200[V] 변압기의 1차측 환산 등가 임피던스가 $5.4 + j6[\Omega]$일 때, %저항강하 p와 %리액턴스강하 q는 각각 약 몇 [%] 인가?

① $p = 0.9$, $q = 1$
② $p = 0.7$, $q = 1.2$
③ $p = 1.2$, $q = 1$
④ $p = 1.3$, $q = 0.9$

풀이 $I_{1n} = \dfrac{P_n}{V_{1n}} = \dfrac{15 \times 10^3}{3000} = 5[A]$

- %저항강하 $p = \dfrac{I_{1n}r}{V_{1n}} \times 100 = \dfrac{5 \times 5.4}{3000} \times 100 = 0.9[\%]$
- %리액턴스강하 $q = \dfrac{I_{1n}x}{V_{1n}} \times 100 = \dfrac{5 \times 6}{3000} \times 100 = 1[\%]$

33 3300/210[V], 5[kVA] 단상변압기의 퍼센트 저항강하 2.4[%], 퍼센트 리액턴스강하 1.8[%]이다. 임피던스 와트[W]는?

① 320
② 240
③ 120
④ 90

풀이 $\%R = \dfrac{I_n R}{E_n} \times 100 = \dfrac{I_n^2 R}{E_n I_n} \times 100 = \dfrac{P_s}{P_n} \times 100[\%]$에서

$P_s = \dfrac{\%R \cdot P_n}{100} = \dfrac{2.4 \times 5 \times 10^3}{100} = 120[W]$

정답 31. ② 32. ① 33. ③

34 3300/200 [V], 10 [kVA]인 단상 변압기의 2차를 단락하여 1차측에 300 [V]를 가하니 2차에 120 [A]가 흘렀다. 이 변압기의 임피던스 전압[V] 및 %임피던스 강하는 약 얼마인가?

① 125[V], 3.8[%]
② 125[V], 3.5[%]
③ 200[V], 4.0[%]
④ 200[V], 4.2[%]

풀이 1차 정격 전류 $I_{1n} = \dfrac{P}{V_1} = \dfrac{10 \times 10^3}{3300} = 3.03[A]$

1차 단락 전류 $I_{1s} = \dfrac{1}{a}I_{2s} = \dfrac{200}{3300} \times 120 = 7.27[A]$

2차를 1차로 환산한 등가 누설 임피던스

$Z_{21} = \dfrac{V_s'}{I_{1s}} = \dfrac{300}{7.27} = 41.26 \, [\Omega]$

임피던스 전압 V_s는

$\therefore V_s = I_{1n}Z_{21} = 3.03 \times 41.26 = 125.02 \, [V]$

%임피던스 강하 %Z는

$\therefore \%Z = \dfrac{V_s}{V_{1n}} \times 100 = \dfrac{125.02}{3300} \times 100 = 3.8[\%]$

35 변압기에서 1차 전압의 주파수만 증가시키면 가장 많이 증가하는 것은? 단, 전압의 크기는 변함이 없다.

① 여자 전류
② 온도 상승
③ 철손
④ % 임피던스

풀이 정격 전압에서 주파수만 증가하면 철손, 여자 전류, 온도 상승은 주파수에 반비례하므로 감소하지만 **%임피던스**, 즉 %리액턴스 $\%X = \dfrac{XP}{10\,V^2}$ (리액턴스 $X = 2\pi fL$)는 주파수에 비례하므로 주파수가 증가하면 %X도 증가한다.

정답 34. ① 35. ④

36. 변압기의 전압변동률에 대한 설명으로 틀린 것은?

① 일반적으로 부하변동에 대하여 2차 단자전압의 변동이 작을수록 좋다.
② 전부하시와 무부하시의 2차 단자전압이 서로 다른 정도를 표시하는 것이다.
③ 인가전압이 일정한 상태에서 무부하 2차 단자전압에 반비례한다.
④ 전압변동률은 전등의 광도, 수명, 전동기의 출력 등에 영향을 미친다.

풀이 전압변동률 $\epsilon = \dfrac{V_{2o} - V_{2n}}{V_{2n}} \times 100$

V_{2o} : 무부하 시 2차 단자전압, V_{2n} : 정격부하 시 2차 단자전압

37. 어떤 단상변압기의 2차 무부하 전압이 240[V] 이고, 정격 부하시의 2차 단자 전압이 230[V] 이다. 전압 변동률은 약 몇 [%]인가?

① 4.35
② 5.15
③ 6.65
④ 7.35

풀이 전압 변동률 $\epsilon = \dfrac{V_{2o} - V_{2n}}{V_{2n}} \times 100$

V_{2o} : 무부하시 2차 단자전압, V_{2n} : 정격부하시 2차 단자전압

∴ $\epsilon = \dfrac{240 - 230}{230} \times 100 = \dfrac{10}{230} \times 100 = 4.35[\%]$

38. 전압비가 무부하에서는 33 : 1, 정격부하에서는 33.6 : 1인 변압기의 전압변동률[%]은?

① 약 1.5
② 약 1.8
③ 약 2.0
④ 약 2.2

풀이 권수비는 무부하시의 전압비와 같으므로

$\dfrac{V_1}{V_{20}} = 33$, $\dfrac{V_1}{V_{2n}} = 33.6$

따라서, $V_{20} = \dfrac{V_1}{33}$, $V_{2n} = \dfrac{V_1}{33.6}$

$\dfrac{V_{20}}{V_{2n}} = \dfrac{\frac{V_1}{33}}{\frac{V_1}{33.6}} = \dfrac{33.6}{33}$

그러므로, 전압 변동률 ϵ은

∴ $\epsilon = \dfrac{V_{20} - V_{2n}}{V_{2n}} \times 100 = \left(\dfrac{V_{20}}{V_{2n}} - 1\right) \times 100 = \left(\dfrac{33.6}{33} - 1\right) \times 100 = 1.82[\%]$

정답 36. ③ 37. ① 38. ②

39 변압기의 백분율 저항강하가 3[%], 백분율 리액턴스 강하가 4[%]일 때 뒤진 역률 80[%]인 경우의 전압변동률[%]은?

① 2.5
② 3.4
③ 4.8
④ -3.6

풀이 전압변동률 $\epsilon = p\cos\theta + q\sin\theta$ 에서
(여기서, p : %저항강하, q : %리액턴스강하)
$\epsilon = 3 \times 0.8 + 4 \times 0.6 = 4.8[\%]$

40 역률 100[%]일 때의 전압 변동률 ϵ은 어떻게 표시되는가?

① %저항강하
② %리액턴스강하
③ %서셉턴스강하
④ %임피던스강하

풀이 전압변동률 $\epsilon = p\cos\theta + q\sin\theta$ 에서
(여기서, p : %저항강하, q : %리액턴스강하)
역률 100[%]일 경우, $\cos\theta = 1$, $\sin\theta = 0$ 이므로
∴ $\epsilon = p\cos\theta + q\sin\theta = p \times 1 + q \times 0 = p$
즉, 전압변동률 = %저항강하이다.

41 정격 부하에서 역률 0.8(뒤짐)로 운전될 때, 전압 변동률이 12[%]인 변압기가 있다. 이 변압기에 역률 100[%]의 정격 부하를 걸고 운전할 때의 전압 변동률은 약 몇 [%] 인가? (단, %저항강하는 %리액턴스강하의 1/12이라고 한다.)

① 0.909
② 1.5
③ 6.85
④ 16.18

풀이 $\epsilon = p\cos\theta + q\sin\theta$ 식에서
(여기서, p : %저항강하, q : %리액턴스강하)
$\cos\theta = 0.8$ 일 때 $\sin\theta = 0.6$
$\epsilon = p \times 0.8 + q \times 0.6 = 12$
$q = 12p$ 이므로 $12 = 0.8p + 12p \times 0.6$ ∴ $p = \dfrac{12}{8} = 1.5$
역률 100[%]일 때
전압변동률 $\epsilon_{100} = p\cos\theta + q\sin\theta = p \times 1 + q \times 0 = p = 1.5$
($\cos\theta = 1$일 때 $\sin\theta = 0$)

정답 39. ③ 40. ① 41. ②

산기 25-1

42 어떤 변압기의 부하역률이 60[%]일 때 전압변동률이 최대라고 한다. 지금 이 변압기의 부하역률이 100[%]일 때 전압변동률을 측정했더니 3[%]였다. 이 변압기의 부하역률이 80[%]일 때 전압변동률은 몇 [%]인가?

① 2.4
② 3.6
③ 4.8
④ 5.0

풀이 전압변동률 $\epsilon = p\cos\theta + q\sin\theta$이다.
(여기서, p : %저항강하, q : %리액턴스강하)
- 부하 역률 100[%]일 때
  $\epsilon_{100} = p\cos\theta + q\sin\theta = p\times 1 + q\times 0 = p = 3[\%]$
- 최대 전압 변동률 ϵ_{max}을 부하 역률 $\cos\theta_m$일 때라고 하면,
  $\cos\theta_m = \dfrac{p}{\sqrt{p^2+q^2}} = \dfrac{3}{\sqrt{3^2+q^2}} = 0.6 \quad q = 4[\%]$
- 따라서, 부하 역률이 80[%]일 때의 전압변동률은
  $\epsilon_{80} = p\cos\theta + q\sin\theta = 3\times 0.8 + 4\times 0.6 = 4.8[\%]$

산기 23-2, 산기 25-1

43 어떤 변압기의 단락시험에서 %저항강하 1.5[%]와 %리액턴스강하 3[%]를 얻었다. 부하 역률이 80 [%] 앞선 경우의 전압변동률 [%]은?

① -0.6
② 0.6
③ -3.0
④ 3.0

풀이 $p = 1.5[\%]$, $q = 3[\%]$, $\cos\theta = 0.8$(진상)
앞선 역률이므로
$\epsilon = p\cos\phi - q\sin\phi = 1.5\times 0.8 - 3\times 0.6 = -0.6[\%]$

정답 42. ③ 43. ①

44 210/105[V]의 변압기를 그림과 같이 결선하고 고압측에 200[V]의 전압을 가하면 전압계의 지시는 몇 [V]인가? (단, 변압기는 가극성이다.)

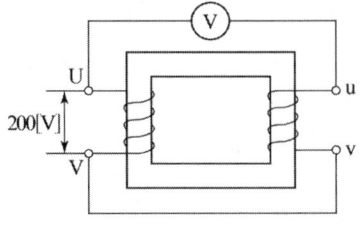

① 100 ② 200
③ 300 ④ 400

풀이 변압기 극성
변압기의 극성이란 어느 순간에 1차와 2차 양단자에 나타나는 유기기전력의 방향을 나타내는 것으로서 감극성과 가극성이 있다. 현재 우리나라는 감극성이 표준이다.
- 가극성 일 때 $V_3 = V_1 + V_2$
- 감극성 일 때 $V_3 = V_1 - V_2$

고압 측 전압을 V_1, 저압 측 전압을 V_2 라고 하면,
$$V_2 = \frac{1}{a} V_1 = \frac{105}{210} \times 200 = 100[V]$$
따라서 가극성인 경우 $V = V_1 + V_2 = 200 + 100 = 300[V]$

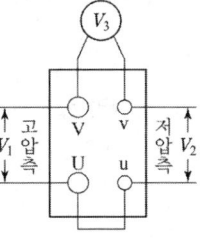

45 일반적인 변압기의 손실 중에서 온도상승에 관계가 가장 적은 요소는?

① 철손
② 동손
③ 와류손
④ 유전체손

풀이 유전체손은 절연물중에서 발생하는 손실로 그 값이 매우적어 일반적으로 무시된다.

정답 44. ③ 45. ④

46 일반적인 변압기의 무부하손 중 효율에 가장 큰 영향을 미치는 것은?

① 와전류손 ② 유전체손
③ 히스테리시스손 ④ 여자전류 저항손

풀이

무부하손 ┬ ⓐ 철손 ┬ 히스테리시스손
         │   └ 와류손
         ├ ⓑ 여자 전류에 의한 권선의 저항손
         └ ⓒ 절연물 중의 유전체손

ⓑ, ⓒ는 ⓐ에 비하여 매우 적으므로 **무부하손은 철손**이라고 보는 것이 보통이며, 이 무부하손은 부하의 유무에 관계없이 1차측에 전원만 공급되면 발생되는 손실이다. 또한 **변압기의 히스테리시스손은 와류손의 3~4배 정도로 크다.**

---

47 단상 변압기의 무부하 상태에서 $V_1 = 200\sin(\omega t + 30°)$[V]의 전압이 인가되었을 때 $I_o = 3\sin(\omega t + 60°) + 0.7\sin(3\omega t + 180°)$[A]의 전류가 흘렀다. 이때 무부하손은 약 몇 [W] 인가?

① 150 ② 259.8
③ 415.2 ④ 512

풀이 주파수가 다른 전압과 전류 사이의 전력은 영(0)이므로 기본파에 의한 전력만을 계산하면 된다.
무부하손 P_0는

$$P_0 = \frac{200}{\sqrt{2}} \times \frac{3}{\sqrt{2}} \times \cos(60° - 30°) = 259.81[\text{W}]$$

---

48 변압기의 표유부하손이란?

① 동손, 철손
② 부하 전류 중 누전에 의한 손실
③ 권선이외 부분의 누설 자속에 의한 손실
④ 무부하시 여자 전류에 의한 동손

풀이 총손실
1. 무부하손(철손)
   ① 와류손 : 와전류에 의해 발생
   ② 히스테리시스손 : 잔류 자기와 보자력에 의해 발생
2. 부하손
   ① 전부하 동손 : 권선에 의해 발생
   ② **표유부하손** : 권선 이외 부분의 누설 자속에 의해 발생

정답 46. ③ 47. ② 48. ③

49. 와전류 손실을 패러데이 법칙으로 설명한 과정 중 틀린 것은?

① 와전류가 철심으로 흘러 발열
② 유기전압 발생으로 철심에 와전류가 흐름
③ 시변 자속으로 강자성체 철심에 유기전압 발생
④ 와전류 에너지 손실량은 전류 경로 크기에 반비례

풀이 도체에 코일을 감고 교류전류 i를 흐르게 하면 도체 단면을 통과하는 자속이 변하게 되어 전자유도에 의한 맴돌이 형태의 유도전류가 흐른다. 이 맴돌이 전류를 와전류라고 한다.
도체는 일반적으로 저항을 갖고 있으므로 와전류가 흐르면 줄열이 발생하여 도체의 온도를 상승시키며 전력손실을 일으킨다. 즉, 와전류에 의해 발생하는 전력을 와류손 이라고 한다.

와류손 $P_e = \delta_e (tfk_f B_m)^2$ [W/kg]

여기서, δ_e : 재료에 의한 정수
f : 주파수[Hz]
B_m : 자속 밀도의 최대값 [Wb/m²]
t : 철판의 두께[m]
k_f : 파형률

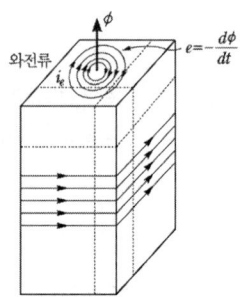

50. 와전류 손실을 패러데이 법칙으로 설명한 과정 중 틀린 것은?

① 와전류가 철심 내에 흘러 발열 발생
② 유도기전력 발생으로 철심에 와전류가 흐름
③ 와전류 에너지 손실량은 전류밀도에 반비례
④ 시변 자속으로 강자성체 철심에 유도기전력 발생

풀이 와류손 $P_e = \delta_e (tfk_f B_m)^2$ [W/kg]
여기서, δ_e : 재료에 의한 정수
f : 주파수[Hz]
B_m : 자속 밀도의 최대값 [Wb/m²]
t : 철판의 두께[m]
k_f : 파형률
따라서, **와류손은 전류밀도와 무관하다.**

정답 49. ④ 50. ③

51 변압기에서 생기는 철손 중 와류손(Eddy Current Loss)은 철심의 규소강판 두께와 어떤 관계에 있는가?

① 두께에 비례
② 두께의 2승에 비례
③ 두께의 3승에 비례
④ 두께의 $\frac{1}{2}$승에 비례

풀이 와류손 $P_e = K_e(t \cdot f \cdot K_f \cdot B_m)^2$
여기서, t : 철심의 두께[m]
  f : 주파수[Hz],
  K_f : 파형률 $\left(\frac{실효치}{평균치} = 1.11\right)$
  B_m : 최대 자속밀도[Wb/m^2]

---

52 와류손이 3 [kW]인 3300/110 [V], 60 [Hz]용 단상 변압기를 50 [Hz], 3000 [V]의 전원에 사용하면 이 변압기의 와류손은 약 몇 [kW]로 되는가?

① 1.7
② 2.1
③ 2.3
④ 2.5

풀이 와류손 $P_e = \sigma_e(tfB_m)^2 = K\left(f \cdot \dfrac{V}{f}\right)^2 = KV^2$

에서 와류손은 주파수와는 무관하고 전압의 제곱에 비례하므로

$P_e' = P_e \times \left(\dfrac{V'}{V}\right)^2 = 3 \times \left(\dfrac{3000}{3300}\right)^2 = 2.48[\text{kW}]$

---

53 전기기기에 있어 와전류손(Eddy current loss)을 감소시키기 위한 방법은?

① 냉각압연
② 보상권선 설치
③ 교류전원을 사용
④ 규소강판을 성층하여 사용

풀이 와류손 $P_e = \delta_e(tfk_fB_m)^2[\text{W/kg}]$
여기서, δ_e : 재료에 의한 정수
  f : 주파수[Hz],
  B_m : 자속 밀도의 최대값 [Wb/m^2]
  t : 철판의 두께[m]
  k_f : 파형률

즉, 와전류손(와류손)은 철판의 두께 t^2에 비례한다.
따라서, **와전류손을 감소시키기 위해서는 얇은 규소강판을 성층**하여 사용하면 된다.

정답 51. ② 52. ④ 53. ④

54 변압기에서 철심의 자속밀도 $B=1.2[\text{Wb/m}^2]$인 경우 히스테리시스손과 와류손은 각각 최대 자속 밀도의 몇 승에 비례하는가?

① 히스테리시스손 : 1.6, 와류손 : 1.6
② 히스테리시스손 : 1.6, 와류손 : 2
③ 히스테리시스손 : 2, 와류손 : 1.6
④ 히스테리시스손 : 1, 와류손 : 1

풀이
① 히스테리시스손
  • $B=1.2[\text{Wb/m}^2]$ 인 경우 $P_h \propto fB_m^{1.6}$
  • $B=1.2 \sim 1.5[\text{Wb/m}^2]$ 인 경우 $P_h \propto fB_m^2$
② 와류손 $P_e \propto f^2 B_m^2$
  여기서, f : 주파수 [Hz], B_m : 최대 자속 밀도 [Wb/m²]

55 정격전압, 정격주파수가 6600/220[V], 60[Hz], 와류손이 720[W]인 단상변압기가 있다. 이 변압기를 3300[V], 50[Hz]의 전원에 사용하는 경우 와류손은 약 몇 [W]인가?

① 120
② 150
③ 180
④ 200

풀이 $P_e = \rho_e(t \cdot f \cdot k_f \cdot B_m)^2$에서
$B_m \propto \dfrac{V}{f}$ 이므로 $P_e \propto k V^2$
따라서, 와류손은 전압의 제곱에 비례하나 주파수에는 무관하다.
$\therefore P_e' = P_e \times \left(\dfrac{V'}{V}\right)^2 = 720 \times \left(\dfrac{3300}{6600}\right)^2 = 180[\text{W}]$

정답 54. ② 55. ③

56 변압기의 부하 전류 및 전압이 일정하고, 주파수가 낮아졌을 때의 현상으로 옳은 것은?

① 철손 감소　　　　　　　　② 철손 증가
③ 동손 감소　　　　　　　　④ 동손 증가

풀이
- 동손 $P_c = I^2 R$ 로 동손은 전류의 자승에 비례하나 주파수와는 무관하다.
- 유기기전력 $E = 4.44 f W \phi_m$[V]에서 기전력이 일정 한 경우
$$f \propto \frac{E}{\phi_m} \propto \frac{E}{B_m}$$
- 와류손 $P_e = K_e(t \cdot f \cdot K_f \cdot B_m)^2 = K_e\left(t \cdot f \cdot K_f \cdot \frac{E}{f}\right)^2 = KE^2$ 에서 와류손은 주파수와 무관하다.
- 히스테리시스손 $P_h = K_h \cdot f \cdot B_m^2 = K \cdot f \cdot \left(\frac{E}{f}\right)^2 = K\frac{E^2}{f}$ 로 주파수에 반비례 한다.

따라서, 철손 = 와류손 + 히스테리시스손 으로 구성되어 있으므로 주파수가 낮아지면 철손은 증가하게 된다. 즉, 와류손은 주파수에 무관 하지만 히스테리시스손은 주파수에 반비례 하므로 주파수가 낮아지면 전체 철손은 증가하게 된다.

57 주파수가 정격보다 3[%] 감소하고 동시에 전압이 정격보다 3[%] 상승된 전원에서 운전되는 변압기가 있다. 철손이 fB_m^2 에 비례한다면 이 변압기 철손은 정격상태에 비하여 어떻게 달라지는가? (단, f : 주파수, B_m : 자속밀도 최대치이다.)

① 약 8.7[%] 증가　　　　　② 약 8.7[%] 감소
③ 약 9.4[%] 증가　　　　　④ 약 9.4[%] 감소

풀이 정격 주파수 f, 정격 전압 V 라고 하면,

철손 $P_i = k f B_m^2 = k f \left(k' \frac{V}{f}\right)^2$ 의 조건에서

감소한 주파수 $f' = 0.97 f$, 상승된 전압 $V' = 1.03 V$, 이때의 철손을 P_i' 라고 하면
$$P_i' = k\frac{V'^2}{f'} = k\frac{(1.03V)^2}{0.97f} = \frac{1.061}{0.97}\frac{V^2}{f} = 1.094 P_i$$

즉, 철손은 $(1.094 - 1 = 0.094)$ 약 9.4[%] 증가한다.

정답 56. ② 57. ③

기 18-2
58 부하전류가 2배로 증가하면 변압기의 2차측 동손은 어떻게 되는가?

① $\frac{1}{4}$로 감소한다. ② $\frac{1}{2}$로 감소한다.
③ 2배로 증가한다. ④ 4배로 증가한다.

풀이 동손 $P_c = I^2 R \propto I^2$ 에서 부하전류 I가 2배로 증가하면 동손 P_c는 4배로 증가한다.

기 17-1
59 변압기의 규약 효율 산출에 필요한 기본요건이 아닌 것은?

① 파형은 정현파를 기준으로 한다.
② 별도의 지정이 없는 경우 역률은 100[%] 기준이다.
③ 부하손은 40[℃]를 기준으로 보정한 값을 사용한다.
④ 손실은 각 권선에 대한 부하손의 합과 무부하손의 합이다.

풀이 변압기의 **규약 효율** 산출시 별도의 지정이 없는 경우 **역률은 100 [%]**, 온도는 75[℃] 기준한다.

기 16-1
60 변압기의 전일 효율이 최대가 되는 조건은?

① 하루 중의 무부하손의 합 = 하루 중의 부하손의 합
② 하루 중의 무부하손의 합 < 하루 중의 부하손의 합
③ 하루 중의 무부하손의 합 > 루 중의 부하손의 합
④ 하루 중의 무부하손의 합 = 2 × 하루 중의 부하손의 합

풀이 전일효율

- $\eta = \dfrac{\sum h \cdot VI\cos\theta}{\sum h \cdot VI\cos\theta + 24P_i + \sum m^2 P_c} \times 100[\%]$
- 최대 효율 조건 : $24P_i = \sum m^2 P_c$

즉, **최대효율**은 하루 중의 **무부하손의 합**과 하루 중의 **부하손의 합**이 같아야 한다.
여기서, h : 운전시간 [h], P_c : 전부하 동손 [W]
P_i : 철손 [W], m : 부하율

정답 58. ④ 59. ③ 60. ①

61 변압기 운전에 있어 효율이 최대가 되는 부하는 전부하의 75 [%]였다고 하면 전부하에서의 철손과 동손의 비는?

① 4 : 3
② 9 : 16
③ 10 : 15
④ 18 : 30

풀이 변압기 최고 효율 조건 $m^2 P_c = P_i$ 에서

$$\left(\frac{3}{4}\right)^2 P_c = P_i, \quad 9P_c = 16P_i$$

$\therefore P_i : P_c = 9 : 16$

62 150[kVA]의 변압기의 철손이 1[kW], 전부하동손이 2.5[kW] 이다. 역률 80[%]에 있어서의 최대효율은 약 몇 [%]인가?

① 95
② 96
③ 97.4
④ 98.5

풀이
- 최대 효율이 발생하는 부하율 m
  $m^2 P_c = P_i$ 에서 최대 효율이 발생하므로
  $$m = \sqrt{\frac{P_i}{P_c}} = \sqrt{\frac{1}{2.5}} = 0.63$$
- 최대효율 $\eta_{max} = \dfrac{mVI\cos\theta}{mVI\cos\theta + P_i + m^2 P_c} \times 100$ 에서
  $$\eta_{max} = \frac{0.63 \times 150 \times 0.8}{0.63 \times 150 \times 0.8 + 1 + 1} \times 100 = 97.42[\%]$$

정답 61. ② 62. ③

63 철손 1.6[kW] 전부하동손 2.4[kW]인 변압기에는 약 몇 [%] 부하에서 효율이 최대로 되는가?

① 82　　② 95
③ 97　　④ 100

풀이 변압기 효율은 $m^2 P_c = P_i$ 일 때 최대이므로

$$\therefore m = \sqrt{\frac{P_i}{P_c}} = \sqrt{\frac{1.6}{2.4}} \fallingdotseq 0.82$$

즉, 약 82[%] 부하에서 최대 효율이 된다.

64 전부하에서 동손 100[W], 철손 50[W]인 변압기가 최대 효율[%]을 나타내는 부하는?

① 50　　② 67
③ 70　　④ 86

풀이 최대 효율은 철손과 동손이 같을 때이므로
$P_i = m^2 P_c$

$$\therefore m = \sqrt{\frac{P_i}{P_c}} = \sqrt{\frac{50}{100}} = 0.7 = 70[\%]$$

65 3/4 부하에서 효율이 최대인 주상변압기의 전부하 시 철손과 동손의 비는?

① 8 : 4　　② 4 : 8
③ 9 : 16　　④ 16 : 9

풀이 변압기 최고 효율 조건 $m^2 P_c = P_i$ 에서

$\left(\dfrac{3}{4}\right)^2 P_c = P_i$, $\quad 9P_c = 16P_i$

$\therefore P_i : P_c = 9 : 16$

정답 63. ①　64. ③　65. ③

66 20[kVA]의 단상변압기가 역률 1일 때 전부하 효율이 97[%]이다. 3/4 부하일 때 이 변압기는 최고 효율을 나타낸다. 전부하에서 철손(P_i)과 동손(P_c)은 각각 몇 [W]인가?

① $P_i = 222$, $P_c = 396$
② $P_i = 232$, $P_c = 386$
③ $P_i = 242$, $P_c = 376$
④ $P_i = 252$, $P_c = 356$

풀이 변압기의 효율은 $P_i = m^2 P_c$일때 최대 효율이 되므로

$$P_i = \left(\frac{3}{4}\right)^2 P_c \quad \text{즉, } P_i = 0.5625 P_c$$

전부하 효율 $\eta = \dfrac{P}{P + P_i + P_c} \times 100 [\%]$에서

$$\eta = \frac{20000}{20000 + 0.5625 P_c + P_c} \times 100 = 97[\%]$$

$$\therefore P_c = \frac{\left(\dfrac{20000 \times 100}{97} - 20000\right)}{1.5625} = 395.88[W]$$

$$P_i = 0.5625 P_c = 0.5625 \times 395.88 = 222.68[W]$$

67 어느 변압기의 무유도 전부하의 효율은 95[%], 전압 변동률은 3[%]라 한다. 이 변압기에 최대 효율을 발생 할 수 있는 무유도 부하가 인가되었을 때의 최대 효율[%]은?

① 약 93
② 약 95
③ 약 97
④ 약 99

풀이 무유도 전부하 출력을 1이라 하고, 이때의 동손 및 철손의 정격 출력에 대한 비를 P_c, P_i 라고 하면

$$\eta = \frac{1}{1 + P_c + P_i} \text{에서}$$

$$1 + P_c + P_i = \frac{1}{\eta}, \quad P_c + P_i = \frac{1}{\eta} - 1 = \frac{1}{0.95} - 1 = 0.05$$

전압 변동률 $\epsilon = \dfrac{V_0 - V_n}{V_n} = \dfrac{IR}{V_n} = \dfrac{I^2 R}{V_n I} = \dfrac{P_c}{P}$에서

전부하 출력 $P = 1$일 때

$$\epsilon = P_c = 0.03 \quad \therefore P_i = 0.05 - P_c = 0.05 - 0.03 = 0.02$$

m 부하의 경우, 최대 효율이 된다고 하면 $m^2 P_c = P_i$

$$m = \sqrt{\frac{P_i}{P_c}} = \sqrt{\frac{0.02}{0.03}} = 0.8165$$

그러므로 무유도 부하의 최대 효율 η_m은 $m = 0.8165$일 때 발생하므로

$$\therefore \eta_m = \frac{mP}{mP + m^2 P_c + P_i} \times 100$$

$$= \frac{0.8165 \times 1}{0.8165 \times 1 + 0.8165^2 \times 0.03 + 0.02} \times 100 = 95.33[\%]$$

정답 66. ① 67. ②

68 100[kVA], 2300/115[V], 철손 1[kW], 전부하동손 1.25[kW]의 변압기가 있다. 이 변압기는 매일 무부하로 10시간, $\frac{1}{2}$ 정격부하 역률 1에서 8시간, 전부하 역률 0.8(지상)에서 6시간 운전하고 있다면 전일효율은 약 몇 [%] 인가?

① 93.3
② 94.3
③ 95.3
④ 96.3

풀이 $P_a = 100$ [kVA], 철손 $P_i = 1$ [kW], 전부하 동손 $P_c = 1.25$ [kW] 이므로,

- 전일 철손 $24P_i = 24 \times 1 = 24$[kWh]
- 전일 동손 $\sum(h \times m^2 P_c) = \left[8 \times \left(\frac{1}{2}\right)^2 \times 1.25\right] + (6 \times 1^2 \times 1.25) = 10$[kWh]
- 전일 출력 $\sum(h \times m P_a \cos\theta) = \left(8 \times \frac{1}{2} \times 100 \times 1\right) + (6 \times 1 \times 100 \times 0.8) = 880$[kWh]
- 전일효율

$$\eta = \frac{\sum h \cdot m P_a \cos\theta}{\sum h \cdot m P_a \cos\theta + 24P_i + \sum m^2 P_c} \times 100[\%] = \frac{880}{880 + 24 + 10} \times 100 = 96.28[\%]$$

69 3상 변압기 2차측의 E_W상만을 반대로 하고 Y-Y 결선을 한 경우, 2차 상전압이 $E_U = 70$[V], $E_V = 70$[V], $E_W = 70$[V]라면 2차 선간전압은 약 몇 [V]인가?

① $V_{U-V} = 121.2$[V], $V_{V-W} = 70$[V], $V_{W-U} = 70$[V]
② $V_{U-V} = 121.2$[V], $V_{V-W} = 210$[V], $V_{W-U} = 70$[V]
③ $V_{U-V} = 121.2$[V], $V_{V-W} = 121.2$[V], $V_{W-U} = 70$[V]
④ $V_{U-V} = 121.2$[V], $V_{V-W} = 121.2$[V], $V_{W-U} = 121.2$[V]

풀이

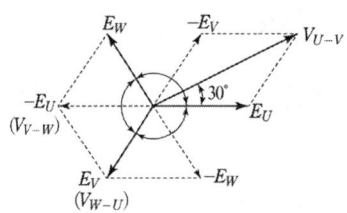

E_W 상만을 반대로 할 경우

$V_{U-V} = E_U - E_V = 70 \angle 0° - 70 \angle -120° = 70 - 70\left(-\frac{1}{2} - j\frac{\sqrt{3}}{2}\right) = 121.2$[V]

$V_{V-W} = E_V + E_W = -E_U = 70$[V]

$V_{W-U} = -E_W - E_U = E_V = 70$[V]

정답 68. ④ 69. ①

70 단상변압기 3대를 이용하여 3상 △-Y 결선을 했을 때 1차와 2차 전압의 각변위(위상차)는?

① 0°   ② 60°
③ 150°   ④ 180°

풀이
- 각 변위(위상변위)란 1차 유기전압을 기준으로 하고 이에 대한 2차 유기전압의 뒤진각을 말한다.
- 각 변위는 시계방향으로 뒤진 것을 (+)로 한다.

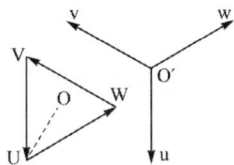

71 권수비가 a인 단상변압기 3대가 있다. 이것을 1차에 △, 2차에 Y로 결선하여 3상 교류평형 회로에 접속할 때 2차측의 단자전압을 V [V], 전류를 I [A]라고 하면 1차측의 단자전압 및 선전류는 얼마인가? (단, 변압기의 저항, 누설리액턴스, 여자전류는 무시한다.)

① $\dfrac{aV}{\sqrt{3}}$ [V], $\dfrac{\sqrt{3}I}{a}$ [A]   ② $\sqrt{3}\,aV$ [V], $\dfrac{I}{\sqrt{3}\,a}$ [A]

③ $\dfrac{\sqrt{3}\,V}{a}$ [V], $\dfrac{aI}{\sqrt{3}}$ [A]   ④ $\dfrac{V}{\sqrt{3}\,a}$ [V], $\sqrt{3}\,aI$ [A]

풀이
- 권수비 $a = \dfrac{I_{p2}(2차측\ 상전류)}{I_{p1}(1차측\ 상전류)} = \dfrac{E_1(1차측상전압)}{E_2(2차측\ 상전압)}$

  (권수비는 상전압 대 상전압, 상전류 대 상전류로 하여야 한다.)

- 권수비 $a = \dfrac{E_1}{E_2} = \dfrac{V_1}{\dfrac{V_2}{\sqrt{3}}}$

  (• 1차측 : △결선 이므로 "상전압 = 선간전압", 즉, $E_1 = V_1$,

  • 2차측 : Y결선 이므로 상전압 = $\dfrac{선간전압}{\sqrt{3}}$, $E_2 = \dfrac{V_2}{\sqrt{3}}$)

  ∴ $V_1 = a\dfrac{V_2}{\sqrt{3}} = a\dfrac{V}{\sqrt{3}}$ (∵ $V_2 = V$)

- 권수비 $a = \dfrac{I_{p2}}{I_{p1}}$에서

- 1차측 상전류 $I_{p1} = \dfrac{I_{p2}}{a} = \dfrac{I}{a}$

- 1차측 선전류 $I_1 = \sqrt{3}\,I_{p1} = \sqrt{3}\,\dfrac{I}{a}$

  (• 1차측 : △결선 이므로 "선전류= $\sqrt{3}$ 상전류", 즉, $I_1 = \sqrt{3}\,I_{p1}$

  • 2차측 : Y결선 이므로 "선전류=상전류", $I_{p2} = I_2 = I$)

정답 70. ③ 71. ①

72 3300/220[V]의 단상 변압기 3대를 △-Y결선하고 2차측 선간에 15[kW]의 단상 전열기를 접속하여 사용하고 있다. 결선을 △-△로 변경하는 경우 이 전열기의 소비전력은 몇 [kW]로 되는가?

① 5 ② 12
③ 15 ④ 21

풀이 전력은 전압의 제곱에 비례($P \propto V^2$)한다.

지금 △-Y결선을 △-△결선으로 하면 부하에 인가되는 전압은 $\frac{1}{\sqrt{3}}$배가 되므로 전력은 $\left(\frac{1}{\sqrt{3}}\right)^2$이 된다.

∴ $P = 15 \times \left(\frac{1}{\sqrt{3}}\right)^2 = 5[\text{kW}]$

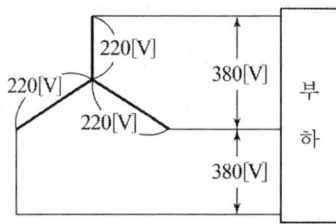
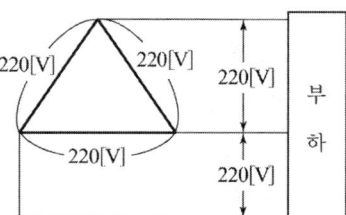

73 변압기의 1차측을 Y결선, 2차측을 △결선으로 한 경우 1차와 2차간의 전압의 위상차는?

① 0° ② 30°
③ 45° ④ 60°

풀이
- Y결선 : 선간 전압은 상전압에 비해 크기가 $\sqrt{3}$배이고 위상은 30° 앞선다.
  ($V_l = \sqrt{3}\, V_p \underline{/30°}$)
- △결선 : 선간 전압은 상전압과 크기와 위상이 같다. ($V_l = V_p \underline{/0°}$)

따라서, Y-△결선 시 1차 선간 전압은 2차 선간 전압보다 30° 위상이 앞선다.

정답 72. ① 73. ②

74 3상 변압기를 1차 Y, 2차 △로 결선하고 1차에 선간전압 3300[V]를 가했을 때의 무부하 2차 선간전압은 몇 [V] 인가? (단, 전압비는 30 : 1 이다.)

① 63.5 ② 110
③ 173   ④ 190.5

풀이
- 1차측 상전압 $E_1 = \dfrac{V_1}{\sqrt{3}} = \dfrac{3300}{\sqrt{3}}[V]$
- 전압비 $a = \dfrac{E_1}{E_2}$ 에서 2차측 상전압 $E_2 = \dfrac{E_1}{a} = \dfrac{\frac{3300}{\sqrt{3}}}{30} = 63.51[V]$
- △결선에서 상전압=선간전압 이므로 $E_2 = V_2 = 63.51[V]$

75 단상변압기 3대를 Y-△결선해서 3상 20000 [V]를 3000[V]로 내려서 3000[kW], 역률 80[%]의 부하에 전력을 공급할 때 변압기 1대의 정격용량 [kVA]은?

① 1250 ② 1767
③ 2500 ④ 3750

풀이 변압기 1대의 용량
$P_a = \dfrac{P[kW]}{3 \times \cos\theta} = \dfrac{3000}{3 \times 0.8} = 1250[kVA]$

76 변압기의 결선 중에서 1차에 제3고조파가 있을 때 2차에 제3고조파 전압이 외부로 나타나는 결선은?

① Y-Y   ② Y-△
③ △-Y ④ △-△

풀이 △결선이 포함된 변압기에서는 제3고조파가 순환전류가 되어 소멸되나, Y결선만 있는 변압기에서는 제3고조파가 나타난다.

정답 74. ① 75. ① 76. ①

77 정격용량 100[kVA]인 단상 변압기 3대를 △-△결선하여 300[kVA]의 3상 출력을 얻고 있다. 한 상에 고장이 발생하여 결선을 V결선으로 하는 경우 (a) 뱅크용량[kVA], (b) 각 변압기의 출력[kVA]은?

① (a) 253 (b) 126.5
② (a) 200 (b) 100
③ (a) 173 (b) 86.6
④ (a) 152 (b) 75.6

풀이 (a) 뱅크용량 $P_V = \sqrt{3}\,P_1 = \sqrt{3} \times 100 = 173.2\,[\text{kVA}]$

(b) 각 변압기 출력 $P = \dfrac{P_V}{2} = \dfrac{173.2}{2} = 86.6\,[\text{kVA}]$

78 2대의 변압기로 V결선하여 3상 변압하는 경우 변압기 이용률은 약 몇 [%]인가?

① 57.8
② 66.6
③ 86.6
④ 100

풀이 이용률 $= \dfrac{3\text{상 출력}}{\text{설비용량}} = \dfrac{\sqrt{3}\,VI}{2\,VI} = \dfrac{\sqrt{3}}{2} = 0.866\,(86.6[\%])$

79 △결선 변압기의 한 대가 고장으로 제거되어 V결선으로 전력을 공급할 때, 고장전 전력에 대하여 몇 [%]의 전력을 공급할 수 있는가?

① 81.6
② 75.0
③ 66.7
④ 57.7

풀이 1대의 단상 변압기 용량을 P라 하면 그 출력비는

출력비 $= \dfrac{\text{V결선의 출력}}{\triangle \text{결선의 출력}} = \dfrac{\sqrt{3}\,P}{3P} = \dfrac{\sqrt{3}}{3} = 0.577 = 57.7\,[\%]$

정답 77. ③ 78. ③ 79. ④

80 단상 변압기의 병렬운전 시 요구사항으로 틀린 것은?

① 극성이 같을 것
② 정격출력이 같을 것
③ 정격전압과 권수비가 같을 것
④ 저항과 리액턴스의 비가 같을 것

풀이 변압기 병렬 운전 조건
① 권수비가 같을 것 (정격 전압이 같을 것)
② 극성이 같을 것
③ %임피던스 강하가 같을 것
④ 저항과 리액턴스비가 같을 것

81 단상 변압기를 병렬 운전하는 경우 각 변압기의 부하분담이 변압기의 용량에 비례하려면 각각의 변압기의 %임피던스는 어느 것에 해당되는가?

① 어떠한 값이라도 좋다.
② 변압기 용량에 비례하여야 한다.
③ 변압기 용량에 반비례하여야 한다.
④ 변압기 용량에 관계없이 같아야 한다.

풀이 부하 분담비 $m = \dfrac{\%Z_B}{\%Z_A} \cdot \dfrac{P_A}{P_B}$ 이다.

따라서 **%임피던스는 변압기 용량에 반비례**한다.
여기서, P_A, P_B : A, B 변압기의 용량
$\%Z_a$, $\%Z_b$: A, B 변압기의 %임피던스

정답 80. ② 81. ③

82 단상 변압기 2대를 병렬 운전할 경우, 각 변압기의 부하전류를 I_a, I_b, 1차측으로 환산한 임피던스를 Z_a, Z_b, 백분율 임피던스 강하를 z_a, z_b, 정격용량을 P_{an}, P_{bn}이라 한다. 이때 부하분담에 대한 관계로 옳은 것은?

① $\dfrac{I_a}{I_b} = \dfrac{Z_a}{Z_b}$

② $\dfrac{I_a}{I_b} = \dfrac{P_{bn}}{P_{an}}$

③ $\dfrac{I_a}{I_b} = \dfrac{z_b}{z_a} \times \dfrac{P_{an}}{P_{bn}}$

④ $\dfrac{I_a}{I_b} = \dfrac{Z_a}{Z_b} \times \dfrac{P_{an}}{P_{bn}}$

[풀이] 변압기 병렬운전시 부하 분담은 백분율임피던스 강하에 역비례하며, 변압기 용량에 비례한다.

즉, $\dfrac{I_a}{I_b} = \dfrac{z_b}{z_a} \times \dfrac{P_{an}}{P_{bn}}$

여기서, I_a, I_b : 각 변압기의 부하전류
z_a, z_b : 각 변압기의 백분율 임피던스 강하
P_{an}, P_{bn} : 각 변압기의 정격용량

83 3상 변압기의 병렬운전 조건으로 틀린 것은?

① 각 군의 임피던스가 용량에 비례할 것
② 각 변압기의 백분율 임피던스 강하가 같을 것
③ 각 변압기의 권수비가 같고 1차와 2차의 정격전압이 같을 것
④ 각 변압기의 상회전 방향 및 1차와 2차 선간전압의 위상 변위가 같을 것

[풀이] 변압기 병렬 운전 조건
① 각 변압기의 극성이 같을 것
② 권수비 및 2차 정격 전압이 같을 것
③ 각 **변압기의 퍼센트 임피던스 강하가 같으며 저항과 리액턴스비가 같을 것**
④ 상회전 방향이 같을 것
⑤ 위상 변위가 같아야 한다.

정답 82. ③ 83. ①

기 21-3

84 3상 변압기를 병렬 운전하는 조건으로 틀린 것은?

① 각 변압기의 극성이 같을 것
② 각 변압기의 %임피던스 강하가 같을 것
③ 각 변압기의 1차와 2차 정격전압과 변압비가 같을 것
④ 각 변압기의 1차와 2차 선간전압의 위상 변위가 다를 것

풀이 변압기 병렬 운전 조건
① 각 변압기의 극성이 같을 것
② 권수비 및 2차 정격 전압이 같을 것
③ 각 변압기의 퍼센트 임피던스 강하가 같으며 저항과 리액턴스비가 같을 것
④ 상회전 방향이 같을 것
⑤ 위상 변위가 같아야 한다.

기 17-2

85 3상 변압기를 병렬 운전하는 경우 불가능한 조합은?

① △-Y와 Y-△
② △-△와 Y-Y
③ △-Y와 △-Y
④ △-Y와 △-△

풀이 3상 변압기의 병렬 운전의 결선 조합

병렬 운전 가능	병렬 운전 불가능
△-△와 △-△	△-△와 △-Y
Y-Y와 Y-Y	△-△와 Y-△
Y-△와 Y-△	△-Y와 Y-Y
△-Y와 △-Y	Y-△와 Y-Y
△-△와 Y-Y	
△-Y와 Y-△	

* 이유 : 3개의 △, 3개의 Y는 2차간에 정격 전압이 다르며 30°의 변위가 생겨 순환 전류가 흐른다.

정답 84. ④ 85. ④

86. 단상 변압기를 병렬 운전할 경우 부하 전류의 분담은?

기 22-2, 기 16-3

① 용량에 비례하고 누설 임피던스에 비례
② 용량에 비례하고 누설 임피던스에 반비례
③ 용량에 반비례하고 누설 리액턴스에 비례
④ 용량에 반비례하고 누설 리액턴스의 제곱에 비례

풀이
$$\frac{I_a}{I_b} = \frac{P_A}{P_B} \cdot \frac{\%Z_b}{\%Z_a}$$

여기서, I_a, I_b : 각 변압기의 분담 전류
P_A, P_B : A, B 변압기의 용량
$\%Z_a, \%Z_b$: A, B 변압기의 %임피던스

87. 단상변압기를 병렬 운전하는 경우 부하전류의 분담에 관한 설명 중 옳은 것은?

산기 23-2

① 누설리액턴스에 비례한다.
② 누설임피던스에 비례한다.
③ 누설임피던스에 반비례한다.
④ 누설리액턴스의 제곱에 반비례한다.

풀이 무부하 전압이 같다고 생각하면 무부하 전류에 의한 내부 전압강하가 같아야 하므로
$$I_A Z_A = I_B Z_B, \quad \therefore \frac{I_A}{I_B} = \frac{Z_B}{Z_A}$$

그러므로, **부하전류의 분담은 누설 임피던스에 반비례**한다.

88. 3300/220[V] 변압기 A, B의 정격용량이 각각 400[kVA], 300[kVA]이고, %임피던스 강하가 각각 2.4[%]와 3.6[%]일 때 그 2대의 변압기에 걸 수 있는 합성부하용량은 몇 [kVA]인가?

기 20-3, 산기 22-3

① 550
② 600
③ 650
④ 700

풀이
- $m = \dfrac{P_A}{P_B} = \dfrac{(kVA)_A}{(kVA)_B} = \dfrac{400}{300} = \dfrac{4}{3}$
- $\dfrac{P_a}{P_b} = \dfrac{(kVA)_A}{(kVA)_B} = m \times \dfrac{(\%I_B Z_B)}{(\%I_A Z_A)} = \dfrac{4}{3} \times \dfrac{3.6}{2.4} = 2$
- $P_b = \dfrac{P_a}{2} = \dfrac{400}{2} = 200 \, [kVA]$

따라서, 합성 용량 $= 400 + 200 = 600[kVA]$

정답 86. ② 87. ③ 88. ②

89 정격이 같은 2대의 단상변압기 1000[kVA]의 임피던스 전압은 각각 8[%]와 7[%] 이다. 이것을 병렬로 하면 몇 [kVA]의 부하를 걸 수가 있는가?

① 1865　　　　　　　　　② 1870
③ 1875　　　　　　　　　④ 1880

풀이 $\dfrac{P_a[\text{kVA}]}{Z_b} = \dfrac{P_b[\text{kVA}]}{Z_a} = \dfrac{P_a + P_b}{Z_a + Z_b}$ 이므로 $\dfrac{P_a}{7} = \dfrac{P_b}{8} = \dfrac{P}{15}$

임피던스가 작은 변압기, 즉 P_b가 큰 부하를 분담하나 자기용량까지만 분담할 수 있다.

따라서 전체 부하는

$$P = P_b \times \dfrac{15}{8} = 1000 \times \dfrac{15}{8} = 1875[\text{kVA}]$$

90 단상 3권선 변압기가 있다. 1차 전압은 66[kV], 2차 전압은 11[kV], 3차 전압은 6.6[kV]이다. 2차에 10000[kVA], 유도 역률 80[%]의 부하가, 3차에 6000[kVar]의 진상 무효전력이 걸렸을 때 1차의 역률은 약 얼마인가? (단 주어지지 않은 조건은 무시한다.)

① 0.6　　　　　　　　　② 0.8
③ 0.9　　　　　　　　　④ 1

풀이
- 2차측 유효전력 $P_2 = P_{a2} \cos\theta = 10{,}000 \times 0.8 = 8000[\text{kW}]$

  2차측 무효전력(지상) $P_{r2} = P_{a2} \sin\theta = 10{,}000 \times \sqrt{1-0.8^2} = 6000[\text{kVar}]$
- 3차측 무효전력(진상) $P_{r3} = -6000[\text{kVar}]$
  - 1차측에서 보는 전체 부하는 2차와 3차의 합이므로

    $P_{a1} = \sqrt{P_2^2 + (P_{r2} + P_{r3})^2} = \sqrt{8000^2 + (6000-6000)^2} = 8000[\text{kVA}]$

    따라서 역률 $\cos\theta = \dfrac{P}{P_{a1}} = \dfrac{8000}{8000} = 1$

91 3상 전원에서 2상 전원을 얻기 위한 변압기의 결선방법은?

① △　　　　　　　　　② T
③ Y　　　　　　　　　④ V

풀이 상수의 변환
　① 3상-2상간의 상수 변환
　　　・**스코트 결선 (T결선)**　・메이어 결선　・우드 브리지 결선
　② 3상-6상간의 상수 변환
　　　・환상 결선　・2중 3각 결선　・2중 성형 결선　・대각 결선　・포크 결선

정답 89. ③　90. ④　91. ②

92 변압기 결선방법 중 3상 전원을 이용하여 2상 전압을 얻고자 할 때 사용할 결선 방법은?

① Fork 결선
② Scott 결선
③ 환상 결선
④ 2중 3각 결선

풀이 상수의 변환
① **3상-2상간의 상수 변환**
 • **스코트 결선(T결선)** • 메이어 결선 • 우드 브리지 결선
② 3상-6상간의 상수 변환
 • 환상 결선 • 2중 3각 결선 • 2중 성형 결선 • 대각 결선 • 포크 결선

93 변압기 결선방식 중 3상에서 2상으로 변환할 수 없는 것은?

① 스코트 결선
② 메이어 결선
③ 우드 브리지 결선
④ 포크 결선

풀이 • 3상에서 2상을 얻는 방법 : 스코트(Scott) 결선, 메이어 결선, 우드 브리지 결선
• **3상에서 6상을 얻는 방법** : 환상결선, 2중 3각 결선, 2중 성형결선, 대각결선, **포크 결선**

94 변압기 결선방식 중 3상에서 6상으로 변환할 수 없는 것은?

① 2중 성형
② 환상 결선
③ 대각 결선
④ 2중 6각 결선

풀이 ① 3상-2상간의 상수 변환
 • 스코트 결선(T결선) • 메이어 결선 • 우드 브리지 결선
② 3상-6상간의 상수 변환
 • 환상 결선 • 2중 3각 결선 • **2중 성형 결선** • 대각 결선 • 포크 결선

정답 92. ② 93. ④ 94. ④

산기 25-3

95 단상변압기 2대를 사용하여 3150[V]의 평형 3상에서 210[V]의 평형 2상으로 변환하는 경우에 각 변압기의 1차 전압과 2차 전압은 얼마인가?

① 주좌 변압기 : 1차 3150[V], 2차 210[V]
   T좌 변압기 : 1차 3150[V], 2차 210[V]

② 주좌 변압기 : 1차 3150[V], 2차 210[V]
   T좌 변압기 : 1차 $3150 \times \frac{\sqrt{3}}{2}$[V], 2차 210[V]

③ 주좌 변압기 : 1차 $3150 \times \frac{\sqrt{3}}{2}$[V], 2차 210[V]
   T좌 변압기 : 1차 $3150 \times \frac{\sqrt{3}}{2}$[V], 2차 210[V]

④ 주좌 변압기 : 1차 $3150 \times \frac{\sqrt{3}}{2}$[V], 2차 210[V]
   T좌 변압기 : 1차 3150[V], 2차 210[V]

풀이 스코트 결선
① 결선

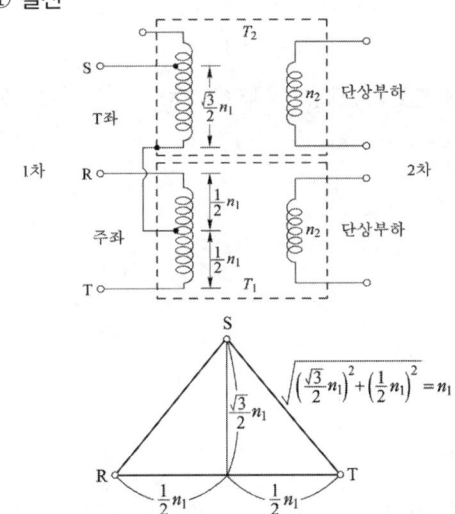

② 결선 방법
주좌변압기 T_1의 1차 권선의 $\frac{1}{2}$ 되는 점. 즉, $\frac{1}{2}n_1$에서 탭을 인출하여 T좌 변압기 T_2의 한 단자에 접속하고 T좌 변압기의 $\frac{\sqrt{3}}{2}$ 되는 점. 즉, $\frac{\sqrt{3}}{2}n_1$에서 탭을 인출하여 전원 전압을 공급

③ 주좌 변압기 : 1차 3150[V], 2차 210[V]
   T좌 변압기 : 1차 $3150 \times \frac{\sqrt{3}}{2}$[V], 2차 210[V]

정답 95. ②

96 변압기 결선방식 중 3상에서 6상으로 변환할 수 없는 것은?

① 환상 결선
② 2중 3각 결선
③ 포크 결선
④ 우드 브리지 결선

풀이 ① 3상-2상간의 상수 변환
- 스코트 결선(T결선) • 메이어 결선 • 우드 브리지 결선

② 3상-6상간의 상수 변환
- 환상 결선 • 2중 3각 결선 • 2중 성형 결선 • 대각 결선 • 포크 결선

기 16-2

97 평형 3상 회로의 전류를 측정하기 위해서 변류비 200 : 5의 변류기를 그림과 같이 접속하였더니 전류계의 지시가 1.5 [A]이었다. 1차 전류는 몇 [A]인가?

① 60
② $60\sqrt{3}$
③ 30
④ $30\sqrt{3}$

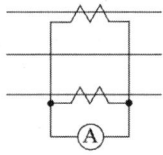

풀이 변류비 200 : 5의 의미는 CT 1차 전류가 200[A]일 때 CT 2차 전류가 5[A]가 된다는 의미이므로
$200 : 5 = I_1 : 1.5$

$\therefore I_1 = 1.5 \times \dfrac{200}{5} = 60[A]$

기 20-1,2

98 단권변압기의 설명으로 틀린 것은?

① 분로권선과 직렬권선으로 구분된다.
② 1차 권선과 2차 권선의 일부가 공통으로 사용된다.
③ 3상에는 사용할 수 없고 단상으로만 사용한다.
④ 분로권선에서 누설자속이 없기 때문에 전압변동률이 작다.

풀이 **단권 변압기**는 단상 및 **3상에서 사용**이 가능하며 3상에서의 결선법은
- Y결선 • △결선 • V결선 • 변연장 △결선이 있다.

정답 96. ④ 97. ① 98. ③

99 3000[V]의 단상 배전선 전압을 3300[V]로 승압하는 단권 변압기의 자기용량은 약 몇 [kVA]인가? (단, 여기서 부하용량은 100[kVA] 이다.)

① 2.1
② 5.3
③ 7.4
④ 9.1

풀이 $\dfrac{부하용량}{자기용량} = \dfrac{V_h}{V_h - V_l}$ [kVA]에서

자기용량 $= \dfrac{V_h - V_l}{V_h} \times 부하용량 = \dfrac{3300 - 3000}{3300} \times 100 = 9.09$

100 자기용량 3[kVA], 3000/100[V]의 단권변압기를 승압기로 연결하고 1차측에 3000[V]를 가했을 때 그 부하용량[kVA]은?

① 76
② 85
③ 93
④ 94

풀이 $V_2 = V_1 + \dfrac{100}{3000} V_1 = 3000 + \dfrac{100}{3000} \times 3000 = 3100$ [V]

$\dfrac{자기\ 용량}{부하\ 용량} = \dfrac{V_2 - V_1}{V_2}$ 에서

부하 용량 $= \dfrac{V_2}{V_2 - V_1} \times 자기\ 용량 = \dfrac{3100}{3100 - 3000} \times 3$
$= 93$[kVA]

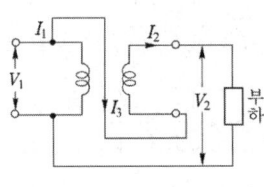

101 단권변압기에서 1차 전압 100[V], 2차 전압 110[V]인 단권변압기의 자기용량과 부하용량의 비는?

① $\dfrac{1}{10}$
② $\dfrac{1}{11}$
③ 10
④ 11

풀이 $\dfrac{자기\ 용량}{부하\ 용량} = \dfrac{V_H - V_L}{V_H} = \dfrac{110 - 100}{110} = \dfrac{1}{11}$

정답 99. ④ 100. ③ 101. ②

102 용량 1 [kVA], 3000/200[V]의 단상변압기를 단권변압기로 결선해서 3000/3200[V]의 승압기로 사용할 때 그 부하용량[kVA]은?

① $\dfrac{1}{16}$
② 1
③ 15
④ 16

풀이 부하 용량 = 자기 용량 $\times \dfrac{V_h}{V_h - V_l} = 1 \times \dfrac{3200}{3200-3000} = 16$ [kVA]

103 1차 전압 V_1, 2차 전압 V_2인 단권변압기를 Y결선했을 때, 등가용량과 부하용량의 비는? (단, $V_1 > V_2$이다.)

① $\dfrac{V_1 - V_2}{\sqrt{3}\, V_1}$
② $\dfrac{V_1 - V_2}{V_1}$
③ $\dfrac{V_1^2 - V_2^2}{\sqrt{3}\, V_1 V_2}$
④ $\dfrac{\sqrt{3}\,(V_1 - V_2)}{2 V_1}$

풀이 단권 변압기의 3상 결선

결선방식	$\dfrac{\text{자기 용량}}{\text{부하 용량}}$
Y결선	$1 - \dfrac{V_l}{V_h}$
△결선	$\dfrac{V_h^{\,2} - V_l^{\,2}}{\sqrt{3}\, V_h V_l}$
V결선	$\dfrac{2}{\sqrt{3}}\left(1 - \dfrac{V_l}{V_h}\right)$
변연장 △결선	$-\dfrac{\sqrt{3}}{2}\left(\dfrac{V_l}{V_h}\right) + \sqrt{1 - \dfrac{1}{4}\left(\dfrac{V_l}{V_h}\right)^2}$

정답 102. ④ 103. ②

104 정격전압 1차 6600[V], 2차 220[V]의 단상변압기 두 대를 승압기로 V결선하여 6300 [V]의 3상 전원에 접속한다면 승압된 전압[V]은?

① 6410　　② 6460
③ 6510　　④ 6560

풀이 승압된 전압 $E_2 = E_1\left(1 + \dfrac{1}{n}\right) = 6300\left(1 + \dfrac{220}{6600}\right) = 6510[\text{V}]$

105 단권변압기 두 대를 V결선하여 전압을 2000[V]에서 2200[V]로 승압한 후 200[kVA]의 3상 부하에 전력을 공급하려고 한다. 이때 단권변압기 1대의 용량은 약 몇 [kVA] 인가?

① 4.2　　② 10.5
③ 18.2　　④ 21

풀이 단권변압기 1대의 등가용량 eI_1은
$eI_1 = (V_1 - V_2)I_1$ 이므로
$\therefore \dfrac{\text{자기용량}}{\text{부하용량}} = \dfrac{2(V_1-V_2)I_1}{\sqrt{3}\,V_1 I_1} = \dfrac{2}{\sqrt{3}} \cdot \left(\dfrac{V_1-V_2}{V_1}\right)$

자기용량 $= 200 \times \dfrac{2}{\sqrt{3}} \times \dfrac{2200-2000}{2200} = 21[\text{kVA}]$

따라서, 단권변압기 1대의 자기용량 $= \dfrac{21}{2} = 10.5[\text{kVA}]$

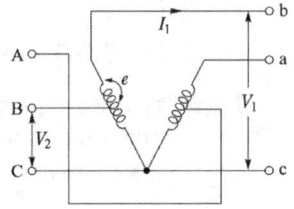

106 단권변압기 2대를 V결선하여 선로 전압 3000[V]를 3300[V]로 승압하여 300[kVA]의 부하에 전력을 공급하려고 한다. 단권변압기 1대의 자기용량은 약 몇 [kVA]인가?

① 9.09　　② 15.72
③ 21.72　　④ 31.5

풀이 단권변압기 1대의 등가용량 eI_1은
$eI_1 = (V_1 - V_2)I_1$ 이므로
$\therefore \dfrac{\text{자기용량}}{\text{부하용량}} = \dfrac{2(V_1-V_2)I_1}{\sqrt{3}\,V_1 I_1} = \dfrac{2}{\sqrt{3}} \cdot \left(\dfrac{V_1-V_2}{V_1}\right)$

자기용량 $= 300 \times \dfrac{2}{\sqrt{3}} \times \dfrac{3300-3000}{3300} = 31.49[\text{kVA}]$

따라서, 단권변압기 1대의 자기용량 $= \dfrac{31.49}{2} = 15.75[\text{kVA}]$

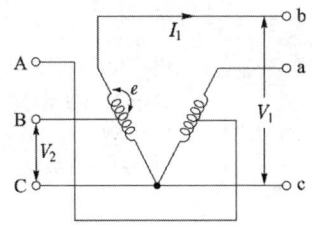

107 누설 변압기의 특성은 어떤 것인가?

① 수하 특성
② 정전압 특성
③ 저 저항 특성
④ 저 임피던스 특성

풀이 누설 변압기는 전류가 증가하면 전압이 저하하는 수하 특성을 갖고 있다.

108 변류기의 수리 및 점검 시 변류기 2차측 절연보호를 위해 조치하여야 하는 방법은?

① 변류기 1차측 단자를 개방
② 변류기 2차측 단자를 개방
③ 변류기 1차측 단자를 단락
④ 변류기 2차측 단자를 단락

풀이 변류기의 2차측을 개방하면 1차 전류가 모두 여자 전류가 되어 2차 권선에 매우 높은 전압이 유기되어 절연이 파괴되고 소손될 염려가 있다. 따라서, **2차 측의 절연을 보호**하기 위해서는 변류기를 개방하기 전에 **2차측을 반드시 단락**해야 한다.

109 전류계를 교체하기 위해 우선 변류기 2차측을 단락시켜야 하는 이유는?

① 측정오차 방지
② 2차측 절연 보호
③ 2차측 과전류 보호
④ 1차측 과전류 방지

풀이 변류기(CT)의 2차 회로를 개방하면 1차 전류가 모두 여자전류가 되어 **2차 권선에 매우 높은 전압이 유기**되므로 **절연이 파괴**될 우려가 있고, 또 철심 중의 자속이 급격히 증가하여 철손이 증가하므로 열이 발생하여 소손될 염려가 있다.
따라서, 전류계를 교체하기 위해서는 우선 변류기 2차측을 단락시켜야 한다.

정답 107. ① 108. ④ 109. ②

110 변압기 보호장치의 주된 목적이 아닌 것은?

① 전압 불평형 개선
② 절연내력 저하 방지
③ 변압기 자체 사고의 최소화
④ 다른 부분으로의 사고 확산 방지

풀이 변압기 보호장치는 전압 불평형 개선과는 관계가 없다.

111 변압기의 내부고장에 대한 보호용으로 사용되는 계전기는 어느 것이 적당한가?

① 방향계전기
② 과전류 계전기
③ 접지계전기
④ 비율차동계전기

풀이 변압기 내부고장 검출용 보호 계전기
  ① 차동 계전기(비율 차동 계전기)
  ② 압력 계전기
  ③ 부흐홀쯔 계전기
  ④ 가스 검출 계전기

112 변압기의 보호에 사용되지 않는 것은?

① 온도계전기
② 과전류계전기
③ 임피던스계전기
④ 비율차동계전기

풀이 임피던스형 거리계전기 : 계전기의 설치점으로부터 단락 또는 지락점의 방향과 고장발생점까지의 전기적거리(임피던스)를 판별하여 동작하는 것으로, 거리가 가까울 경우에는 고장전류가 커서 빨리 동작하게 된다. 즉, **임피던스 계전기**는 변압기 자체의 보호가 아닌 **계통의 단락**, 직접 접지계의 주보호 및 후비보호로 광범위하게 사용된다.

정답 110. ① 111. ④ 112. ③

113 변압기 내부고장 검출을 위해 사용하는 계전기가 아닌 것은?

① 과전압 계전기
② 비율차동 계전기
③ 부흐홀츠 계전기
④ 충격 압력 계전기

풀이 변압기 내부고장 검출용 보호 계전기
① **차동 계전기 (비율 차동 계전기)**
② **압력 계전기**
③ **부흐홀쯔 계전기**
④ 가스 검출 계전기

114 브흐홀쯔 계전기로 보호되는 기기는?

① 유입변압기
② 발전기
③ 유도전동기
④ 회전 변류기

풀이 브흐홀쯔 계전기는 유입변압기의 내부고장으로 발생하는 기름의 분해 가스 증기 또는 유류를 이용하여 부저를 움직여 계전기의 접점을 닫는 것이므로 변압기의 주탱크와 콘서베이터와의 연결관 도중에 설치한다.

115 부흐홀츠 계전기에 대한 설명으로 틀린 것은?

① 오동작의 가능성이 많다.
② 전기적 신호로 동작한다.
③ 변압기의 보호에 사용된다.
④ 변압기의 주탱크와 콘서베이터를 연결하는 관중에 설치한다.

풀이 부흐홀쯔 계전기는 변압기의 내부 고장으로 발생하는 **기름의 분해 가스 증기 또는 유류를 이용**하여 부저를 움직여 계전기의 접점을 닫는 것이므로 변압기의 주탱크와 콘서베이터와의 연결관 도중에 설치한다.

정답 113. ① 114. ① 115. ②

116 변압기의 보호방식 중 비율차동계전기를 사용하는 경우는?

① 고조파 발생을 억제하기 위하여
② 과여자 전류를 억제하기 위하여
③ 과전압 발생을 억제하기 위하여
④ 변압기 상간 단락 보호를 위하여

풀이 비율 차동 계전기 : 변압기 내부고장 보호
- 변압기 내부에서 3상 단락 사고시 $i_2 = 0$이 되어 비율 차동 계전기의 동작 coil에는 $i_d = i_1$의 전류가 흐르게 되어 비율 차동 계전기가 동작
- 변압기 외부에서 3상 단락 사고시 비율 차동 계전기의 동작 coil에는 $i_d = i_1 - i_2$의 전류가 흐르게 되며, 이때 i_d의 값이 정정값 이하가 되어 비율 차동 계전기는 동작하지 않는다.

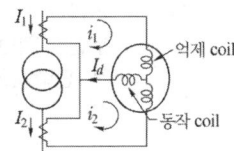

117 변압기의 절연내력시험 방법이 아닌 것은?

① 가압시험
② 유도시험
③ 무부하시험
④ 충격전압시험

풀이 절연내력 시험은 변압기의 외함과 대지간, 대지와 권선간, 충전부분 상호간 등의 절연강도를 보안하기 위한 시험으로 **가압시험, 유도시험, 충격전압시험** 등 3가지가 있다.

118 변압기의 등가회로 구성에 필요한 시험이 아닌 것은?

① 단락시험
② 부하시험
③ 무부하시험
④ 권선저항 측정

풀이 변압기 등가회로 작성에 필요한 시험에는 권선저항측정, 무부하시험, 단락시험 등이 있다.

정답 116. ④ 117. ③ 118. ②

119. 변압기의 주요시험 항목 중 전압변동률 계산에 필요한 수치를 얻기 위한 필수적인 시험은?

① 단락시험
② 내전압시험
③ 변압비시험
④ 온도상승시험

풀이
- 전압변동률 $\epsilon = p\cos\theta + q\sin\theta$ (여기서, p : %저항강하, q : %리액턴스강하)
- 변압기의 단락시험으로 임피던스 와트, 임피던스 전압 및 입력 전류를 측정하여 누설 임피던스, 누설 리액턴스, 권선의 저항 등을 산출한다.
- 즉, 단락시험으로 %저항강하, %리액턴스강하를 구하여 전압변동률을 알 수 있다.

120. 변압기에서 철손을 구할 수 있는 시험은?

① 유도시험
② 단락시험
③ 부하시험
④ 무부하시험

풀이 변압기의 시험
① 개방 회로 시험(**무부하 시험**)으로 측정할 수 있는 항목
  - 무부하 전류 • 히스테리시스손 • 와류손 • 여자 어드미턴스 • **철손**
② 단락 시험으로 측정할 수 있는 항목
  - 동손 • 임피던스 와트 • 임피던스 전압

121. 변압기의 단락시험과 관련 없는 것은?

① 권선의 저항
② 임피던스 전압
③ 임피던스 와트
④ 여자 어드미턴스

풀이 변압기의 단락 시험으로는 임피던스 와트, 임피던스 전압 및 입력 전류를 측정하여 누설 임피던스, 누설 리액턴스, 권선의 저항 등을 산출하고, **여자 어드미턴스는 무부하 시험으로 계산한다.**

정답 119. ① 120. ④ 121. ④

기 23-2, 기 17-2

122 변압기의 무부하시험, 단락시험에서 구할 수 없는 것은?

① 철손
② 동손
③ 절연내력
④ 전압변동률

풀이 변압기의 시험
① 개방 회로 시험(무부하 시험)으로 측정할 수 있는 항목
　• 무부하 전류　• 히스테리시스손　• 와류손　• 여자 어드미턴스　• 철손
② 단락 시험으로 측정할 수 있는 항목
　• 임피던스 와트(전부하 동손)
　• 임피던스 전압(전압 강하)
그러나, 절연내력은 절연재의 종류에 따라 정해지는 것으로서 무부하 시험과 단락시험으로는 구할 수 없다.

산기 23-3

123 변압기의 임피던스 와트와 임피던스 전압을 구하는 시험은?

① 부하시험
② 단락시험
③ 무부하시험
④ 충격전압시험

풀이 변압기의 시험
① 개방 회로 시험(무부하 시험)으로 측정할 수 있는 항목
　• 무부하 전류　• 히스테리시스손　• 와류손　• 여자 어드미턴스　• 철손
② **단락 시험**으로 측정할 수 있는 항목
　• 동손　• **임피던스 와트**　• **임피던스 전압**

산기 22-2

124 다음 시험 중 변압기의 절연 내력 시험을 하기 위한 것은? (A : 온도 상승 시험, B : 유도 시험, C : 가압 시험, D : 단락 시험, E : 충격 전압 시험, F : 권선 저항 측정 시험)

① B, C, E
② A, B, E
③ B, E, F
④ D, E, F

풀이　• 변압기의 절연 내력 시험 : 유도 시험, 가압 시험, 충격 전압 시험
　• 변압기 등가 회로 작성에 필요한 시험 : 권선 저항 측정, 무부하 시험, 단락 시험

정답　122. ③　123. ②　124. ①

125 변압기 온도시험을 하는데 가장 좋은 방법은?

산기 25-3

① 반환 부하법 ② 실 부하법
③ 단락 시험법 ④ 내전압 시험법

풀이 변압기의 온도 상승 시험중 실부하법은 전력 손실이 크기 때문에 소용량 이외에는 별로 적용되지 않는다. **반환 부하법**은 동일 정격의 변압기가 2대 이상 있을 경우에 채용되며, 전력 소비가 적고 철손과 동손을 따로 공급하는 것으로 **현재 가장 많이 사용**하고 있다.

126 다음 중 변압기유가 갖추어야 할 조건으로 옳은 것은?

산기 22-2

① 절연내력이 낮을 것
② 인화점이 높을 것
③ 비열이 적어 냉각효과가 클 것
④ 응고점이 높을 것

풀이 **변압기의 기름**으로서 갖추어야 할 조건
① 절연 저항 및 절연내력이 클 것 (30[kV]/2.5[mm] 이상)
② 절연 재료 및 금속에 화학 작용을 일으키지 않을 것
③ **인화점이 높고**(130[℃] 이상), **응고점이 낮을 것**(-30[℃] 이하)
④ 점도가 낮고(유동성이 풍부), 비열이 커서 냉각 효과가 클 것
⑤ 고온에서도 석출물이 생기거나 산화하지 않을 것
⑥ 열전도율이 클 것
⑦ 열 팽창계수가 작고 증발로 인한 감소량이 적을 것

127 변압기에서 사용되는 변압기유의 구비조건으로 틀린 것은?

기 19-2

① 점도가 높을 것 ② 응고점이 낮을 것
③ 인화점이 높을 것 ④ 절연 내력이 클 것

풀이 변압기유의 구비조건
① 절연저항 및 절연내력이 클 것
② 비열 및 열 전도율이 크며 **점도가 낮을 것**
③ 인화점은 높고 응고점은 낮을 것
④ 열팽창계수가 작고 증발로 인한 감소량이 적을 것
⑤ 화학적으로 안정하여 열화변질 되지 않으며 기기를 침식시키지 말 것.

정답 125. ① 126. ② 127. ①

기 21-3, 산기 24-1

128 변압기유에 요구되는 특성으로 틀린 것은?

① 점도가 클 것
② 응고점이 낮을 것
③ 인화점이 높을 것
④ 절연 내력이 클 것

풀이 변압기유의 구비조건
① 절연저항 및 절연내력이 클 것
② 비열 및 열 전도율이 크며 **점도가 낮을 것**
③ 인화점은 높고 응고점은 낮을 것
④ 열팽창계수가 작고 증발로 인한 감소량이 적을 것
⑤ 화학적으로 안정하여 열화변질 되지 않으며 기기를 침식시키지 말 것.

기 22-2

129 변압기의 습기를 제거하여 절연을 향상시키는 건조법이 아닌 것은?

① 열풍법
② 단락법
③ 진공법
④ 건식법

풀이 변압기의 건조법
① 열풍법 : 송풍기와 전열기에 의하여 열풍을 공급하여 건조하는 방법
② 단락법 : 변압기의 1차 권선 또는 2차 권선을 단락한 후 다른 권선에 임피던스 전압의 약 20[%]에 해당하는 전압을 인가하고 이때 흐르는 단락전류에 의한 동손에 의하여 가열 건조하는 방법
③ 진공법 : 변압기를 탱크에 넣어서 밀폐하고 이 속으로 보일러에서 발생한 증기를 보내서 가열하는 한편 진공펌프로 탱크 내의 공기를 빼고, 절연물 속의 습기를 증발 건조시키는 방법
건식법은 변압기 냉각방식의 한 종류로 공랭식과 풍냉식이 있다.

정답 128. ① 129. ④

CHAPTER 4 유도기

1. 유도 전동기

1) 원리(아라고의 원판)

그림과 같이 구리판에 영구자석을 넣고 회전시키면 구리판이 따라 도는 것을 알 수 있다. 원판이 자석에 유도되어 회전하려면 반드시 자석보다 느리게 회전 하여야 하는데 이것을 아라고의 원판 실험이라 한다.

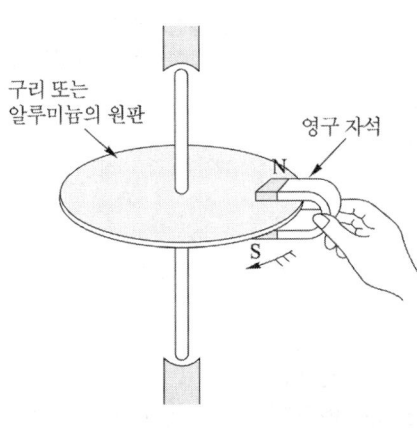

아라고의 원판

2) 동기속도 : 극수와 주파수에 의해 정해지는 속도

- $n_s = \dfrac{2f}{p}$ [rps]
- $N_s = \dfrac{120f}{p}$ [rpm]

3) 전기각(α) = $\dfrac{180°}{\text{슬롯수/극수}}$

4) 전기적 각도 = $\dfrac{p}{2} \times$ 기하학적 각도 (p : 극수)

5) 슬립 $s = \dfrac{N_s - N}{N_s} \times 100[\%]$

(N_s : 동기속도, N : 전동기의 실제 회전속도)

따라서, 회전자 속도 $N = (1-s)N_s$ [rpm]

6) 기기별 슬립의 범위

(1) 유도 전동기의 슬립 : $0 < s < 1$
  ① $s = 1$이면 $N = 0$이고 전동기는 정지상태
  ② $s = 0$이면 $N = N_s$가 되어 전동기가 동기속도로 회전

(2) 유도 제동기의 슬립 : $s > 1$
(3) 유도 발전기(비동기 발전기) : $s < 0$

7) 유도 기전력 및 권선비

(1) 전동기가 정지하고 있는 경우 $(s = 1)$

① 1차 유도기전력 $E_1 = 4.44 K_{w1} w_1 f \Phi$ [V]

② 2차 유도기전력 $E_2 = 4.44 K_{w2} w_2 f \Phi$ [V]

K_{w1}, K_{w2} : 1차 · 2차 권선계수

w_1, w_2 : 1차 · 2차 1상당 권선수

ϕ : 1극의 평균자속[Wb]

③ 1차, 2차 권수비 : $\dfrac{w_1 K_{w1}}{w_2 K_{w2}} = \dfrac{E_1}{E_2} = \alpha$

(2) 전동기가 슬립 s로 회전하고 있는 경우

회전자가 회전하고 있을 때의 상대속도는 회전자가 정지하고 있을 때의 s배가 된다.

① 2차전압 $E_{2s} = s E_2$

② 2차 주파수 $f' = s f$

③ 2차전류 $I_2 = \dfrac{E_{2s}}{Z_{2s}} = \dfrac{s E_2}{\sqrt{r_2^2 + (s x_2)^2}} = \dfrac{E_2}{\sqrt{\left(\dfrac{r_2}{s}\right)^2 + x_2^2}}$ [A]

④ 슬립 s로 회전하고 있을 때 역률 $\cos\theta_2 = \dfrac{r_2}{\sqrt{r_2^2 + (s x_2)^2}}$, $\theta = \tan^{-1} \dfrac{s x_2}{r_2}$

8) 기계적 출력을 대표하는 부하저항

$R = \dfrac{1-s}{s} r_2$ (r_2 : 2차 권선 1상의 저항)

9) 등가 회로

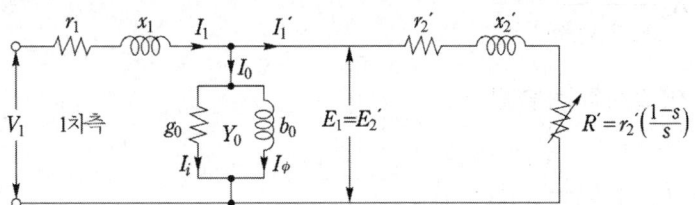

슬립 s로 운전중인 유도 전동기의 등가회로(2차를 1차로 환산)

(1) 2차 전압의 1차 환산 : $E_2' = E_1 = \alpha E_2$ [V]

(2) 2차 전류의 1차 환산 : $I_2' = I_1 = \dfrac{1}{\alpha \beta} I_2$ [A]

(상수비 $\beta = \dfrac{m_1}{m_2}$, m_1, m_2 : 1차·2차 상수)

(3) 2차 임피던스의 1차 환산 : $Z_2' = \dfrac{E_2'}{I_2'} = \dfrac{\alpha E_2}{\dfrac{I_2}{\alpha \beta}} = \alpha^2 \beta Z_2$ [Ω]

10) 2차 저항손 $P_{c2} = s E_2 I_2 \cos\theta = s P_2$

11) 기계적 출력 $P_0 = P_2 - P_{c2} = P_2 - sP_2 = P_2(1-s)$

12) 2차 효율 $\eta_2 = \dfrac{\text{기계적출력}}{\text{2차입력}} = \dfrac{P_0}{P_2} = \dfrac{P_2(1-s)}{P_2} = (1-s)$

13) 동기 와트 $P_2 = 2\pi \cdot \dfrac{N_s}{60} \cdot T$

동기 와트 $P_2 = P_0 + P_{c2} + P_m$ = 출력 + 2차 동손 + 기계손

14) 토오크 T

(1) $T = 0.975 \dfrac{P_0}{N} = 0.975 \dfrac{P_2}{N_s}$ [kg·m]

(2) $T \propto K\phi I$에서 $\phi \propto V$, $I \propto V$ 이므로 $T \propto V^2$, 혹은 $T \propto I^2$

15) 3상 유도 전동기의 특성

(1) 2차전류 $I_2 = \dfrac{s E_2}{\sqrt{r_2^2 + (s x_2)^2}}$

(2) 토크 $T = K_0 \dfrac{s E_2^2 r_2}{r_2 + (s x_2)^2}$

(3) 최대 토크가 발생하는 슬립 $s_m = \dfrac{r_2}{x_2}$

(4) 최대 토크 $T_m = K_0 \dfrac{E_2^2}{2 x_2}$ [N·m]

16) 2차 저항과 최대토크와의 관계

(1) 3상 유도 전동기 : 2차 저항의 크기를 변화시키면 최대 토크의 크기는 변하지 않으나 최대 토크를 발생하는 슬립점이 2차 회로의 저항에 비례하여 이동한다.

(2) 단상 유도 전동기 : 2차 저항의 크기를 변화시키면 최대 토크를 발생하는 슬립점 뿐만 아니라 최대 토크의 크기까지 변화한다.

17) 기동 시 최대 토크를 발생시키기 위하여 삽입하여야 하는 저항의 크기

$$R_s' = \sqrt{r_1^2 + (x_1 + x_2')^2} - r_2'$$

18) 공급전압 V와 슬립 s와의 관계 : $s \propto \dfrac{1}{V^2}$

19) 비례추이

비례추이란 2차 회로 저항의 크기를 조정함으로써 그 크기를 제어할 수 있는 요소를 말하며 비례추이를 할 수 있는 것은 $\dfrac{r_2}{s}$의 함수로 표시된다.

$$\dfrac{r_2}{s_m} = \dfrac{r_2 + R_s}{s_t}$$

(r_2 : 2차 권선의 저항, s_m : 최대 토크시 슬립,
s_t : 기동시 슬립, R_s : 2차 외부회로 저항)

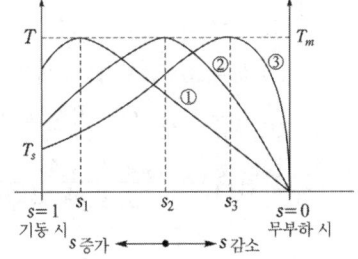

토크의 비례추이 곡선

외부 회로 저항 R_s의 값이 클수록 최대 토크 T_m을 발생하는 슬립 s_t의 값도 커져야 하므로 곡선은 ③ → ② → ①로 이동하게 된다.

(1) 비례추이를 하는 제량 : 토크, 1차 전류, 2차 전류, 역률, 1차 입력

(2) 비례추이를 할 수 없는 것 : 출력, 효율, 2차 동손

20) 원선도

(1) 원선도 작성에 필요한 기본량
: 저항측정, 무부하시험, 구속시험

(2) 2차효율 $\eta_2 = \dfrac{P}{P_2} = \dfrac{PQ}{PR}$

(3) 역률 $\cos\theta_2 = \dfrac{OP'}{OP} \times 100$

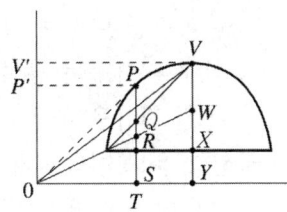

21) 농형 유도 전동기의 기동법

(1) 전 전압 기동법
① 5 [kW] 이하의 소용량 농형 유도 전동기에 적용
② 기동 전류가 정격 전류의 4~6배 정도이다.

(2) Y-△ 기동 방법
① 5~15 [kW] 정도의 농형 유도전동기 기동에 적용
② Y로 기동시 △ 기동시에 비해 기동전류는 1/3, 기동토오크도 1/3로 감소한다.

(3) 리액터 기동방법

(4) 기동보상기법

(5) 콘도로퍼법

22) 고조파의 회전자계 방향 및 속도

(1) 회전 자계 방향
① $h = 3n + 1$: 기본파와 같은 방향의 회전 자계 발생 (n : 상수 1, 2, 3 …)
② $h = 3n$: 회전자계를 발생하지 않는다.
③ $h = 3n - 1$: 기본파와 반대 방향의 회전자계 발생

(2) 회전속도 = $\dfrac{1}{고조파\ 차수(h)}$

23) 유도 전동기의 이상기동

(1) 차동기 운전(크로우링 현상) : 3상 유도 전동기에서 고조파에 의해 낮은 속도에서 안정 상태가 되어 더 이상 가속하지 않는 현상

(2) 게르게스 현상 : 3상 권선형 유도 전동기의 2차 회로가 한 개 단선된 경우 슬립 $s = 50$ [%] 부근에서 더 이상 가속되지 않는 현상

24) 유도 전동기의 속도제어

(1) 농형 유도 전동기의 속도 제어법
① 주파수를 바꾸는 방법
② 극수를 바꾸는 방법
③ 전원 전압을 바꾸는 방법

(2) 권선형 유도 전동기의 속도 제어법
① 2차 저항을 제어하는 방법
② 2차 여자법 등이 있다.
③ 종속 제어법

25) 종속 제어법

(1) 직렬 종속법 : $N = \dfrac{120f}{p_1 + p_2}$ [rpm]

(2) 차동 종속법 : $N = \dfrac{120f}{p_1 - p_2}$ [rpm]

(3) 병렬 종속법 : $N = \dfrac{2 \times 120f}{p_1 + p_2}$ [rpm]

26) 주파수가 60 [Hz]에서 50 [Hz]로 감소한 경우

(1) 속도 감소 (2) 자속 ϕ 증가

(3) 역률 $\cos\theta$ 저하 (4) 온도 상승

(5) 최대 토크 증가 (6) 기동 전류 약간 증가

27) 단상유도 전압조정기

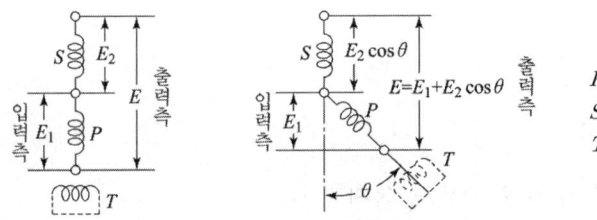

(1) 구조
  ① 1차 권선 : 회전자
  ② 2차 권선 : 고정자

(2) 직렬권선과 분로권선이 이루는 각 θ에 따른 출력전압
  ① $\theta = 0°$일 때 : $E = E_1 + E_2$ (E_1 : 입력전압, E_2 : 조정전압, E : 출력전압)
  ② $\theta = 90°$일 때 : $E = E_1$
  ③ $\theta = 180°$일 때 : $E = E_1 - E_2$

(3) 단락권선의 설치목적 : 전압강하 감소

(4) 정격출력 $P_a = E_2 I_2 \times 10^{-3}$ [kVA]

(5) 입력 전압과 출력 전압 사이에 위상차가 없다.

28) 3상 유도 전압조정기

(1) 구조
  ① 1차 권선 : 회전자
  ② 2차 권선 : 고정자

(2) 출력전압 $E = \sqrt{(E_1 + E_2\cos\theta)^2 + (E_2\sin\theta)^2}$ (θ : 직렬권선과 분로권선이 이루는 각)
(3) 단락권선 : 필요 없다.
(4) 정격출력 $P_a = \sqrt{3}\,E_2 I_2 \times 10^{-3}$ [kVA]
(5) 입력 전압과 출력 전압 사이에 위상차가 있다.

29) 3상 유도전동기의 시험

(1) 실부하법에 의한 부하시험
   ① 전기동력계법
   ② 프로니브레이크법
   ③ 손실을 알고 있는 직류발전기를 사용하는 방법 등이 있다.
(2) 슬립의 측정
   ① 회전계법
   ② 직류 밀리볼트계법
   ③ 수화기법
   ④ 스트로보스코프

30) 2중 농형 유도 전동기

(1) 회전자의 농형권선을 내외 이중으로 설치한 것
(2) 도체
   ① 외측도체 : 저항이 높은 황동 또는 동니켈 합금의 도체를 사용
   ② 내측도체 : 저항이 낮은 전기동 사용

31) 단상 유도전동기의 기동토크의 크기 및 용도

종 류	기동 토크 [%]	용 도
분상 기동형	125 이상	복사기, 계산기
콘덴서 기동형	250 이상	냉장고
콘덴서 전동기	140~160	세탁기, 선풍기
반발 기동형	300 이상	펌프
셰이딩 코일형	40~100	플레이어, 테이프 레코더

CHAPTER. 4 유도기

출제예상문제

기 22-2, 기 18-2

01 일반적인 3상 유도전동기에 대한 설명 중 틀린 것은?

① 불평형 전압으로 운전하는 경우 전류는 증가하나 토크는 감소한다.
② 원선도 작성을 위해서는 무부하시험, 구속시험, 1차 권선저항 측정을 하여야 한다.
③ 농형은 권선형에 비해 구조가 견고하며 권선형에 비해 대형전동기로 널리 사용된다.
④ 권선형 회전자의 3선 중 1선이 단선되면 동기속도의 50[%]에서 더 이상 가속되지 못하는 현상을 게르게스현상이라 한다.

풀이 농형 유도 전동기는 권선형에 비해 구조가 간단하며 튼튼하여, 큰 기동토크를 필요로 하지 않는 중,소형 부하에 사용된다. 그러나 큰 기동토크를 필요로 하는 **대형 전동기에는 기동특성이 우수한 권선형 유도전동기가 많이 사용**된다.

기 23-2

02 권선형 유도전동기와 직류 분권전동기와의 유사한 점으로 가장 옳은 것은?

① 정류자가 있고, 저항으로 속도조정을 할 수 있다.
② 속도 변동률이 크고, 토크가 전류에 비례한다.
③ 속도 가변이 용이하며, 기동토크가 기동전류에 비례한다.
④ 속도 변동률이 적고, 저항으로 속도조정을 할 수 있다.

풀이
• 권선형 유도전동기 의 속도제어 : 2차 저항제어법
• 직류분권 전동기 : 직렬저항 제어법

정답 01. ③ 02. ④

03 유도 전동기에서 권선형 회전자에 비해 농형 회전자의 특성이 아닌 것은?

① 구조가 간단하고 효율이 좋다.
② 견고하고 보수가 용이하다.
③ 대용량에서 기동이 용이하다.
④ 중·소형 전동기에 사용된다.

풀이 농형 유도 전동기의 특성
- 회전자의 구조가 간단하고 튼튼하며 취급이 용이하다.
- 운전시의 성능은 우수하나 기동시의 성능은 떨어진다.
- 중·소형 유도 전동기에 널리 사용되며, **대형이 되면 기동토크가 작아 기동이 곤란**하게 된다.

04 일반적인 농형 유도전동기에 관한 설명 중 틀린 것은?

① 2차측을 개방할 수 없다.
② 2차측의 전압을 측정할 수 있다.
③ 2차 저항 제어법으로 속도를 제어할 수 없다.
④ 1차 3선 중 2선을 바꾸면 회전방향을 바꿀 수 있다.

풀이

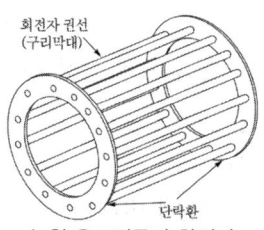

농형 유도전동기 회전자

농형유도전동기의 회전자(2차측)는 그림과 같이 회전자 권선이 단락환으로 단락된 구조로서, 농형 유도전동기의 1차측(고정자 권선)에서 유도된 2차측(회전자) 전압은 측정할 수 없다.

정답 03. ③ 04. ②

05 대칭 3상 권선에 평형 3상 교류가 흐르는 경우 회전 자계의 설명으로 틀린 것은?

① 발생 회전자계 방향 변경 가능
② 발생 회전자계는 전류와 같은 주기
③ 발생 회전자계 속도는 동기 속도보다 늦음
④ 발생 회전자계 세기는 각 코일 최대 자계의 1.5배

풀이 i_u, i_v, i_w의 3상 전류에 의해 발생된 **자계의 벡터 합은 동기속도로**($N_s = \dfrac{120f}{p}$[rpm]) **회전하게 되며 이를 회전자계**라 한다.

06 3상 유도전동기에 불평형 3상 전압을 가한 경우 다음 전동기의 특성 중 옳은 것은?

① 영상분 전압은 존재하지 않는다.
② 영상 전압을 고려하여야 한다.
③ 정상 전압과 역상 전압에 의한 회전자계의 방향은 같다.
④ 정상 운전 상태에서 역상분은 제동 작용을 하지 않는다.

풀이 불평형 전압이 가해져도 **중성점이 접지되어 있지 않으므로 영상분은 존재하지 않는다.** 정상분과 역상분의 회전자계는 서로 반대방향으로 회전하나 정상분에 의한 토크가 더 크므로 전동기는 정상분 회전자계의 회전방향으로 회전한다.

07 3상 유도전동기의 동기속도는 주파수와 어떤 관계가 있는가?

① 비례한다.
② 반비례한다.
③ 자승에 비례한다.
④ 자승에 반비례한다.

풀이 동기속도 $N_s = \dfrac{120f}{p}$[rpm]에서 $N_s \propto f$
따라서, **동기속도 N_s는 주파수 f에 비례한다.**

정답 05. ③ 06. ① 07. ①

08 유도전동기의 슬립 s의 범위는?

① $1 < s < 0$　　　　② $0 < s < 1$
③ $-1 < s < 1$　　　④ $-1 < s < 0$

풀이 슬립의 범위
- 유도 전동기 : $0 < s < 1$
- 유도 발전기 : $s < 0$
- 제동기 : $s > 1$

09 주파수 60[Hz], 슬립 0.2인 경우 회전자 속도가 720[rpm]일 때 유도전동기의 극수는?

① 4　　　　② 6
③ 8　　　　④ 12

풀이 $N = (1-s)N_s$ 에서
$N_s = \dfrac{N}{1-s} = \dfrac{720}{1-0.2} = 900$ [rpm]
$\therefore p = \dfrac{120f}{N_s} = \dfrac{120 \times 60}{900} = 8$[극]

10 유도전동기의 주파수가 60[Hz]이고 전부하에서 회전수가 매분 1164회이면 극수는? (단, 슬립은 3[%]이다.)

① 4　　　　② 6
③ 8　　　　④ 10

풀이 $N = (1-s)N_s$ 에서
$N_s = \dfrac{N}{1-s} = \dfrac{1164}{1-0.03} = 1200$ [rpm]
$\therefore p = \dfrac{120f}{N_s} = \dfrac{120 \times 60}{1200} = 6$[극]

정답　08. ②　09. ③　10. ②

11 3상 유도전동기에서 회전자가 슬립 s로 회전하고 있을 때 2차 유기전압 E_{2s} 및 2차 주파수 f_{2s}와 s와의 관계는? (단, E_2는 회전자가 정지하고 있을 때 2차 유기기전력이며 f_1은 1차 주파수이다.)

① $E_{2s} = sE_2$, $f_{2s} = sf_1$

② $E_{2s} = sE_2$, $f_{2s} = \dfrac{f_1}{s}$

③ $E_{2s} = \dfrac{E_2}{s}$, $f_{2s} = \dfrac{f_1}{s}$

④ $E_{2s} = (1-s)E_2$, $f_{2s} = (1-s)f_1$

풀이 회전자가 슬립 s로 회전하고 있는 경우에 2차 도체와 회전자계와의 상대 속도는
상대 속도 = 회전 자계 속도 − 회전자 속도 = $N_s - N = sN_s$ 가 된다.

$(\because s = \dfrac{N_s - N}{N_s})$

즉, 회전자가 회전하고 있을 때의 상대속도는 회전자가 정지하고 있을 때의 s배가 되므로 2차 유도기전력 E_{2s} 및 2차 주파수 f_{2s}는

• $E_{2s} = sE_2$ • $f_{2s} = sf_1$

12 유도전동기의 2차 동손(P_c), 2차 입력(P_2), 슬립(s)일 때의 관계식으로 옳은 것은?

① $P_2 P_c s = 1$

② $s = P_2 P_c$

③ $s = \dfrac{P_2}{P_c}$

④ $P_c = sP_2$

풀이 2차 동손 $P_c = I_2^2 r_2 = I_2 r_2 \cdot \dfrac{sE_2}{\sqrt{r_2^2 + (sx_2)^2}} = sE_2 I_2 \dfrac{r_2}{\sqrt{r_2^2 + (sx_2)^2}} = sE_2 I_2 \cos\theta_2 = sP_2$

(2차 전류 $I_2 = \dfrac{sE_2}{\sqrt{r_2^2 + (sx_2)^2}}$, 2차 역률 $\cos\theta_2 = \dfrac{r_2}{\sqrt{r_2^2 + (sx_2)^2}}$)

정답 11. ① 12. ④

13 3상 유도기의 기계적 출력(P_o)에 대한 변환식으로 옳은 것은? (단, 2차 입력은 P_2, 2차 동손은 P_{c2}, 동기속도는 N_s, 회전자속도는 N, 슬립은 s이다.)

① $P_o = P_2 + P_{2c} = \dfrac{N}{N_s}P_2 = (2-s)P_2$

② $(1-s)P_2 = \dfrac{N}{N_s}P_2 = P_o - P_{2c} = P_o - sP_2$

③ $P_o = P_2 - P_{2c} = P_2 - sP_2 = \dfrac{N}{N_s}P_2 = (1-s)P_2$

④ $P_o = P_2 + P_{2c} = P_2 + sP_2 = \dfrac{N}{N_s}P_2 = (1+s)P_2$

풀이
- $P_{2c} = sP_2$
- 기계적 출력 = 2차 입력 − 2차 저항손 이므로

$$P_0 = P_2 - P_{2c} = P_2 - sP_2 = (1-s)P_2 = \left[1-\left(\dfrac{N_s - N}{N_s}\right)\right]P_2 = \dfrac{N}{N_s}P_2$$

14 유도 전동기의 2차 효율은? (단, s는 슬립이다.)

① $1/s$ ② s
③ $1-s$ ④ s^2

풀이 2차 효율

$$\eta_2 = \dfrac{\text{기계적출력}}{\text{2차입력}} = \dfrac{P_0}{P_2} = \dfrac{P_2(1-s)}{P_2} = (1-s)$$

15 유도전동기의 회전속도를 N[rpm], 동기속도를 N_s[rpm]이라하고 순방향 회전자계의 슬립을 s라고하면, 역방향 회전자계에 대한 회전자 슬립은?

① $s-1$ ② $1-s$
③ $s-2$ ④ $2-s$

풀이 단상 유도 전동기가 슬립 s로 회전하면 회전 주파수는 정상분 전동기에서는 $(1-s)f$ 이고 **역상분 전동기에서는 $f + (1-s)f = (2-s)f$ 가 된다.** 따라서 회전자 권선은 sf와 $(2-s)f$ 되는 주파수의 기전력을 유기한다.

정답 13. ③ 14. ③ 15. ④

기 18-1

16 권선형 유도전동기의 전부하 운전 시 슬립이 4[%] 이고 2차 정격전압이 150[V] 이면 2차 유도기전력은 몇 [V]인가?

① 9 ② 8
③ 7 ④ 6

풀이 $E_{2s} = sE_2 = 0.04 \times 150 = 6[\text{V}]$

여기서, E_{2s} : 슬립 s로 회전 시 2차 유도기전력
E_2 : 전동기가 정지하고 있을 때 2차 유도기전력

기 22-3

17 60 [Hz], 4극, 3상 권선형 유도전동기의 회전자가 슬립 0.1로 회전할 때 회전자 주파수는 몇 [Hz]인가?

① 6 ② 54
③ 60 ④ 600

풀이 유도전동기의 회전자 주파수 f_2는
$f_2 = sf_1 = 0.1 \times 60 = 6[\text{Hz}]$

산기 23-1

18 3상, 60 [Hz]전원에 의해 여자되는 6극 권선형 유도전동기가 있다. 이 전동기가 1150[rpm]으로 회전할 때 회전자 전류의 주파수는 몇 [Hz]인가?

① 1 ② 1.5
③ 2 ④ 2.5

풀이 $N_s = \dfrac{120f}{p} = \dfrac{120 \times 60}{6} = 1200 \,[\text{rpm}]$

$s = \dfrac{N_s - N}{N_s} = \dfrac{1200 - 1150}{1200} = 0.0417$

∴ $f_2 = sf_1 = 0.0417 \times 60 = 2.5[\text{Hz}]$

정답 16. ④ 17. ① 18. ④

19 4극 60[Hz]인 3상 유도전동기가 있다. 1725 [rpm]으로 회전하고 있을 때, 2차 기전력의 주파수[Hz]는?

① 2.5　　　　　　　　　　② 5
③ 7.5　　　　　　　　　　④ 10

풀이 동기속도 $N_s = \dfrac{120f}{p} = \dfrac{120 \times 60}{4} = 1800$ [rpm]

슬립 $s = \dfrac{N_s - N}{N_s} = \dfrac{1800 - 1725}{1800} = 0.0417$

∴ $f_2 = sf_1 = 0.0417 \times 60 = 2.5$[Hz]

20 6극, 200[V], 10[kW]의 3상 유도전동기가 960 [rpm]으로 회전하고 있을 때의 회전자 기전력의 주파수는? (단, 전원의 주파수는 60[Hz]이다.)

① 12 [Hz]　　　　　　　　② 8 [Hz]
③ 6 [Hz]　　　　　　　　　④ 4 [Hz]

풀이 동기속도 $N_s = \dfrac{120f}{p} = \dfrac{120 \times 60}{6} = 1200$ [rpm]

슬립 $s = \dfrac{N_s - N}{N_s} = \dfrac{1200 - 960}{1200} = 0.2$ 이므로

회전자 기전력의 주파수 $f' = sf = 0.2 \times 60 = 12$[Hz]

21 3상 유도전동기의 슬립이 s일 때 2차 효율[%]은?

① $(1-s) \times 100$　　　　　② $(2-s) \times 100$
③ $(3-s) \times 100$　　　　　④ $(4-s) \times 100$

풀이 2차 효율 $\eta_2 = \dfrac{기계적출력}{2차입력} \times 100 = \dfrac{P_0}{P_2} \times 100$

$= \dfrac{P_2(1-s)}{P_2} \times 100 = (1-s) \times 100$[%]

정답 19. ①　20. ①　21. ①

22 4극 7.5[kW], 200[V], 60[Hz]인 3상 유도전동기가 있다. 전부하에서의 2차 입력이 7950 [W]이다. 이 경우의 2차 효율은 약 몇 [%]인가? (단, 기계손은 130[W]이다.)

① 92
② 94
③ 96
④ 98

풀이 $P_2 = P_0 + P_{c2} + P_m$ 에서
$P_{c2} = P_2 - P_0 - P_m = 7950 - 7500 - 130 = 320\,[\text{W}]$
$P_{c2} = sP_2$ 에서
$$s = \frac{P_{c2}}{P_2} = \frac{320}{7950} = 0.04$$
$\eta_2 = 1 - s = 1 - 0.04 = 0.96 = 96[\%]$

23 10극 50[Hz] 3상 유도전동기가 있다. 회전자도 3상이고 회전자가 정지할 때 2차 1상간의 전압이 150[V]이다. 이것을 회전자계와 같은 방향으로 400[rpm]으로 회전시킬 때 2차 전압은 몇 [V]인가?

① 50
② 75
③ 100
④ 150

풀이
• 동기속도 $N_s = \dfrac{120f}{P} = \dfrac{120 \times 50}{10} = 600\,[\text{rpm}]$

• 슬립 $s = \dfrac{N_s - N}{N_s} = \dfrac{600 - 400}{600} = \dfrac{1}{3}$

• 슬립 s로 회전할 때 2차전압 $E_{2s} = sE_2 = \dfrac{1}{3} \times 150 = 50[\text{V}]$

24 220[V], 60[Hz], 8극, 15[kW]의 3상 유도전동기에서 전부하 회전수가 864[rpm]이면 이 전동기의 2차 동손은 몇 [W]인가?

① 435
② 537
③ 625
④ 723

풀이
• 동기속도 $N_s = \dfrac{120f}{p} = \dfrac{120 \times 60}{8} = 900[\text{rpm}]$

• 슬립 $s = \dfrac{N_s - N}{N_s} = \dfrac{900 - 864}{900} = 0.04$

• 2차 동손 $P_{c2} = sP_2 = s \times \dfrac{P_0}{1-s} = 0.04 \times \dfrac{15000}{1-0.04} = 625[\text{W}]$

정답 22. ③ 23. ① 24. ③

25 정격 출력이 7.5[kW]의 3상 유도 전동기가 전부하 운전에서 2차 저항손이 300[W]이다. 슬립은 약 몇 [%]인가?

① 3.85
② 4.61
③ 7.51
④ 9.42

풀이
$P_2 = P_0 + P_{2c} = 7.5 + 0.3 = 7.8$
$s = \dfrac{P_{2c}}{P_2} \times 100 = \dfrac{0.3}{7.8} \times 100 = 3.85[\%]$

26 정격출력 50[kW], 4극 220[V], 60[Hz]인 3상 유도전동기가 전부하 슬립 0.04, 효율 90[%]로 운전되고 있을 때 다음 중 틀린 것은?

① 2차 효율 = 96[%]
② 1차 입력 = 55.56[kW]
③ 회전자입력 = 47.9[kW]
④ 회전자동손 = 2.08[kW]

풀이
- 2차 효율 $\eta_2 = (1-s) = 1 - 0.04 = 0.96 = 96\,[\%]$
- 1차 입력 $P_1 = \dfrac{P_0}{\eta} = \dfrac{50}{0.9} = 55.56\,[\text{kW}]$
- 회전자 입력 $P_2 = \dfrac{1}{1-s} P_0 = \dfrac{1}{1-0.04} \times 50 = 52.08\,[\text{kW}]$
- 회전자 동손 $P_{c2} = sP_2 = \dfrac{s}{1-s} P_0 = \dfrac{0.04}{1-0.04} \times 50 = 2.08\,[\text{kW}]$
  또는 $P_{c2} = sP_2 = 0.04 \times 52.08 = 2.08[\text{kW}]$

정답 25. ① 26. ③

27 4극 3상 유도전동기를 60[Hz]의 전원에 접속하여 운전하고 있다. 회전자의 주파수가 3[Hz]일 때 회전자 속도[rpm]는?

① 1700   ② 1710
③ 1720   ④ 1730

풀이 회전자 주파수 $f_2 = sf_1$에서

슬립 $s = \dfrac{f_2}{f_1} = \dfrac{3}{60} = 0.05$

따라서 회전자 속도 N은

$N = (1-s)\dfrac{120f}{p} = (1-0.05) \times \dfrac{120 \times 60}{4} = 1710$[rpm]

28 50[Hz], 12극의 3상 유도전동기가 10[HP]의 정격출력을 내고 있을 때, 회전수는 약 몇 [rpm]인가? (단, 회전자 동손은 350[W]이고, 회전자 입력은 회전자 동손과 정격 출력의 합이다.)

① 468   ② 478
③ 488   ④ 500

풀이
- 2차 입력
  $P_2 = P + P_{c2} = 10 \times 746 + 350 = 7810$[W]
  (∵ 1[HP] = 746[W])
- 회전자 동손 $P_{c2} = sP_2$에서 슬립 $s = \dfrac{P_{c2}}{P_2} = \dfrac{350}{7810}$
- 동기속도 $N_s = \dfrac{120f}{p} = \dfrac{120 \times 50}{12} = 500$[rpm]
- 회전속도 $N = (1-s)N_s = \left(1 - \dfrac{350}{7810}\right) \times 500 = 477.59$[rpm]

정답 27. ② 28. ②

기 23-3, 산기 24-2

29 3000[V], 60[Hz], 8극, 100[kW] 3상 유도전동기의 전부하 2차 동손이 3[kW], 기계손이 2[kW]라면 전부하 회전수는?

① 약 986[rpm]   ② 약 967[rpm]
③ 약 896[rpm]   ④ 약 874[rpm]

풀이 2차 입력 $P_2 = P + P_m + P_{c2} = 100 + 2.0 + 3.0 = 105\,[\text{kW}]$

슬립 $s = \dfrac{P_{c2}}{P_2} = \dfrac{3.0}{105} = \dfrac{1}{35}$

∴ $N = (1-s)N_s = \left(1 - \dfrac{1}{35}\right) \times \dfrac{120 \times 60}{8} = 874\,[\text{rpm}]$

기 20-1,2, 기 16-1

30 유도전동기를 정격상태로 사용 중, 전압이 10[%] 상승할 때 특성변화로 틀린 것은?
(단, 부하는 일정 토크라고 가정한다.)

① 슬립이 작아진다.   ② 역률이 떨어진다.
③ 속도가 감소한다.   ④ 히스테리시스손과 와류손이 증가한다.

풀이 ① $\dfrac{s'}{s} = \left(\dfrac{V_1}{V'}\right)^2$: 슬립은 전압의 제곱에 반비례 하므로, 전압이 상승하면 슬립은 작아진다.

② $\cos\theta = \dfrac{P}{\sqrt{3}\,VI}$: 역률은 전압에 반비례하므로 전압이 상승하면 역률은 떨어진다.

③ $\dfrac{N}{N'} = \left(\dfrac{V_1}{V'}\right)^2$: 속도는 전압의 제곱에 비례하므로, **전압이 상승하면 속도도 상승**한다.

④ 와류손은 주파수와는 무관하고 전압의 제곱에 비례하므로, 와류손이 증가한다.

산기 22-1

31 유도전동기의 부하를 증가시키면 역률은?

① 좋아진다.   ② 나빠진다.
③ 변함이 없다.   ④ 1이 된다.

풀이 유도 전동기는 자기 회로에 공극이 있기 때문에 여자 전류가 전부하 전류의 20~50 [%]에 이른다. 그리고 무부하 상태에서는 유효 전류가 매우 적기 때문에 무부하 전류≒자화 전류로 보아도 좋다. 따라서, 무부하 전류는 역률이 매우 낮다. 그러나 2차측에 **부하가 증가하면 유효분 전류의 증가로 인하여 1차측에서 본 역률은 점점 좋아지게 된다.**

정답 29. ④ 30. ③ 31. ①

32 10[kW], 3상 380[V] 유도전동기의 전부하 전류는 약 몇 [A] 인가? (단, 전동기의 효율은 85[%], 역률은 85[%]이다.)

① 15 ② 21
③ 26 ④ 36

풀이 전부하 전류 $I = \dfrac{P}{\sqrt{3}\,V\cos\theta\,\eta} = \dfrac{10\times 10^3}{\sqrt{3}\times 380\times 0.85\times 0.85} = 21.03[\text{A}]$

33 직류발전기에 직결한 3상 유도전동기가 있다. 발전기의 부하 100[kW], 효율 90[%]이며 전동기 단자전압 3300[V], 효율 90[%], 역률 90[%]이다. 전동기에 흘러들어가는 전류는 약 몇 [A]인가?

① 2.4 ② 4.8
③ 19   ④ 24

풀이

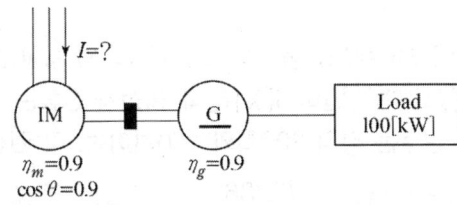

- 직류발전기 입력(=3상 유도전동기의 출력 P_o)

  $P_g = \dfrac{P_L}{\eta_g} = \dfrac{100}{0.9} = 111.11[\text{kW}]$

- 전동기의 입력 $P_i = \dfrac{P_o}{\eta_m} = \dfrac{111.11}{0.9} = 123.46[\text{kW}]$

- 전동기에 흘러들어가는 전류 I는

  $I = \dfrac{P_i}{\sqrt{3}\,V\cos\theta} = \dfrac{123.46\times 10^3}{\sqrt{3}\times 3300\times 0.9} = 24[\text{A}]$

정답 32. ② 33. ④

34 유도전동기 1극의 자속 및 2차 도체에 흐르는 전류와 토크와의 관계는?

① 토크는 1극의 자속과 2차 유효전류의 곱에 비례한다.
② 토크는 1극의 자속과 2차 유효전류의 제곱에 비례한다.
③ 토크는 1극의 자속과 2차 유효전류의 곱에 반비례한다.
④ 토크는 1극의 자속과 2차 유효전류의 제곱에 반비례한다.

풀이 토크 $\tau = k\phi I_2 \cos\theta_2 [\text{N} \cdot \text{m}]$에서
토크는 1극의 자속 ϕ와 2차 유효전류 $I_2 \cos\theta_2$의 곱에 비례한다.

35 불평형 전압 상태에서 3상 유도전동기를 운전하면 토크와 입력은 어떻게 되는가?

① 토크가 감소하고 입력도 감소한다.
② 토크는 감소하고 입력은 증가한다.
③ 토크는 증가하고 입력은 감소한다.
④ 토크가 증가하고 입력은 증가한다.

풀이 전압이 불평형이 되면 불평형 전류가 흘러 전류는 증가하나 토크는 감소한다.

36 220[V], 6극, 60[Hz], 10[kW] 인 3상 유도전동기의 회전자 1상의 저항은 0.1[Ω], 리액턴스는 0.5[Ω]이다. 정격전압을 가했을 때 슬립이 4[%]일 때 회전자 전류는 몇 [A]인가? (단, 고정자와 회전자는 △결선으로서 권수는 각각 300회와 150회이며, 각 권선계수는 같다.)

① 27
② 36
③ 43
④ 52

풀이 권선 계수가 같으므로 $k_{w1} = k_{w2}$

권수비 $a = \dfrac{w_1}{w_2} = \dfrac{300}{150} = 2$

2차 유기 전압 $E_2 = \dfrac{E_2'}{a} \fallingdotseq \dfrac{V_1}{a} = \dfrac{220}{2} = 110 \,[\text{V}]$

∴ 회전자 전류 $I_2 = \dfrac{sE_2}{\sqrt{r_2^2 + (sx_2)^2}} = \dfrac{0.04 \times 110}{\sqrt{0.1^2 + (0.04 \times 0.5)^2}} = 43[\text{A}]$

37 4극 3상 유도전동기가 있다. 전원전압 200 [V]로 전부하를 걸었을 때 전류는 21.5 [A]이다. 이 전동기의 출력은 약 몇 [W]인가? (단, 전부하 역률 86 [%], 효율 85 [%]이다.)

① 5029　　② 5444
③ 5820　　④ 6103

풀이
- 입력 $P_i = \sqrt{3}\, VI\cos\theta = \sqrt{3} \times 200 \times 21.5 \times 0.86 = 6405.12\,[\text{W}]$
- 출력 = 입력 × 효율 = $P_i \times \eta = 6405.1 \times 0.85 = 5444.36\,[\text{W}]$

38 4극 60[Hz]의 유도전동기가 슬립 5[%]로 전부하 운전하고 있을 때 2차 권선의 손실이 94.25[W]라고 하면 토크는 약 몇 [N·m]인가?

① 1.02　　② 2.04
③ 10.0　　④ 20.0

풀이
$$N_s = \frac{120f}{p} = \frac{120 \times 60}{4} = 1800\,[\text{rpm}]$$
$$P_2 = \frac{P_{c2}}{s} = \frac{94.25}{0.05} = 1885\,[\text{W}]$$
$$\therefore T = \frac{P_2}{\omega} = \frac{P_2}{2\pi n_s} = \frac{1885}{2 \times 3.14 \times \frac{1800}{60}} = 10\,[\text{N·m}]$$

39 6극인 유도전동기의 토크가 τ이다. 극수를 12극으로 변환하였다면 변환한 후의 토크는? 단, 유도전동기의 2차입력 및 주파수는 일정하다고 한다.

① τ　　② 2τ
③ $\dfrac{\tau}{2}$　　④ $\dfrac{\tau}{4}$

풀이 $\tau = 0.975 \dfrac{P_2}{N_s} = 0.975 \dfrac{P_2}{\frac{120}{p}f}\,[\text{kg·m}]$ 이므로, $\tau \propto p$(극수)이다.

극수가 6극에서 12극으로 2배 증가하였으므로, 토크도 2배가 증가하게 된다.

정답 37. ②　38. ③　39. ②

40 유도전동기의 회전력 발생 요소 중 제곱에 비례하는 요소는?

① 슬립
② 2차 권선저항
③ 2차 임피던스
④ 2차 기전력

풀이 토크 $T = K_0 \dfrac{s E_2^2 r_2}{r_2^2 + (s x_2)^2}$ 에서 $T \propto E_2^2$(2차 기전력)

여기서, s : 슬립, r_2 : 2차 권선저항, E_2 : 2차 기전력

41 3상 유도전동기의 운전 중 전압을 80[%]로 낮추면 부하회전력은 몇 [%]로 감소되는가?

① 94
② 80
③ 72
④ 64

풀이 3상 유도 전동기의 토크는 전압의 2승에 비례하므로
$T : T' = V^2 : (0.8V)^2$
$T' = 0.64T$

42 3상 유도전동기의 전전압 기동토크는 전부하시의 1.8배이다. 전전압의 2/3로 기동할 때 기동토크는 전부하시보다 약 몇 [%] 감소하는가?

① 80
② 70
③ 60
④ 40

풀이 토크는 전압의 제곱에 비례하므로

$T_s : T_s' = V^2 : \left(\dfrac{2}{3}V\right)^2$

$\therefore T_s' = \left(\dfrac{2}{3}\right)^2 T_s = \dfrac{4}{9} T_s = \dfrac{4}{9} \times 1.8T = 0.8T$

여기서, T_s' : 전압 V'로 기동 할 때 기동 토크
T_s : 전 전압 기동 토크
T : 전부하 토크

정답 40. ④ 41. ④ 42. ①

43 유도전동기의 동기와트에 대한 설명으로 옳은 것은?

① 동기속도에서 1차 입력
② 동기속도에서 2차 입력
③ 동기속도에서 2차 출력
④ 동기속도에서 2차 동손

풀이 동기와트란 슬립 s, 토크 T를 발생하며 회전하는 유도 전동기가 같은 토크 T를 발생하며 동기 속도로 회전하는 것으로 가정하는 때의 입력 P_2를 말한다. 2차 입력(동기 와트) P_2, 회전 각속도 ω, 동기 각속도 ω_s라 하면

$$T = \frac{P}{\omega} = \frac{P_2(1-s)}{\omega_s(1-s)} = \frac{P_2}{\omega_s} \qquad \therefore P_2 = \omega_s T \text{[동기 와트]}$$

44 3상 권선형 유도전동기에서 토크 τ, 1차 전류 I_1, 역률 $\cos\theta$, 2차 동손 P_{2c}, 효율 η, 출력 P_o라 할 때 비례추이하는 량으로 조합된 것은?

① I_1, $\cos\theta$, P_o
② τ, P_{2c}, P_o
③ P_{2c}, η, P_o
④ τ, I_1, $\cos\theta$

풀이
- 비례추이가 되는 항목 : 토크, 역률, 2차 전류, 1차 전류
- 비례추이가 되지 않는 항목 : 기계적 출력, 2차 동손, 효율, 저항, 동기속도

45 권선형 유도전동기에서 비례추이를 할 수 없는 것은?

① 토크
② 출력
③ 1차 전류
④ 2차 전류

풀이
- 비례추이가 되는 항목 : 토크, 역률, 2차 전류, 1차 전류
- 비례추이가 되지 않는 항목 : 기계적 출력, 2차 동손, 효율, 저항, 동기속도

정답 43. ② 44. ④ 45. ②

46 다음 중 비례추이를 하는 전동기는?
기 22-1, 기 19-1

① 동기 전동기 ② 정류자 전동기
③ 단상 유도전동기 ④ 권선형 유도전동기

풀이 **비례추이**란 2차 회로 저항의 크기를 조정함으로써 그 크기를 제어할 수 있는 요소를 말하며 비례추이를 할 수 있는 것은 $\dfrac{r_2}{s}$의 함수로 표시된다.

따라서, 비례추이는 2차 저항의 크기를 변화시킬 수 있는 **권선형 유도 전동기**에서 **사용**된다.
(농형 유도 전동기에는 적용할 수 없다.)

47 3상 권선형 유도전동기의 토크-속도 곡선이 비례추이 한다는 것은 그 곡선이 무엇에 비례해서 이동하는 것을 말하는가?
기 23-2, 기 16-2

① 슬립 ② 회전수
③ 2차 저항 ④ 공급전압의 크기

풀이 2차 저항의 크기를 변화 시키면 최대 토크의 크기는 변하지 않으나 **최대 토크를 발생하는 슬립점(속도)**이 2차 회로의 저항에 비례하여 이동하는 것을 비례추이라 한다.

48 3상 유도전동기의 2차 저항을 m배로 하면 동일하게 m배로 되는 것은?
산기 22-1, 산기 24-2

① 역률 ② 전류
③ 슬립 ④ 토크

풀이 $\dfrac{r_2}{s_m} = \dfrac{r_2 + R_s}{s_t}$

여기서, r_2 : 2차 권선의 저항, s_m : 최대 토크시 슬립
　　　　s_t : 기동시 슬립, R_s : 2차 외부회로 저항
　　　　$r_2 + R_s$: 2차 회로 저항

즉, 2차 회로 저항 $r_2 + R_s$와 슬립 s_t는 비례 관계에 있다.

정답 46. ④ 47. ③ 48. ③

49 권선형 유도전동기 기동 시 2차측에 저항을 넣는 이유는?

① 회전수 감소
② 기동전류 증대
③ 기동토크 감소
④ 기동전류 감소와 기동토크 증대

풀이
$$\frac{r_2}{s_m} = \frac{r_2 + R_s}{s_t}$$

여기서, r_2 : 2차 권선의 저항
s_m : 최대 토크시 슬립
s_t : 기동시 슬립
(정지상태에서 기동시 $s_t = 1$)
R_s : 2차 외부회로 저항

외부 회로 저항 R_s의 값이 클수록 최대 토크 T_m을 발생하는 슬립 s_t의 값도 커져야 하므로 곡선은 ③ → ② → ①로 이동하게 되어 기동시($s = 1$) 기동토크는 증가하게 된다.
따라서, **권선형 유도전동기 기동 시 2차측에 저항을 넣는 이유는 기동전류 감소와 기동토크를 증가시키기 위함이다.**

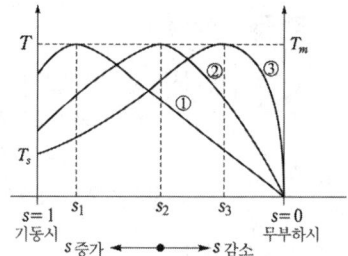

토크의 비례추이 곡선

50 3상 권선형 유도 전동기의 2차 회로에 저항을 삽입하는 목적이 아닌 것은?

① 속도는 줄어지지만 최대 토크를 크게 하기 위하여
② 속도 제어를 하기 위하여
③ 기동 토크를 크게 하기 위하여
④ 기동 전류를 줄이기 위하여

풀이
• 최대 토크 $T_m \propto \dfrac{V^2}{2x_2}$: 2차 저항에 무관

• 최대 토크를 발생하는 슬립 $s_m \fallingdotseq \pm \dfrac{r_2}{x_2}$: 2차 저항에 비례

따라서, 3상 유도 전동기의 **최대 토크의 크기는 2차저항 r_2와 슬립 s에 관계없이 항상 일정**하고 다만 최대 토크가 발생하는 슬립점이 2차 회로의 저항에 비례해서 이동할 뿐이다.

정답 49. ④ 50. ①

51 슬립 s_t에서 최대 토크를 발생하는 3상 유도 전동기에 2차측 한 상의 저항을 r_2라 하면 최대 토크로 기동하기 위한 2차측 한 상에 외부로부터 가해 주어야 할 저항[Ω]은?

① $\dfrac{1-s_t}{s_t}r_2$ ② $\dfrac{1+s_t}{s_t}r_2$

③ $\dfrac{r_2}{1-s_t}$ ④ $\dfrac{r_2}{s_t}$

풀이 비례추이 $\dfrac{r_2}{s_t} = \dfrac{r_2+R_s}{s_s}$ 에서

여기서, r_2 : 2차 권선의 저항
 S_t : 최대 토크시 슬립
 S_s : 기동시 슬립(정지상태에서 기동시 $S_s=1$)
 R_s : 2차 외부회로 저항

따라서, $\dfrac{r_2}{s_t} = \dfrac{r_2+R_s}{1}$ 에서 $R_s = \dfrac{r_2}{s_t} - r_2 = \dfrac{1-s_t}{s_t}r_2$

52 슬립 5[%]인 유도전동기의 기계적 출력을 대표하는 부하저항은 2차 저항의 몇 배인가?

① 19 ② 20
③ 29 ④ 40

풀이 $R = r_2\left(\dfrac{1}{s}-1\right) = r_2\left(\dfrac{1}{0.05}-1\right) = 19\,r_2$

53 3상 권선형 유도전동기의 전부하 슬립 5[%], 2차 1상의 저항 0.5[Ω]이다. 이 전동기의 기동 토크를 전부하 토크와 같도록 하려면 외부에서 2차에 삽입할 저항[Ω]은?

① 8.5 ② 9
③ 9.5 ④ 10

풀이 기동시 $s'=1$에서 전부하 토크를 발생시키는 데 필요한 외부 저항 R은

$\dfrac{r_2}{s} = \dfrac{r_2+R}{s'}$ $\dfrac{0.5}{0.05} = \dfrac{0.5+R}{1}$

∴ $R = \dfrac{0.5}{0.05} - 0.5 = 9.5[Ω]$

정답 51. ① 52. ① 53. ③

54 60[Hz], 6극의 3상 권선형 유도전동기가 있다. 이 전동기의 정격 부하시 회전수는 1140[rpm]이다. 이 전동기를 같은 공급전압에서 전부하 토크로 기동하기 위한 외부저항은 몇 [Ω]인가? (단, 회전자 권선은 Y결선이며 슬립링간의 저항은 0.1[Ω]이다.)

① 0.5 ② 0.85
③ 0.95 ④ 1

풀이
- 회전자계 속도(동기속도)
$$N_s = \frac{120f}{p} = \frac{120 \times 60}{6} = 1200[rpm]$$
- 슬립 $s = \frac{N_s - N_n}{N_s} = \frac{1200 - 1140}{1200} = 0.05$
- 슬립링 간의 저항이 0.1[Ω]이므로(슬립링 사이에 2개의 회전자권선이 직렬접속)
  회전자 1상의 저항 $r_2 = \frac{0.1}{2} = 0.05[\Omega]$
- 기동 시($s' = 1$) 전부하 토크로 기동하기 위한 외부저항 R 은
$$\frac{r_2}{s} = \frac{r_2 + R}{s'} \rightarrow \frac{0.05}{0.05} = \frac{0.05 + R}{1}$$
$$\therefore R = \frac{0.05}{0.05} - 0.05 = 0.95[\Omega]$$
(참고 : 기동시 슬립 $s' = 1$인 이유 $s' = \frac{N_s - N}{N_s} = \frac{N_s - 0}{N_s} = 1$
즉, 기동시라는 것은 회전자가 정지상태($N = 0$)라는 것을 의미)

55 전부하로 운전하고 있는 50[Hz], 4극의 권선형 유도전동기가 있다. 전부하에서 속도를 1440[rpm]에서 1000[rpm]으로 변환시키자면 2차에 약 몇 [Ω]의 저항을 넣어야 하는가? (단, 2차 저항은 0.02[Ω] 이다.)

① 0.147 ② 0.18
③ 0.02 ④ 0.024

풀이
- 동기속도 $N_s = \frac{120f}{p} = \frac{120 \times 50}{4} = 1500[rpm]$
- 1440[rpm]에서의 슬립 $s_1 = \frac{N_s - N_1}{N_s} = \frac{1500 - 1440}{1500} = 0.04$
- 1000[rpm]에서의 슬립 $s_2 = \frac{N_s - N_2}{N_s} = \frac{1500 - 1000}{1500} = 0.333$
- 비례추이에 의해 삽입할 2차 외부저항 R은
$$\frac{r_2}{s_1} = \frac{r_2 + R}{s_2} \rightarrow \frac{0.02}{0.04} = \frac{0.02 + R}{0.333}$$
$$\therefore R = \frac{0.02}{0.04} \times 0.333 - 0.02 = 0.1465[\Omega]$$

정답 54. ③ 55. ①

56 60[Hz]의 전원에서 슬립 5[%]로 운전하고 있는 4극 3상 권선형 유도 전동기의 회전자 1상의 저항은 0.05[Ω]이다. 외부에서 회전자 각 상에 0.05[Ω]의 저항을 삽입하여 운전하면 회전 속도[rpm]는? 단, 부하 토크는 저항 삽입 전, 후에 변동 없이 일정하다.

① 810
② 870
③ 1620
④ 1741

풀이
$$\frac{r_2}{s} = \frac{r_2 + R}{s'}, \quad \frac{0.05}{0.05} = \frac{0.05 + 0.05}{s'}$$
$$\therefore s' = 0.1$$
$$N_s = \frac{120f}{p} = \frac{120 \times 60}{4} = 1800 \, [\text{rpm}]$$
$$\therefore N = (1-s')N_s = (1-0.1) \times 1800 = 1620 [\text{rpm}]$$

57 권선형 유도전동기에서 비례추이에 대한 설명으로 틀린 것은?
(단, s_m은 최대토크 시 슬립이다.)

① r_2를 크게 하면 s_m은 커진다.
② r_2를 삽입하면 최대토크가 변한다.
③ r_2를 크게 하면 기동토크도 커진다.
④ r_2를 크게 하면 기동전류는 감소한다.

풀이
- 2차 저항(r_2)의 크기를 변화 시키면 최대 토크의 크기는 변하지 않으나 최대 토크를 발생하는 슬립점(속도)이 2차 회로의 저항에 비례하여 이동하는 것을 비례추이라 한다.
- 최대 토크 $T_m \propto \frac{V^2}{2x_2}$: 2차 저항(r_2)에 무관
- 최대 토크를 발생하는 슬립 $s_m \fallingdotseq \pm \frac{r_2}{x_2}$: 2차 저항에 비례

따라서, **최대 토크는 2차 저항에 무관**하며 최대 토크를 발생하는 슬립만 2차 저항에 비례한다.

58 권선형 유도전동기에서 2차 저항을 변화시켜서 속도제어를 하는 경우 최대 토크는?

① 항상 일정하다.
② 2차 저항에만 비례한다.
③ 최대 토크가 생기는 점의 슬립에 비례한다.
④ 최대 토크가 생기는 점의 슬립에 반비례한다.

풀이
- 최대 토크 $T_m \propto \dfrac{V^2}{2x_2}$: 2차 저항에 무관
- 최대 토크를 발생하는 슬립 $s_m \fallingdotseq \pm \dfrac{r_2}{x_2}$: 2차 저항에 비례

따라서, 3상 유도 전동기의 **최대 토크의 크기는 2차저항** r_2**와 슬립** s**에 관계없이 항상 일정**하고 다만 최대 토크가 발생하는 슬립점이 2차 회로의 저항에 비례해서 이동할 뿐이다.

59 3상 권선형 유도전동기의 기동 시 2차측 저항을 2배로 하면 최대토크 값은 어떻게 되는가?

① 3배로 된다.   ② 2배로 된다.
③ 1/2로 된다.   ④ 변하지 않는다.

풀이
- 최대 토크 $T_m \propto \dfrac{V^2}{2x_2}$: 2차 저항에 무관
- 최대 토크를 발생하는 슬립 $s_m \fallingdotseq \pm \dfrac{r_2}{x_2}$: 2차 저항에 비례

따라서, 3상 유도 전동기의 **최대 토크의 크기는 2차저항** r_2**와 슬립** s**에 관계없이 항상 일정**하고 다만 최대 토크가 발생하는 슬립점이 2차 회로의 저항에 비례해서 이동할 뿐이다.

60 유도전동기의 최대토크를 발생하는 슬립을 S_t, 최대출력을 발생하는 슬립을 S_p라 하면 대소 관계는?

① $S_p = S_t$ ② $S_p > S_t$
③ $S_p < S_t$ ④ 일정치 않다.

풀이 $P = 2\pi n T$ 에서 $P \propto n$ 이고, $T \propto \dfrac{1}{n}$ 이다.

따라서, P는 n이 클 때(슬립 s가 적을 때), T는 n이 적을 때(슬립 s가 클 때) 크게 된다.

정답 58. ① 59. ④ 60. ③

61 E를 전압, r을 1차로 환산한 저항, x를 1차로 환산한 리액턴스라고 할 때 유도전동기의 원선도에서 원의 지름을 나타내는 것은?

① $E \cdot r$
② $E \cdot x$
③ $\dfrac{E}{x}$
④ $\dfrac{E}{r}$

풀이 유도 전동기는 일정값의 리액턴스와 부하에 의하여 변하는 저항(r_2'/s)의 직렬 회로라고 생각되므로 부하에 의하여 변화하는 전류 벡터의 궤적, 즉 원선도의 지름은 전압에 비례하고 리액턴스에 반비례한다.

62 3상 유도 전동기의 원선도 작성에 필요한 시험이 아닌 것은?

① 저항측정
② 슬립측정
③ 무부하시험
④ 구속시험

풀이 ① 원선도 작성에 필요한 시험은
• 저항 측정 • 무부하 시험 • 구속 시험이 있다.
② 유도 전동기의 원선도에서 구할 수 있는 항목
• 전부하 전류 • 역률 • 효율 • 슬립
• 최대출력/정격출력 • 토크
즉, 슬립은 원선도 상에서 구할 수 있다.

63 3상 유도 전동기의 원선도를 그리면 등가 회로의 정수를 구할 때 몇 가지 시험이 필요하다. 그 시험이 아닌 것은?

① 무부하 시험
② 구속 시험
③ 고정자 권선의 저항 측정 시험
④ 슬립 측정 시험

풀이 1) 원선도 작성에 필요한 시험은
• 저항 측정 • 무부하 시험 • 구속 시험이 있다.
2) 유도 전동기의 원선도에서 구할 수 있는 항목
• 전부하 전류 • 역률 • 효율 • 슬립 • 최대출력/정격출력 • 토크

정답 61. ③ 62. ② 63. ④

64. 유도 전동기 원선도 작성에 필요한 시험과 원선도에서 구할 수 있는 것이 옳게 배열된 것은?

① 무부하 시험, 1차 입력
② 부하시험, 기동전류
③ 슬립측정시험, 기동토크
④ 구속시험, 고정자 권선의 저항

풀이 원선도란 유도 전동기의 실부하 시험을 하지 않고서도 유도 전동기에 대한 간단한 시험의 결과로부터 전동기의 특성을 쉽게 구 할 수 있도록 한 것으로, 간이 등가 회로의 해석에 이용한 것을 헤일랜드(Heyland circle diagram) 원선도라 한다.
원선도 작성에는 다음 실험이 필요하다.
　① 저항측정
　② 무부하시험 (no load test)
　③ 구속시험 (lock test)
원선도는 다음의 값을 구할 수 있다.
　① 1차 입력　　　② 2차 입력(동기와트)
　③ 철손　　　　　④ 1차 저항손
　⑤ 2차 저항손　　⑥ 출력

65. 3상 유도전동기 원선도에서 역률[%]을 표시하는 것은?

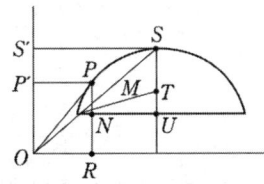

① $\dfrac{\overline{OS'}}{\overline{OS}} \times 100$

② $\dfrac{\overline{SS'}}{\overline{OS}} \times 100$

③ $\dfrac{\overline{OP'}}{\overline{OP}} \times 100$

④ $\dfrac{\overline{OS}}{\overline{OP}} \times 100$

풀이 역률 $\cos\theta = \dfrac{\overline{OP'}}{\overline{OP}} \times 100$

정답 64. ① 65. ③

66. 3상 농형 유도전동기의 기동방법으로 틀린 것은?

① Y-△ 기동
② 전전압 기동
③ 리액터 기동
④ 2차 저항에 의한 기동

풀이 농형 유도 전동기 기동법
① 전전압 기동법 (5[kW] 이하 소형)
② 리액터 기동법 (기동 전류를 제한하고자 할 때)
③ Y-△ 기동법 (5~15[kW] 정도)
④ 기동 보상기법 (15[kW] 이상)
그러나, **2차 저항에 의한 기동은 권선형 유도 전동기의 비례추이를 이용한 기동 방법**이다.

67. 3상 농형 유도전동기 기동법 중 옳은 것은?

① Y-△ 기동을 한다.
② 콘덴서를 이용하여 기동한다.
③ 2차 회로에 저항을 넣어 기동한다.
④ 기동저항기법을 사용한다.

풀이 농형 유도전동기의 기동법
① 전 전압 기동기(5[kW] 이하의 소형)
② **Y-△ 기동**(5~15[kW] 정도)
③ 리액터 기동(기동전류를 제한하고자 할 때)
④ 기동 보상기(15[kW] 이상)

68. 3상 유도전동기의 기동법 중 전전압 기동에 대한 설명으로 틀린 것은?

① 기동 시에 역률이 좋지 않다.
② 소용량으로 기동 시간이 길다.
③ 소용량 농형 전동기의 기동법이다.
④ 전동기 단자에 직접 정격전압을 가한다.

풀이 전 전압 기동법
전동기에 별도의 기동장치를 사용하지 않고 직접 정격전압을 인가하여 기동하는 방법으로 5[kW] 이하의 소용량 농형 유도 전동기에 적용하며 전전압으로 기동하므로 **기동토크가 크며 기동 시간이 짧다.**

정답 66. ④ 67. ① 68. ②

69 3상 유도전동기의 기동법 중 Y-△기동법으로 기동 시 1차 권선의 각 상에 가해지는 전압은 기동 시 및 운전 시 각각 정격전압의 몇 배가 가해지는가?

① $1, \dfrac{1}{\sqrt{3}}$ ② $\dfrac{1}{\sqrt{3}}, 1$

③ $\sqrt{3}, \dfrac{1}{\sqrt{3}}$ ④ $\dfrac{1}{\sqrt{3}}, \sqrt{3}$

풀이 Y-△ 기동 방법 : 기동시 고정자 권선을 Y로 접속하여 기동함으로써 기동전류를 감소시키고 운전속도에 가까워지면 권선을 △로 변경하여 운전하는 방식
- 기동시 : Y결선, 1차 권선에 가해지는 전압 $\dfrac{V}{\sqrt{3}}$
- 운전시 : △결선, 1차 권선에 가해지는 전압 V

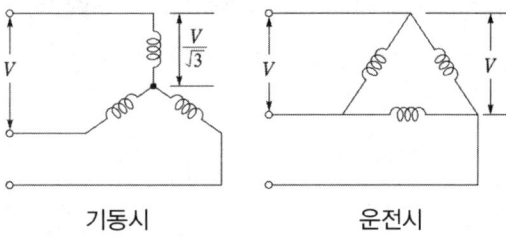

기동시   운전시

70 유도전동기의 기동 시 공급하는 전압을 단권변압기에 의해서 일시 강하시켜서 기동전류를 제한하는 기동방법은?

① Y-△기동
② 저항기동
③ 직접기동
④ 기동 보상기에 의한 기동

풀이 기동보상기법
3상 단권변압기를 이용하여 전동기에 인가되는 **기동전압을 감소**시킴으로써 기동전류를 감소시키는 기동방식
① 15[kW] 이상의 농형 유도전동기 기동에 적용
② 기동 보상기 2차측 전류 = 기동 전류 × 기동 보상기 탭
③ 기동 보상기 1차측 전류 = 기동 보상기 2차측 전류 / 권수비
= 기동 보상기 2차측 전류 × 기동 보상기 탭

정답 69. ② 70. ④

71. 3상 유도전동기의 리액터 기동의 리액터 대신 저항을 넣어 기동하는 방식은?

① 콘돌퍼 방식
② 1차 저항 방식
③ 소프트 스타터 방식
④ Y-△ 방식

풀이 **1차저항 기동방식**
리액터 기동방식에 **리액터 대신에 저항기를 사용**한 것으로서 전동기의 전원측에 직렬로 저항을 접속하고 전원전압을 낮게 감압하여 기동한 후 서서히 저항을 감소시켜 가속하고 전속도에 도달하면 이를 단락하는 방법이다.
이 방식은 주로 **소용량 전동기를 기동할 때 기계적 충격을 완화**하기 위해 사용하는 경우가 많다. 그러나 다른 방식에 비하여 기동효율이 떨어지며, 기동전류가 감소하는 비율보다도 기동토크의 감소율이 큰 관계로 무부하 또는 경부하 기동에 사용된다.

72. 다음 유도전동기 기동법 중 권선형 유도전동기에 가장 적합한 기동법은?

① Y-△기동법
② 기동보상기법
③ 전전압기동법
④ 2차 저항법

풀이 **2차 저항에 의한 기동방법**은 권선형 유도전동기의 2차 회로에 가변 저항기(R_s)를 접속하여 비례추이의 원리에 의하여 **기동시 큰 기동토크**를 얻는 반면에 기동전류는 억제하는 기동방법이다.

$$\frac{r_2}{s_m} = \frac{r_2 + R_s}{s_t}$$

여기서, r_2 : 2차 권선의 저항
s_m : 최대 토크시 슬립
s_t : 기동시 슬립(정지상태에서 기동시 $s_t = 1$)
R_s : 2차 외부회로 저항

정답 71. ② 72. ④

73. 3상 권선형 유도전동기 기동 시 2차측에 외부 가변저항을 넣는 이유는?

① 회전수 감소
② 기동전류 증가
③ 기동토크 감소
④ 기동전류 감소와 기동토크 증가

풀이 $\dfrac{r_2}{s_m} = \dfrac{r_2 + R_s}{s_t}$

여기서, r_2 : 2차 권선의 저항
S_m : 최대 토크시 슬립
S_t : 기동시 슬립
(정지상태에서 기동시 $S_t = 1$)
R_s : 2차 외부회로 저항

외부 회로 저항 R_s의 값이 클수록 최대 토크 T_m을 발생하는 슬립 s_t의 값도 커져야 하므로 곡선은 ③ → ② → ①로 이동하게 되어 기동시($s = 1$) 기동토크는 증가하게 된다.

즉, 기동 시 2차 회로에 저항을 크게 하면 비례추이에 의해서 큰 기동 토크를 얻을 수 있고 기동전류도 억제할 수 있다.

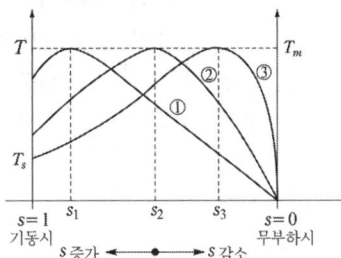

토크의 비례추이 곡선

74. 유도전동기로 동기전동기를 기동하는 경우, 유도전동기의 극수는 동기전동기의 극수보다 2극 적은 것을 사용하는 이유로 옳은 것은? (단, s는 슬립이며 N_s는 동기속도이다.)

① 같은 극수의 유도전동기는 동기속도보다 sN_s 만큼 늦으므로
② 같은 극수의 유도전동기는 동기속도보다 sN_s 만큼 빠르므로
③ 같은 극수의 유도전동기는 동기속도보다 $(1-s)N_s$ 만큼 늦으므로
④ 같은 극수의 유도전동기는 동기속도보다 $(1-s)N_s$ 만큼 빠르므로

풀이 유도 전동기는 슬립이 존재하므로 동기 전동기와 같은 극수인 경우, 유도 전동기의 속도는 동기 전동기의 속도 보다 sN_s 만큼 늦게 되어 유도 전동기로 동기 전동기를 기동하는 경우 동기 속도에 도달 할 수 없게 된다. 따라서, 유도 전동기의 극수는 동기 전동기의 극수보다 2극 적게 한다.
- 유도 전동기의 회전 속도 $N = (1-s)N_s$
- 동기 전동기의 회전 속도 N_s
- 동기 전동기의 회전속도 – 유도 전동기의 회전속도 $= N_s - (1-s)N_s = sN_s$

정답 73. ④ 74. ①

75

기 21-3

60[Hz], 600[rpm]의 동기전동기에 직결된 기동용 유도전동기의 극수는?

① 6
② 8
③ 10
④ 12

풀이
- 극수 $p = \dfrac{120f}{N_s} = \dfrac{120 \times 60}{600} = \dfrac{7200}{600} = 12$극
- 유도 전동기는 슬립이 존재하므로 동기 전동기와 같은 극수인 경우, 유도 전동기의 속도는 동기 전동기의 속도 보다 sN_s만큼 늦게 되어 유도 전동기로 동기 전동기를 기동하는 경우 동기 속도에 도달 할 수 없게 된다. 따라서, 유도 전동기의 극수는 동기 전동기의 극수보다 2극 적게 하여야 한다. 즉, 유도전동기의 극수는 10극이 되어야 한다.

76

기 21-3

3상 유도전동기에서 고조파 회전자계가 기본파 회전방향과 역방향인 고조파는?

① 제3고조파
② 제5고조파
③ 제7고조파
④ 제13고조파

풀이 고조파 차수 h (3상인 경우)
- 기본파와 같은 방향으로 회전 : $h = 2nm + 1$(제7, 13차 등)
- **기본파와 반대 방향으로 회전 : $h = 2nm - 1$(제5, 11, 17차, …)**
- $h = 3n$: 회전자계를 발생하지 않는다.
단, m은 상수, n은 정의 정수

77

산기 22-1, 산기 25-2

제13차 고조파에 의한 회전자계의 회전방향과 속도를 기본파 회전자계와 비교할 때 옳은 것은?

① 기본파와 반대방향이고, 1/13의 속도
② 기본파와 동일방향이고, 1/13의 속도
③ 기본파와 동일방향이고, 13배의 속도
④ 기본파와 반대방향이고, 13배의 속도

풀이 ① 회전 자계 방향
- $h = 2nm + 1$: **기본파와 같은 방향**의 회전 자계 발생 (즉, 7차, 13차, …)
 여기서, h : 고조파 차수, n : 1, 2, 3, …
- $h = 3n$: 회전자계를 발생하지 않는다.
- $h = 2nm - 1$: 기본파와 반대 방향의 회전자계 발생

② 회전속도 $= \dfrac{1}{\text{고조파 차수}}$

정답 75. ③ 76. ② 77. ②

산기 22-2, 산기 24-3

78 경부하로 회전 중인 3상 농형 유도전동기에서 전원의 3선 중 1선이 개방되면 3상 전동기는?

① 개방시 바로 정지한다.
② 속도가 급상승한다.
③ 회전을 계속한다.
④ 일정시간 회전 후 정지한다.

풀이 3상 농형 유도전동기에서 전원의 3선 중 1선이 개방되면 3상 전동기는 단상 전동기가 된다. 이때 큰 부하가 인가되어 있는 경우에는 전동기가 정지하게 되고 큰 전류가 흘러 전동기가 소손된다. 그러나 경부하에서는 회전을 계속하게 되나 경부하 부하전류는 증가하게 된다.

기 22-3

79 3상 유도전동기가 경부하에서 운전 중 1선의 퓨즈가 잘못되어 용단되었을 때는?

① 속도가 증가하여 다른 선의 퓨즈도 용단된다.
② 속도가 늦어져서 다른 선의 퓨즈도 용단된다.
③ 전류가 감소하여 운전이 얼마동안 계속된다.
④ 전류가 증가하여 운전이 얼마동안 계속된다.

풀이 3상 유도전동기 운전 중 1선의 퓨즈가 용단되면 단상 전동기가 되고 부하에 따라 그 현상이 달라진다.
① 전부하로 운전 시
 • 최대 토크는 50[%] 전후로 된다.
 • 최대 토크를 발생하는 슬립 $s=0$쪽으로 가까워진다.
 • 최대 토크 부근에서는 1차 전류가 증가한다.
 • 정지하는 경우에는 과대 전류가 흘러서 나머지 퓨즈가 용단되거나 차단기가 동작한다.
② **경부하로 운전 시**
 • 슬립이 2배 정도로 되고 회전수는 떨어진다.
 • 1차 전류가 2배 가까이 되어서 **열손실이 증가하고, 계속 운전하면 과열로 소손**된다.

산기 22-3

80 3상 권선형 유도 전동기의 2차 회로의 한상이 단선 된 경우에 부하가 약간 커지면 슬립이 50[%]인 곳에서 운전이 되는 것을 무엇이라 하는가?

① 차동기 운전 ② 자기여자
③ 게르게스 현상 ④ 난조

풀이 **게르게스 현상**이란 3상 권선형 유도 전동기의 2차 회로 중 1선이 단선된 경우에 약간의 과부하 상태에서도 슬립 $S=0.5$ 부근에서 가속되지 않는 현상을 말한다.

정답 78. ③ 79. ④ 80. ③

81 유도전동기에 게르게스(Gorges)현상이 생기는 슬립은 대략 얼마인가?

① 0.25　　② 0.50
③ 0.70　　④ 0.80

풀이 게르게스 현상이란 3상 권선형 유도 전동기의 2차 회로 중 1선이 단선된 경우에 약간의 과부하 상태에서도 슬립 $S=0.5$ 부근에서 가속되지 않는 현상을 말한다.

82 기동시 회전자의 슬롯수 및 권선법이 적당하지 않은 경우 정격속도보다 낮은 속도에서 안정운전이 되는 현상을 무엇이라 하는가?

① 난조　　② 게르게스
③ 크로우링　　④ 자기여자

풀이 균일하지 않은 슬롯 부분의 자기 저항 차이 때문에 공극의 퍼미언스가 일정하지 않고 위치에 따라 변하기 때문에 공극내 자속분포에는 많은 고조파 성분이 있으며 이로 인해 유도전동기에 있어서 **정지상태로부터 동기속도의 수 분의 1인 저속도까지 가속하고, 안정하기는 하지만 그 이상은 가속하지 않는 이상한 운전 상태**가 발생될 수 있으며 이러한 현상을 **크로우링 현상**이라 한다.

83 유도전동기의 안정 운전의 조건은? (단, T_m : 전동기 토크, T_L : 부하 토크, n : 회전수)

① $\dfrac{dT_m}{dn} < \dfrac{dT_L}{dn}$　　② $\dfrac{dT_m}{dn} = \dfrac{dT_L^2}{dn}$

③ $\dfrac{dT_m}{dn} > \dfrac{dT_L}{dn}$　　④ $\dfrac{dT_m}{dn} \neq \dfrac{dT_L^2}{dn}$

풀이
- 안정 운전 : $\dfrac{dT_m}{dn} < \dfrac{dT_L}{dn}$
- 불안정 운전 : $\dfrac{dT_m}{dn} > \dfrac{dT_L}{dn}$

정답 81. ② 82. ③ 83. ①

84. 3상 유도전동기의 속도제어법으로 틀린 것은?

① 1차 저항법
② 극수 제어법
③ 전압 제어법
④ 주파수 제어법

풀이 유도전동기의 속도제어 방법
① 농형 유도 전동기의 속도 제어법은
- **주파수를 바꾸는 방법**
- **극수를 바꾸는 방법**
- **전원 전압을 바꾸는 방법**

② 권선형 유도 전동기는
- 2차 저항을 제어하는 방법
- 2차 여자법 등이 있다.

85. 농형 유도전동기에 주로 사용되는 속도 제어법은?

① 극수 제어법
② 종속 제어법
③ 2차 여자 제어법
④ 2차 저항 제어법

풀이 ① **농형 유도 전동기의 속도 제어법**

$$N_s = \frac{120}{p} f \text{에서}$$

- 주파수를 바꾸는 방법
- **극수를 바꾸는 방법**
- 전원전압을 바꾸는 방법이 있다.

② 권선형 유도 전동기의 속도 제어법
- 2차여자 제어법
- 2차저항 제어법
- 종속 제어법

정답 84. ① 85. ①

86 유도전동기의 속도제어 방식으로 틀린 것은?

① 크레머 방식
② 일그너 방식
③ 2차 저항제어 방식
④ 1차 주파수제어 방식

풀이 유도전동기의 속도 제어방식
- 2차 여자 제어 : 2차 여자 제어는 크레머 방식과 셀비어스 방식이 있으며 정지 셀비어스 방식은 전동 발전기 대신 다이리스터를 사용한다.
- 2차 저항 제어 : $\dfrac{r_2}{s_1}+\dfrac{r_2+R}{s_2}$ 의 비례추이를 이용한 방식
- 1차 주파수 제어 : $N_s=\dfrac{120f}{p}$ 에서 인버터를 이용하여 주파수 f를 변환시킴으로서 속도를 제어하는 방법. $\dfrac{V}{f}$=일정 의 관계를 유지한다.

그러나, **일그너 방식은 직류전동기의 속도제어 방식**이다.

87 권선형 유도전동기 저항제어법의 단점 중 틀린 것은?

① 운전 효율이 낮다.
② 부하에 대한 속도 변동이 작다.
③ 제어용 저항기는 가격이 비싸다.
④ 부하가 적을 때는 광범위한 속도 조정이 곤란하다.

풀이 권선형 유도 전동기의 저항 제어법의 장·단점
[장점]
- 기동용 저항기를 겸한다.
- 구조가 간단하여 제어 조작이 용이하고 내구성이 풍부하다.

[단점]
- 속도 변화의 [%]와 같은 [%]의 효율을 희생하기 때문에 운전 효율이 나쁘다. 즉, 2차 회로의 효율 $\eta_2=P/P_2=(1-s)$ 이다.
- **부하에 대한 속도 변동이 크다.**
- 부하가 적을 때는 광범위한 속도 조정이 곤란하다.
- 제어용 저항은 전부하에서 장시간 운전해도 위험한 온도가 되지 않을 만큼의 충분한 크기가 필요하므로 가격이 비싸다.

정답 86. ② 87. ②

산기 22-2
88 선박의 전기추진용 전동기의 속도제어에 가장 알맞은 것은?

① 주파수 변화에 의한 제어
② 극수 변환에 의한 제어
③ 1차 회전에 의한 제어
④ 2차 저항에 의한 제어

풀이 주파수 변화에 의한 제어는 전동기에 가해지는 전원 주파수를 바꾸어 속도를 제어하는 방법으로서 원동기의 속도 제어에 의해 전용 발전기의 주파수를 변화시키는 것으로 **선박의 전기 추진용 전동기, 포트 모터의 속도제어** 등에 적합하다.

기 18-2
89 유도전동기의 2차 회로에 2차 주파수와 같은 주파수로 적당한 크기와 적당한 위상의 전압을 외부에서 가해주는 속도제어법은?

① 1차 전압 제어
② 2차 저항 제어
③ 2차 여자 제어
④ 극수 변환 제어

풀이 **2차 여자 제어법**
2차 주파수 sf와 같은 주파수의 전압을 발생시켜 슬립링을 통하여 **회전자 권선에 공급**하여, s를 변환시키는 방법이 2차 여자법이다.

$$I_2 = \frac{sE_2 \pm E_c}{r_2}$$

여기서, I_2, r_2 일정하면 $sE_2 \pm E_c =$일정 하므로 E_c의 크기에 따라 슬립 s도 변화하므로 속도도 변화게 된다.

정답 88. ① 89. ③

90 유도전동기의 2차 여자제어법에 대한 설명으로 틀린 것은?

① 역률을 개선할 수 있다.
② 권선형 전동기에 한하여 이용된다.
③ 동기속도의 이하로 광범위하게 제어할 수 있다.
④ 2차 저항손이 매우 커지며 효율이 저하된다.

풀이 2차 여자제어법
2차 주파수 sf와 같은 주파수의 전압을 발생시켜 슬립링을 통하여 회전자 권선에 공급하여, s를 변환시키는 방법이 2차 여자법
이다.

$$I_2 = \frac{sE_2 \pm E_c}{r_2}$$

여기서, I_2, r_2가 일정하면 "$sE_2 \pm E_c$ =일정" 하므로 E_c의 크기에 따라 슬립 s도 변화하므로 속도도 변화게 된다. (즉, 2차 여자제어법은 속도제어용 저항을 제어하는 것이 아니라 2차 주파수 sf와 같은 주파수의 전압의 크기에 따라 속도를 제어하는 방법이다.)
• 권선형 전동기에 한하여 이용된다.
• 역률을 개선할 수 있다.
• 동기 속도의 상하로 상당히 넓은 제어가 가능하다.

91 권선형 유도전동기의 2차권선의 전압 sE_2와 같은 위상의 전압 E_c를 공급하고 있다. E_c를 점점 크게 하면 유도 전동기의 회전방향과 속도는 어떻게 변하는가?

① 속도는 회전자계와 같은 방향으로 동기속도까지만 상승한다.
② 속도는 회전자계와 반대 방향으로 동기속도까지만 상승한다.
③ 속도는 회전자계와 같은 방향으로 동기속도 이상으로 회전할 수 있다.
④ 속도는 회전자계와 반대 방향으로 동기속도 이상으로 회전할 수 있다.

풀이 2차 여자법
유도전동기의 회전자 권선에 **2차 기전력 sE_2와 동일 주파수의 전압 E_c**를 가해 그 크기를 조절하므로써 속도를 제어하는 방법으로서 E_c를 2차 기전력과 **같은 방향으로 인가하면** $I_2 = \dfrac{sE_2 + E_c}{r_2}$
에서 I_2 및 r_2가 일정하면 $sE_2 + E_c$도 일정하고, E_c를 증가시키면 sE_2는 감소 즉, 슬립 s도 감소하게 되며 반면에 **속도는 증가**하게 된다.
반대로 E_c를 감소시키면 sE_2는 증가 즉, 슬립 s도 증가하게 되어 속도는 감소하게 된다.

정답 90. ④ 91. ③

92 유도전동기의 2차 여자 시에 2차주파수와 같은 주파수의 전압 E_c를 2차에 가한 경우 옳은 것은? (단, sE_2는 유도기의 2차 유도기전력이다.)

① E_c를 sE_2와 반대위상으로 가하면 속도는 증가한다.
② E_c를 sE_2보다 90° 위상을 빠르게 가하면 역률은 개선된다.
③ E_c를 sE_2와 같은 위상으로 $E_c < sE_2$의 크기로 가하면 속도는 증가한다.
④ E_c를 sE_2와 같은 위상으로 $E_c = sE_2$의 크기로 가하면 동기속도이상으로 회전한다.

풀이 유도전동기의 2차 회로에 2차 전압 sE_2보다 90° 빠른 위상차를 갖는 슬립주파수의 기전력 E_c를 외부에서 공급하면 앞선 전류가 흐르게 되어 역률을 개선할 수 있다. 이와 같이 역률 개선을 목적으로 슬립 주파수의 2차 여자 전압을 공급하는 발전기를 진상기라고 한다.

93 sE_2는 권선형 유도전동기의 2차 유기전압이고 E_c는 외부에서 2차 회로에 가하는 2차 주파수와 같은 주파수의 전압이다. E_c가 sE_2와 반대 위상일 경우 E_c를 크게 하면 속도는 어떻게 되는가? (단, $sE_2 - E_c$는 일정하다.)

① 속도가 증가한다.
② 속도가 감소한다.
③ 속도에 관계없다.
④ 난조현상이 발생한다.

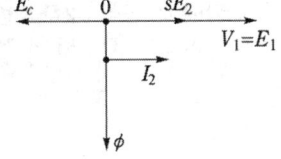

풀이 ① E_c를 2차 기전력과(sE_2) 반대 방향으로 인가

$I_2 = \dfrac{sE_2 - E_c}{r_2}$ 에서 I_2 및 r_2 가 일정하면 $sE_2 - E_c$ 도 일정하다. 이때 E_c를 증가시키면 sE_2도 증가, 즉, 슬립 s도 증가하게 되며 반면에 **속도는 감소**하게 된다. 반대로 E_c를 감소시키면 sE_2도 감소 즉, 슬립 s도 감소하게 되며 반면에 속도는 증가하게 된다.

② E_c를 2차 기전력(sE_2)과 같은 방향으로 인가

$I_2 = \dfrac{sE_2 + E_c}{r_2}$ 에서 I_2 및 r_2 가 일정하면 $sE_2 + E_c$ 도 일정하고 E_c를 증가시키면 sE_2는 감소 즉, 슬립 s도 감소하게 되며 반면에 속도는 증가하게 된다. 반대로 E_c를 감소시키면 sE_2는 증가 즉, 슬립 s도 증가하게 되며 반면에 속도는 감소하게 된다.

94
기 21-3

권선형 유도전동기의 2차 여자법 중 2차 단자에서 나오는 전력을 동력으로 바꿔서 직류전동기에 가하는 방식은?

① 회생방식
② 크레머방식
③ 플러깅방식
④ 세르비우스방식

풀이 크레머(Kramer) 방식 : 유도전동기와 직류전동기를 기계적으로 직결하고 전기적으로는 유도전동기의 2차 출력을 실리콘 정류기로 정류하여 **직류전동기의 입력으로서 가하도록 접속한 방식**

95
기 20-4

전력의 일부를 전원측에 반환할 수 있는 유도전동기의 속도제어법은?

① 극수변환법
② 크레머 방식
③ 2차 저항 가감법
④ 세르비우스 방식

풀이 2차 여자 제어

권선형 유도전동기의 2차 회로에 2차 주파수 f_2와 같은 주파수로 적당한 크기와 위상의 전압을 외부에서 가하는 것을 2차 여자라고 하며 이 방법에는 크레머 방식과 세르비우스 방식이 있다.
① 크레머 방식 : 유도 전동기와 직류 전동기를 기계적으로 직결하고, 또 전기적으로는 유도 전동기의 2차 출력을 실리콘 정류기로 정류하여 직류 전동기의 입력으로 가하도록 접속한 것이다.
② 세르비우스 방식 : **2차 저항 손실에 해당하는 전력을 전원에 반환**하는 방식으로 전동발전기 대신 사이리스터를 사용한 것을 정지세르비우스 방식이라고 한다.

96
산기 24-2

다음 중 권선형 유도 전동기의 2차 여자 제어법으로 사용되는 제어 방식은?

① 세르비우스 방식
② 플러깅 방식
③ 발전 방식
④ 회생 방식

풀이 권선형 유도전동기의 2차측에 2차 주파수와 같은 주파수로 적당한 크기와 위상의 전압을 외부에서 가하는 방법을 **2차 여자 제어**라 하고 **크래머(kramer) 방법과 세르비우스(scherbious) 방식**이 있다.

정답 94. ② 95. ④ 96. ①

97 권선형 유도전동기 2대를 직렬종속으로 운전하는 경우 그 동기속도는 어떤 전동기의 속도와 같은가?

① 두 전동기 중 적은 극수를 갖는 전동기
② 두 전동기 중 많은 극수를 갖는 전동기
③ 두 전동기의 극수의 합과 같은 극수를 갖는 전동기
④ 두 전동기의 극수의 합의 평균과 같은 극수를 갖는 전동기

풀이 종속 접속법

① **직렬 종속법** : $N = \dfrac{120f}{p_1 + p_2}$ [rpm]

② **차동 종속법** : $N = \dfrac{120f}{p_1 - p_2}$ [rpm]

③ **병렬 종속법** : $N = \dfrac{2 \times 120f}{p_1 + p_2}$ [rpm]

98 12극과 8극인 2개의 유도전동기를 종속법에 의한 직렬접속법으로 속도제어할 때 전원주파수가 60[Hz]인 경우 무부하 속도 N_o는 몇 [rps]인가?

① 5 ② 6
③ 200 ④ 360

풀이 ① **직렬 종속법** $N_s = \dfrac{120f}{p_1 + p_2}$

② **병렬 종속법** $N_s = \dfrac{2 \times 120f}{p_1 + p_2}$

③ **차동 접속법** $N_s = \dfrac{120f}{p_1 - p_2}$

따라서, 직렬접속법으로 속도 제어할 경우 무부하속도
$N_0 = \dfrac{120 \times 60}{12 + 8} = 360$[rpm] = 6[rps]

정답 97. ③ 98. ②

99
산기 25-3

8극과 4극 2개의 유도 전동기를 종속법에 의한 직렬 종속법으로 속도제어를 할 때, 전원주파수가 60[Hz]인 경우 무부하 속도[rpm]는?

① 600
② 900
③ 1200
④ 1800

풀이 직렬 종속 $N = \dfrac{2f}{p_1+p_2}[\text{rps}] = \dfrac{120f}{p_1+p_2}[\text{rpm}]$에서

$N = \dfrac{120 \times 60}{8+4} = 600[\text{rpm}]$

100
기 17-1

60[Hz]인 3상 8극 및 2극의 유도전동기를 차동종속으로 접속하여 운전할 때의 무부하속도[rpm]는?

① 720
② 900
③ 1000
④ 1200

풀이 차동 종속 $N = \dfrac{120f}{p_1-p_2} = \dfrac{120 \times 60}{8-2} = 1200[\text{rpm}]$

101
기 16-3

유도 전동기의 1차 전압 변화에 의한 속도 제어에서 SCR을 사용하여 변화시키는 것은?

① 토크
② 전류
③ 주파수
④ 위상각

풀이 유도 전동기의 1차측에 사이리스터를 접속하고 전압이 1[Hz] 동안 주기마다 위상각이 변하는 것에 의해 전압을 바꾸는 방법으로 2차 저항에서의 손실이 커서 효율이 나쁘다.

정답 99. ① 100. ④ 101. ④

기 19-1
102 유도전동기의 속도제어를 인버터방식으로 사용하는 경우 1차 주파수에 비례하여 1차 전압을 공급하는 이유는?

① 역률을 제어하기 위해
② 슬립을 증가시키기 위해
③ 자속을 일정하게 하기 위해
④ 발생토크를 증가시키기 위해

풀이 전동기에서 회전자계의 자속 ϕ는 1차전압에 비례하고 그 주파수에 반비례한다. 따라서 주파수를 바꾸어서 속도제어를 하는 경우, **자속을 일정하게 유지하기 위하여 주파수와 그 전압을 동시에 바꾸어서 $\dfrac{V_1}{f}$를 일정**하게 해야 한다.

이때 전압을 일정하게 하고 주파수만 낮추면 자속 ϕ는 증가하고 그 자속 ϕ를 만들기 위해 여자전류가 현저히 증가하게 된다.

기 16-2
103 VVVF(Variable Voltage Variable Frequency)는 어떤 전동기의 속도 제어에 사용되는가?

① 동기 전동기
② 유도 전동기
③ 직류 복권전동기
④ 직류 타여자전동기

풀이 **유도전동기 속도제어법**에는 극수변환, 전원주파수를 변화하는 방법(VVVF에 의한 속도제어), 2차 여자법, 1차 전압제어, 2차 저항제어법 등이 있다.

산기 25-2
104 유도전동기의 제동법이 아닌 것은?

① 회생 제동
② 발전제동
③ 역전 제동
④ 3상 제동

풀이 **유도전동기의 제동법**
① **회생 제동** : 유도전동기를 유도발전기로 동작시켜 그 발생전력을 전원에 반환하면서 제동하는 방법
② **발전제동** : 전동기를 전원으로부터 분리한 후 1차 측에 직류전원을 공급하여 발전기로 동작시킨 후 발생된 전력을 저항에서 열로 소비시키는 방법
③ **역전 제동** : 회전중인 전동기의 1차 권선 3단자 중 임의의 2단자의 접속을 바꾸면 역방향의 토크가 발생되어 제동하는 방법으로 이 방법은 급속하게 정지시키고자 하는 경우에 사용된다.
④ **단상 제동** : 권선형 유도전동기의 1차 측을 단상교류로 여자하고 2차 측에 적당한 크기의 저항을 넣으면 전동기의 회전과는 역방향의 토크가 발생되므로 제동된다.

정답 102. ③ 103. ② 104. ④

105. 유도전동기 역상제동의 상태를 크레인이나 권상기의 강하 시에 이용하고 속도제한의 목적에 사용되는 경우의 제동방법은?

① 발전제동
② 유도제동
③ 회생제동
④ 단상제동

풀이 유도 전동기의 제동법
① 발전 제동 : 전동기를 전원으로부터 분리한 후 1차측에 직류전원을 공급하여 발전기로 동작시킨 후 발생된 전력을 저항에서 열로 소비시키는 방법
② **유도 제동** : 유도전동기 역상제동의 상태를 크레인이나 권상기의 **강하 시에 이용**하고 **속도제한의 목적**에 사용되는 경우의 제동방법
③ 회생 제동 : 유도 전동기를 유도 발전기로 동작시켜 그 발생 전력을 전원에 반환하면서 제동하는 방법으로, 크레인이나 언덕길을 운전하는 긴 전기 기관차 등에 사용된다.
④ 단상 제동 : 권선형 유도전동기의 1차측을 단상교류로 여자하고 2차측에 적당한 크기의 저항을 넣으면 전동기의 회전과는 역방향의 토크가 발생되므로 제동된다.

106. 일반적인 농형 유도전동기에 비하여 2중 농형 유도전동기의 특징으로 옳은 것은?

① 손실이 적다.
② 슬립이 크다.
③ 최대 토크가 크다.
④ 기동 토크가 크다.

풀이 2중 농형 유도 전동기
① 회전자의 농형권선을 내·외 이중으로 설치한 것으로서, **기동토크를 크게** 한 것이다.
② 도체
 • 외측도체 : 저항이 높은 황동 또는 동니켈 합금의 도체를 사용
 • 내측도체 : 저항이 낮은 전기동 사용

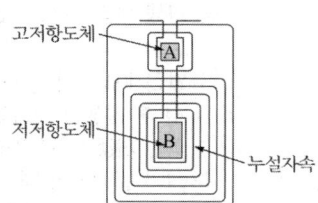

정답 105. ② 106. ④

107 3상 유도전동기의 공급 전압이 일정하고, 주파수가 정격값보다 수 [%] 감소할 때 다음 현상 중 옳지 않은 것은?

① 동기속도가 감소한다.
② 누설 리액턴스가 증가한다.
③ 철손이 약간 증가한다.
④ 역률이 나빠진다.

풀이 누설리액턴스 $x_l = 2\pi fL$에서 **주파수** f가 감소하면 누설 리액턴스도 감소한다.

108 유도전동기에서 공급 전압의 크기가 일정하고 전원 주파수만 낮아질 때 일어나는 현상으로 옳은 것은?

① 철손이 감소한다.
② 온도상승이 커진다.
③ 여자전류가 감소한다.
④ 회전속도가 증가한다.

풀이 ① 히스테리시스손 $P_h \propto \dfrac{1}{f}$ 이므로 철손은 증가한다.
② **주파수가 감소하면 철손이 증가하여** 전동기 온도가 상승하는 반면에 전동기 속도 $N_s = \dfrac{120f}{p}$ 에서 **전동기속도가 감소**하고 그 결과 전동기에 부착되어 있는 **냉각 fan의 효과가 감소**하게 되어 **전동기의 온도는 더욱 더 상승**하게 된다.
③ 여자전류는 $I_0 \propto \dfrac{V}{f}$ 이므로 증가한다.
④ 속도는 $N \propto f$ 이므로 감소한다.

정답 107. ② 108. ②

109 60[Hz]의 3상 유도전동기를 동일전압으로 50 [Hz]에 사용할 때 ⓐ 무부하 전류, ⓑ 온도 상승, ⓒ 속도는 어떻게 변하겠는가?

① ⓐ $\frac{60}{50}$으로 증가, ⓑ $\frac{60}{50}$으로 증가, ⓒ $\frac{50}{60}$으로 감소

② ⓐ $\frac{60}{50}$으로 증가, ⓑ $\frac{50}{60}$으로 감소, ⓒ $\frac{50}{60}$으로 감소

③ ⓐ $\frac{50}{60}$으로 감소, ⓑ $\frac{60}{50}$으로 증가, ⓒ $\frac{50}{60}$으로 감소

④ ⓐ $\frac{50}{60}$으로 감소, ⓑ $\frac{60}{50}$으로 증가, ⓒ $\frac{60}{50}$으로 증가

풀이 ⓐ $E=4.44k_w W f\phi$[V]에서 $\phi \propto I_\phi \propto I_0 \propto \frac{E}{f}$ 이므로 여자전류 I_0는 $\frac{60}{50}$으로 증가한다.

ⓑ 히스테리시스손 $P_h \propto fB_m \propto f\phi^2 \propto f \cdot \left(\frac{1}{f}\right)^2 \propto \frac{1}{f}$ 이므로 온도 상승은 $\frac{60}{50}$으로 증가한다.

ⓒ $N_s = \frac{120f}{p}$ 에서 $N_s \propto f$ 이므로 $\frac{50}{60}$으로 감소한다.

110 유도전동기의 실부하법에서 부하로 쓰이지 않는 것은?

① 전동발전기
② 전기동력계
③ 프로니 브레이크
④ 손실을 알고 있는 직류발전기

풀이 부하시험 : 3상 유도전동기의 특성은 원선도에 의하여 구하는 것이 보통이지만 실부하법이 편리한 경우에는 실부하법을 사용한다.
실부하법으로는
① 전기동력계법
② 프로니브레이크법
③ 손실을 알고 있는 직류발전기를 사용하는 방법 등이 있다.

정답 109. ① 110. ①

111 3상 유도전압 조정기의 동작원리 중 가장 적당한 것은?

① 두 전류 사이에 작용하는 힘이다.
② 교번자계의 전자유도작용을 이용한다.
③ 충전된 두 물체 사이에 작용하는 힘이다.
④ 회전자계에 의한 유도작용을 이용하여 2차 전압의 위상전압 조정에 따라 변화한다.

풀이 3상 유도 전압 조정기의 원리
회전자속에 의하여 직렬 권선의 1상에 유도되는 기전력을 조정전압이라 하고 이것을 E_2[V]라고 하면 E_2는 일정한 크기의 회전자속에 의하여 생기는 것이므로 회전자와 고정자와의 관계 위치에 관계없이 항상 그 크기는 일정하다. 그러나 회전자와 고정자의 관계 위치의 변화에 따라 **분로 권선 전압 E_1에 대한 E_2의 위상이 변화**한다.
즉, 3상 유도전압 조정기의 출력측 전압
$$E = \sqrt{(E_1 + E_2\cos\theta)^2 + (E_2\sin\theta)^2}$$
으로 나타낸다.

112 3상 유도전압조정기의 원리를 응용한 것은?

① 3상 변압기
② 3상 유도전동기
③ 3상 동기발전기
④ 3상 교류자전동기

풀이 3상 유도 전압 조정기는 권선형 3상 유도 전동기의 1차 권선 P와, 2차 권선 S를 3상 성형 단권 변압기와 같이 접속하고, 회전자를 구속한 상태로 두고 사용하는 것과 같다.

113 단상 유도전압조정기에서 단락권선의 역할은?

① 철손 경감
② 절연 보호
③ 전압강하 경감
④ 전압조정 용이

풀이 단상유도 전압조정기의 **단락권선은 누설리액턴스로 인한 전압강하를 경감**시키기 위한 것이다.

정답 111. ④ 112. ② 113. ③

114 단상 유도 전압 조정기의 양 권선이 일치할 때 직렬권선의 전압이 150[V], 전원 전압이 220[V]일 경우, 1차와 2차 권선의 축 사이의 각도가 30°이면 부하측 전압은 약 몇 [V]인가?

① 370
② 350
③ 220
④ 150

풀이

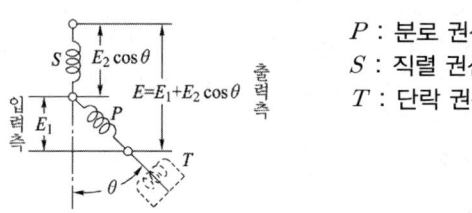

P : 분로 권선
S : 직렬 권선
T : 단락 권선

$E = E_1 + E_2 \cos\theta = 220 + 150 \times \cos 30° = 349.9[\text{V}]$

115 유도전동기의 슬립을 측정하려고 한다. 다음 중 슬립의 측정법이 아닌 것은?

① 수화기법
② 직류밀리볼트계법
③ 스트로보스코프법
④ 프로니브레이크법

풀이 • 슬립의 측정
　① 회전계법 : 회전계로 직접 회전수를 측정해서 s를 구하는 방법
　② 직류 밀리볼트계법 : 권선형 유도전동기에 사용
　③ 수화기법
　④ 스트로보스코프
• 프로니브레이크법은 소형 전동기의 토크 측정법이다.

정답 114. ② 115. ④

기 19-3
116 유도발전기의 동작 특성에 관한 설명 중 틀린 것은?

① 병렬로 접속된 동기발전기에서 여자를 취해야 한다.
② 효율과 역률이 낮으며 소출력의 자동수력발전기와 같은 용도에 사용된다.
③ 유도발전기의 주파수를 증가하려면 회전속도를 동기속도 이상으로 회전시켜야 한다.
④ 선로에 단락이 생긴 경우에는 여자가 상실되므로 단락전류는 동기발전기에 비해 적고 지속시간도 짧다.

풀이 **유도발전기**는 전동기로서의 회전방향과 같은 방향으로 동기속도 이상의 속도($s<0$)로 회전시켜 발전하는 것으로서 이 발전기의 **주파수는 전원의 주파수로 정하고 회전 속도에는 관계없으나** 출력은 거의 상대 속도($n-n_s$)와 비례하기 때문에 출력을 증가하려면 속도를 증가시켜야 한다.
유도 발전기의 장·단점은 다음과 같다.
[장점]
① 동기 발전기와 달리 가격이 싸다.
② 기동과 취급이 간단하며 고장이 적다.
③ 동기발전기와 같이 동기화할 필요가 없으며 난조 등의 이상 현상도 생기지 않는다.
④ 선로에 단락이 생긴 경우에도 여자가 상실되므로 단락전류는 동기기에 비해 적으며 지속 시간도 짧다.
[단점]
① 병렬로 지속되는 동기기에서 여자전류를 취해야 한다.
② 공극의 치수가 작기 때문에 운전 시 주의해야 한다.
③ 효율과 역률이 낮다.

기 23-2
117 특수전동기에 대한 설명 중 틀린 것은?

① 릴럭턴스 동기전동기는 릴럭턴스토크에 의해 동기속도로 회전한다.
② 히스테리시스전동기의 고정자는 유도전동기 고정자와 동일하다.
③ 스테퍼전동기 또는 스텝모터는 피드백 없이 정밀 위치 제어가 가능하다.
④ 선형 유도전동기의 동기속도는 극수에 비례한다.

풀이 선형 유도전동기(LIM)는 회전기의 회전자 접속방향에 발생하는 전자력을 직접 직선적인 기계에너지로 변환하는 장치로서 **선형 유도전동기의 최대속도는 모선전압과 제어 전자장치의 속도로 인해 제한된다.**

정답 116. ③ 117. ④

산기 25-1

118 단상 유도전압조정기의 원리는 다음 중 어느 것을 응용한 것인가?

① 3권선 변압기
② V결선 변압기
③ 단상 단권변압기
④ 스콧트결선(T결선) 변압기

풀이 단상 유도전압조정기는 직렬권선에 대한 분로권선의 위치를 연속적으로 바꾸는 **단상 단권변압기의 일종**이다. 구조는 유도전동기와 비슷하며 고정자와 회전자로 구성되어 있다.
단상 유도 전압 조정기

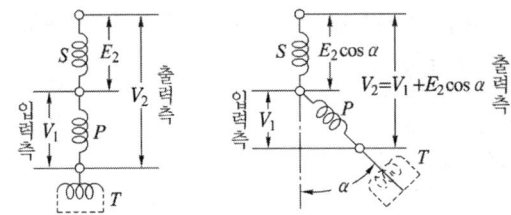

P : 분로 권선, S : 직렬 권선, T : 단락 권선
$V_2 = V_1 + E_2\cos\alpha$

기 19-3

119 단상 유도전동기의 특징을 설명한 것으로 옳은 것은?

① 기동 토크가 없으므로 기동장치가 필요하다.
② 기계손이 있어도 무부하 속도는 동기속도보다 크다.
③ 권선형은 비례추이가 불가능하며, 최대 토크는 불변이다.
④ 슬립은 $0 > s > -1$이고 2보다 작고 0이 되기 전에 토크가 0이 된다.

풀이 단상 유도 전동기는 기동시 즉 $s=1$에서 기동 토크가 0 이므로 기동할 수 없다. 그러나, 어떤 방향으로 회전을 시켜주면 토크가 발생되어 그 방향으로 회전한다. 따라서, **단상 유도 전동기에는 기동 장치가 필요하다.**

정답 118. ③ 119. ①

기 20-3
120 단상 유도전동기에 대한 설명으로 틀린 것은?

① 반발 기동형 : 직류전동기와 같이 정류자와 브러시를 이용하여 기동한다.
② 분상 기동형 : 별도의 보조권선을 사용하여 회전자계를 발생시켜 기동한다.
③ 커패시터 기동형 : 기동전류에 비해 기동토크가 크지만, 커패시터를 설치해야 한다.
④ 반발 유도형 : 기동 시 농형권선과 반발전동기의 회전자 권선을 함께 이용하나 운전 중에는 농형권선만을 이용한다.

풀이 **반발유도 전동기** : 단상 유도전동기의 하나로 회전자에 농형 권선과 반발 전동기의 회전자 권선을 가지며, **운전 중에도 두 권선을 그대로 사용**하고 있는 전동기를 말한다.
기동 토크가 크지만 속도 변동률도 크다.

기 21-2
121 2전동기설에 의하여 단상 유도전동기의 가상적 2개의 회전자 중 정방향에 회전하는 회전자 슬립이 s이면 역방향에 회전하는 가상적 회전자의 슬립은 어떻게 표시되는가?

① $1+s$
② $1-s$
③ $2-s$
④ $3-s$

풀이
- 정방향 회전자계의 슬립 $s_f = s = \dfrac{n_s - n}{n_s} = 1 - \dfrac{n}{n_s}$
- 역방향 회전자계의 슬립 $s_b = \dfrac{n_s - (-n)}{n_s} = \dfrac{n_s + n_s - n_s + n}{n_s} = 2 - \dfrac{n_s - n}{n_s} = 2 - s$

기 20-3
122 단상 유도전동기를 2전동기설로 설명하는 경우 정방향 회전자계의 슬립이 0.2이면, 역방향 회전자계의 슬립은 얼마인가?

① 0.2
② 0.8
③ 1.8
④ 2.0

풀이
- 정방향 회전자계의 슬립 $s_f = s = \dfrac{n_s - n}{n_s} = 1 - \dfrac{n}{n_s}$
- 역방향 회전자계의 슬립 $s_b = \dfrac{n_s - (-n)}{n_s} = \dfrac{n_s + n_s - n_s + n}{n_s} = 2 - \dfrac{n_s - n}{n_s} = 2 - s$

∴ $s_b = 2 - s = 2 - 0.2 = 1.8$

정답 120. ④ 121. ③ 122. ③

123 단상 유도전동기의 기동방법 중 기동토크가 가장 큰 것은?

① 반발 기동형
② 분상 기동형
③ 셰이딩 코일형
④ 콘덴서 분상 기동형

풀이 단상 유도 전동기의 종류 및 용도

종 류	기동 토크 [%]	용 도
분상 기동형	125 이상	복사기, 계산기
콘덴서 기동형	250 이상	냉장고
콘덴서 전동기	140~160	세탁기, 선풍기
반발 기동형	300 이상	펌프
셰이딩 코일형	40~100	플레이어, 테이프 레코더

즉, **기동 토크는 반발 기동형 > 콘덴서 기동형 > 분상 기동형 > 셰이딩 코일형** 순이다.

124 단상 유도 전동기를 기동 토크가 큰 것부터 낮은 순서로 배열한 것은?

① 모노사이클릭형 → 반발 유도형 → 반발 기동형 → 콘덴서 기동형 → 분상 기동형
② 반발 기동형 → 반발 유도형 → 모노사이클릭형 → 콘덴서 기동형 → 분상 기동형
③ 반발 기동형 → 반발 유도형 → 콘덴서 기동형 → 분상 기동형 → 모노사이클릭형
④ 반발 기동형 → 분상 기동형 → 콘덴서 기동형 → 반발 유도형 → 모노사이클릭형

풀이 단상 유도 전동기에서 기동 토크가 큰 것부터 순서로 배열하면
반발 기동형 > 반발 유도형 > 콘덴서 기동형 > 분상 기동형 > 셰이딩 코일형 > 모노사이클릭형 순이다.

125 단상 유도전동기의 기동 시 브러시를 필요로 하는 것은?

① 분상 기동형
② 반발 기동형
③ 콘덴서 분상 기동형
④ 셰이딩 코일 기동형

풀이 **반발 기동 유도 전동기**는 기동시에는 반발 전동기로서 동작시키고 일정 속도에 달하면 정류자 세그먼트(segment)를 단락하여 유도 전동기로서 동작하는 전동기이며, **브러시 이동만으로 기동, 정지, 속도 제어가 가능**하다.

정답 123. ① 124. ③ 125. ②

기 17-3

126 반발기동형 단상유도전동기의 회전방향을 변경하려면?

① 전원의 2선을 바꾼다.
② 주권선의 2선을 바꾼다.
③ 브러시의 접속선을 바꾼다.
④ 브러시의 위치를 조정한다.

풀이 반발 기동 유도 전동기는 기동시에는 반발 전동기로서 동작시키고 일정 속도에 달하면 정류자 세그먼트(segment)를 단락하여 유도 전동기로서 동작하는 전동기이며, **브러시 이동만으로 기동, 정지, 속도 제어가 가능**하다.

기 20-1,2

127 단상 유도전동기의 분상 기동형에 대한 설명으로 틀린 것은?

① 보조권선은 높은 저항과 낮은 리액턴스를 갖는다.
② 주권선은 비교적 낮은 저항과 높은 리액턴스를 갖는다.
③ 높은 토크를 발생시키려면 보조권선에 병렬로 저항을 삽입한다.
④ 전동기가 기동하여 속도가 어느 정도 상승하면 보조권선을 전원에서 분리해야 한다.

풀이 분상 기동형 단상 유도 전동기

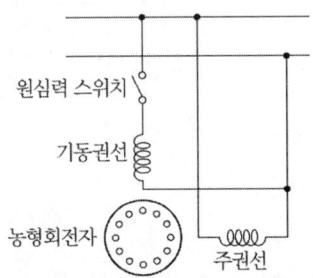

- 주권선 : 상당히 작은 저항과 큰 리액턴스를 갖는다.
- 기동권선 : 큰 저항과 작은 리액턴스를 갖으며, 원심력 스위치가 있다.
- 기동토크 $T_s = kI_m I_s \sin\alpha$
  여기서, k : 상수, α : I_m 과 I_s 사이의 위상각
- 운전 : 회전자가 대략 회전자 최종 속도의 약 75[%]에 도달하면 원심력 스위치가 동작하여 회로로부터 기동권선이 분리된다.
- **더 높은 기동토크를 발생시키려면 기동권선 내에 직렬저항을 접속**하거나 주권선 내에 직렬 유도성 리액턴스를 접속한다.

정답 126. ④ 127. ③

산기 22-1, 산기 25-1

128 기동장치를 갖는 단상 유도전동기가 아닌 것은?

① 2중 농형
② 분상기동형
③ 반발기동형
④ 셰이딩코일형

풀이 **2중 농형 유도 전동기**
① 회전자의 농형권선을 내외 이중으로 설치한 것
② 도체
  • 외측도체 : 저항이 높은 황동 또는 동니켈 합금의 도체를 사용
  • 내측도체 : 저항이 낮은 전기동 사용
③ 기동시에는 저항이 높은 외측 도체로 흐르는 전류에 의해 큰 기동 토오크를 얻고 기동완료 후에는 저항이 적은 내측 도체로 전류가 흘러 우수한 운전 특성을 얻는 전동기로서 **별도의 기동장치가 필요 없다.**

정답 128. ①

CHAPTER 5 교류 정류자기

1. 교류 정류자 전동기의 분류

1) 상수에 의한 분류
① 단상식 : 직권 전동기, 보상 직권 전동기, 반발 전동기, 보상 반발 전동기, 분권 전동기, 반발 유도 전동기
② 3상식 : 직권 전동기, 분권 전동기, 보상 유도 전동기

2) 특성에 의한 분류
① 정류자형 저주파 발전기
② 정류자형 주파수 변환기
③ 자동 진상기

2. 단상 직권 정류자 전동기

1) 단상 직권 정류자 전동기
직류 직권 전동기에 가해 주는 직류 전압을 그림과 같이 바꿀 경우에도 자속과 전기자 전류의 방향이 동시에 모두 반대가 되므로, 회전 방향은 변하지 않는다.

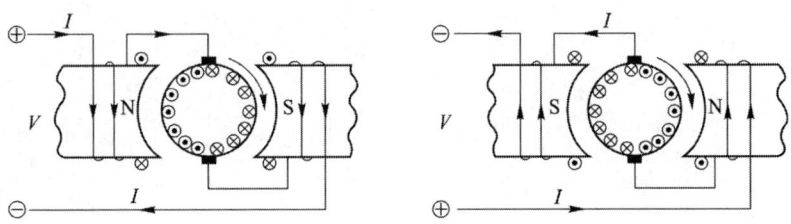

직·교류 양용 전동기의 원리

따라서, 이 직류 직권 전동기에 교류 전압을 가해 주어도 전동기는 항상 같은 방향의 토크를 발생하고, 회전을 같은 방향으로 계속한다. 직·교류 양용 전동기는 이와 같은 원리를 이용한 전동기로서 단상 직권 정류자 전동기라고 한다.

2) 단상 직권 정류자 전동기의 정류작용

브러시로 단락되는 코일에는 인덕턴스에 의한 유도 기전력 외에 주자속의 교번에 의한 변압기 작용에 의하여 기전력이 유도되고, **단락 전류가 크므로 정류 작용은 직류기의 경우보다 어렵다.** 이것을 개선하기 위하여
- 브러시 접촉 저항이 어느 정도 큰 것을 사용하여 저항 정류를 하고
- 대형은 보극을 설치하거나 전기자 코일과 정류자편 사이를 접속하는데 고저항의 도선을 사용하여 단락 전류의 제한.

3. 3상 직권 정류자 전동기

중간 변압기를 사용하는 주요한 이유
① 전원 전압의 크기에 관계없이 정류에 알맞게 회전자 전압을 선택할 수 있다.
② 중간 변압기의 권수비를 바꾸어 전동기의 특성을 조정할 수 있다.
③ 직권 특성이기 때문에 경부하에서는 속도가 매우 상승하나 중간 변압기를 사용, 그 철심을 포화하도록 하면 그 속도 상승을 제한할 수 있다.

CHAPTER. 5 교류 정류자기
출제예상문제

01 산기 24-1

단상 직권 정류자 전동기에서 주자속의 최대치를 ϕ_m, 자극수를 P, 전기자 병렬 회로수를 a, 전기자 전 도체수를 Z, 전기자의 속도를 $N[\text{rpm}]$이라 하면 속도 기전력의 실효값 $E_r[\text{V}]$은? (단, 주자속은 정현파이다.)

① $E_r = \sqrt{2}\dfrac{P}{a}Z\dfrac{N}{60}\phi_m$

② $E_r = \dfrac{1}{\sqrt{2}}\dfrac{P}{a}ZN\phi_m$

③ $E_r = \dfrac{P}{a}Z\dfrac{N}{60}\phi_m$

④ $E_r = \dfrac{1}{\sqrt{2}}\dfrac{P}{a}Z\dfrac{N}{60}\phi_m$

풀이 $E_r = P\phi n \dfrac{Z}{a} = P\dfrac{\phi_m}{\sqrt{2}}\dfrac{N}{60}\cdot\dfrac{Z}{a} = \dfrac{1}{\sqrt{2}}\dfrac{P}{a}Z\dfrac{N}{60}\phi_m$

02 기 17-2, 산기 24-2

교류정류자기에서 갭의 자속분포가 정현파로 $\phi_m = 0.14[\text{Wb}]$, $p=2$, $a=1$, $Z=200$, $N=1200[\text{rpm}]$인 경우 브러시 축이 자극 축과 30°라면 속도 기전력의 실효값 E_s는 약 몇 [V]인가?

① 160 ② 400
③ 560 ④ 800

풀이 $E_s = \dfrac{1}{\sqrt{2}}\cdot\dfrac{p}{a}Z\dfrac{N}{60}\phi_m\sin\theta$
$= \dfrac{1}{\sqrt{2}}\times\dfrac{2}{1}\times 200\times\dfrac{1200}{60}\times 0.14\times\sin 30° = 396[\text{V}]$

정답 01. ④ 02. ②

03 가정용 재봉틀, 소형공구, 영사기, 치과의료용, 엔진 등에 사용하고 있으며, 교류, 직류 양쪽 모두에 사용되는 만능전동기는?

① 전기 동력계
② 3상 유도전동기
③ 차동 복권전동기
④ 단상 직권정류자전동기

풀이 직류 직권 전동기에 가해 주는 직류 전압을 그림과 같이 바꿀 경우에도 자속과 전기자 전류의 방향이 동시에 모두 반대가 되므로, 회전 방향은 변하지 않는다.

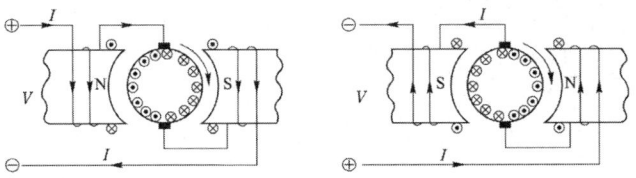

직·교류 양용 전동기의 원리

따라서, 이 직류 직권 전동기에 교류 전압을 가해 주어도 전동기는 항상 같은 방향의 토크를 발생하고, 회전을 같은 방향으로 계속한다. **직·교류 양용 전동기**는 이와 같은 원리를 이용한 전동기로서 **단상 직권 정류자 전동기**라고 한다.

04 교류 단상 직권전동기의 구조를 설명한 것 중 옳은 것은?

① 역률 및 정류개선을 위해 약계자 강전기자형으로 한다.
② 전기자 반작용을 줄이기 위해 약계자 강전기자형으로 한다.
③ 정류개선을 위해 강계자 약전기자형으로 한다.
④ 역률개선을 위해 고정자와 회전자의 자로를 성층철심으로 한다.

풀이 단상직권 전동기의 구조
- 철손을 감소시키기 위하여 전기자 및 계자는 성층철심을 사용하고 원통형 회전자로 한다.
- 정류 개선을 위해 브러시는 접촉저항이 어느 정도 큰 것을 사용하여 저항 정류로 하여야 한다.
- 전기자 반작용을 감소시키기 위해 보상권선을 설치한다.
- **역률을 개선하기 위해 약계자 강전기자형으로 한다.**

정답 03. ④ 04. ①

05 단상 직권 정류자 전동기의 전기자 권선과 계자 권선에 대한 설명으로 틀린 것은?

① 계자권선의 권수를 적게 한다.
② 전기자 권선의 권수를 크게 한다.
③ 변압기 기전력을 적게 하여 역률 저하를 방지한다.
④ 브러시로 단락되는 코일 중의 단락전류를 많게 한다.

풀이 ① 단상 직권 정류자 전동기
직류 직권 전동기에 가해 주는 직류 전압을 그림과 같이 바꿀 경우에도 자속과 전기자 전류의 방향이 동시에 모두 반대가 되므로, 회전 방향은 변하지 않는다.

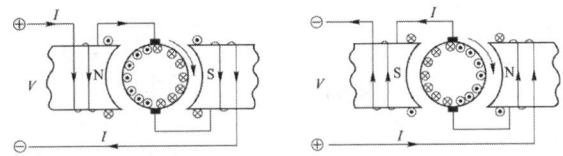

직·교류 양용 전동기의 원리

따라서, 이 직류 직권 전동기에 교류 전압을 가해 주어도 전동기는 항상 같은 방향의 토크를 발생하고, 회전을 같은 방향으로 계속한다. 직·교류 양용 전동기는 이와 같은 원리를 이용한 전동기로서 단상 직권 정류자 전동기라고 한다.
② 단상 직권 정류자 전동기의 정류작용
브러시로 단락되는 코일에는 인덕턴스에 의한 유도 기전력 외에 주자속의 교번에 의한 변압기 작용에 의하여 기전력이 유도되고, **단락 전류가 크므로 정류 작용은 직류기의 경우보다 어렵다.** 이것을 개선하기 위하여
- 브러시 접촉 저항이 어느 정도 큰 것을 사용하여 저항 정류를 하고
- 대형은 보극을 설치하거나 전기자 코일과 정류자편 사이를 접속하는데 고저항의 도선을 사용하여 단락 전류의 제한.

06 단상 직권 정류자전동기에서 보상권선과 저항도선의 작용을 설명한 것으로 틀린 것은?

① 역률을 좋게 한다.
② 변압기 기전력을 크게 한다.
③ 전기자 반작용을 감소시킨다.
④ 저항도선은 변압기 기전력에 의한 단락전류를 적게 한다.

풀이 저항 도선은 변압기 기전력에 의한 단락 전류를 작게 하여 정류를 좋게 하며 또한 **보상 권선**은 전기자 반작용을 상쇄하여 역률을 좋게 하고 변압기 **기전력을 작게 해서 정류 작용을 개선**한다.

정답 05. ④ 06. ②

07. 그림은 단상 직권 정류자 전동기의 개념도이다. C를 무엇이라고 하는가?

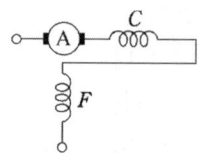

① 제어권선
② 보상권선
③ 보극권선
④ 단층권선

풀이 ▶ A : 전기자 C : **보상권선** F : 계자권선

08. 단상 직권전동기의 종류가 아닌 것은?

① 직권형
② 아트킨손형
③ 보상직권형
④ 유도보상직권형

풀이 ▶ 단상 정류자 전동기
1) 직권특성
   ① 단상 직권 정류자 전동기 – 직권형, 보상직권형, 유도보상 직권형
   ② **단상 반발 전동기 – 아트킨손형전동기**, 톰슨전동기, 테리전동기
2) 분권특성 : 현재 현재 실용화 되지 않고 있음

정답 07. ② 08. ②

09 75[W] 이하의 소출력 단상 직권정류자 전동기의 용도로 적합하지 않은 것은?

① 믹서
② 소형공구
③ 공작기계
④ 치과의료용

풀이 직류 직권 전동기에 가해 주는 직류 전압을 그림과 같이 바꿀 경우에도 자속과 전기자 전류의 방향이 동시에 모두 반대가 되므로, 회전 방향은 변하지 않는다.

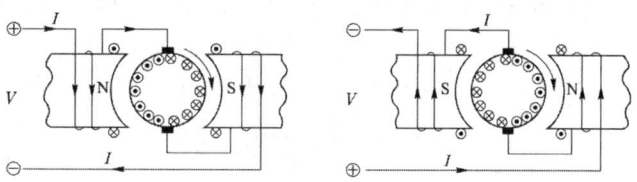

직·교류 양용 전동기의 원리

따라서, 이 직류 직권 전동기에 교류 전압을 가해 주어도 전동기는 항상 같은 방향의 토크를 발생하고, 회전을 같은 방향으로 계속한다. 직·교류 양용 전동기는 이와 같은 원리를 이용한 전동기로서 **단상 직권 정류자 전동기**라고 하며 **믹서기, 재봉틀, 진공청소기, 휴대용 드릴, 치과의료용 및 소형 공구**에 사용된다.

10 단상 직권 정류자전동기에서 보상권선과 저항도선의 작용에 대한 설명으로 틀린 것은?

① 보상권선은 역률을 좋게 한다.
② 보상권선은 변압기의 기전력을 크게 한다.
③ 보상권선은 전기자 반작용을 제거해 준다.
④ 저항도선은 변압기 기전력에 의한 단락전류를 작게 한다.

풀이 저항 도선은 변압기 기전력에 의한 단락 전류를 작게 하여 정류를 좋게 하며 또한 **보상 권선**은 전기자 반작용을 상쇄하여 역률을 좋게 하고 변압기 **기전력을 작게 해서 정류 작용을 개선**한다.

정답 09. ③ 10. ②

11. 단상 직권 정류자 전동기의 전기자 권선과 계자 권선에 대한 설명으로 틀린 것은?

① 계자권선의 권수를 적게 한다.
② 전기자 권선의 권수를 크게 한다.
③ 변압기 기전력을 적게 하여 역률 저하를 방지한다.
④ 브러시로 단락되는 코일 중의 단락전류를 크게 한다.

풀이 ① 단상 직권 정류자 전동기
직류 직권 전동기에 가해 주는 직류 전압을 그림과 같이 바꿀 경우에도 자속과 전기자 전류의 방향이 동시에 모두 반대가 되므로, 회전 방향은 변하지 않는다.

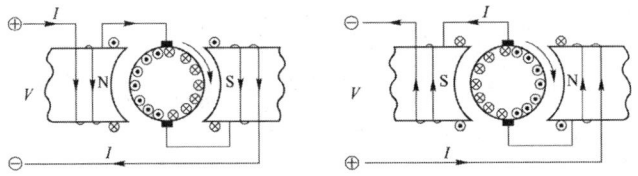

직·교류 양용 전동기의 원리

따라서, 이 직류 직권 전동기에 교류 전압을 가해 주어도 전동기는 항상 같은 방향의 토크를 발생하고, 회전을 같은 방향으로 계속한다. 직·교류 양용 전동기는 이와 같은 원리를 이용한 전동기로서 단상 직권 정류자 전동기라고 한다.

② 단상 직권 정류자 전동기의 정류작용
브러시로 단락되는 코일에는 인덕턴스에 의한 유도 기전력 외에 주자속의 교번에 의한 변압기 작용에 의하여 기전력이 유도되고, **단락 전류가 크므로 정류 작용은 직류기의 경우보다 어렵다**. 이것을 개선하기 위하여
- 브러시 접촉 저항이 어느 정도 큰 것을 사용하여 저항 정류를 하고
- 대형은 보극을 설치하거나 전기자 코일과 정류자편 사이를 접속하는데 고저항의 도선을 사용하여 단락 전류의 제한.

12. 브러시를 이동하여 회전속도를 제어하는 전동기는?

① 반발 전동기
② 단상 직권전동기
③ 직류 직권전동기
④ 반발기동형 단상유도전동기

풀이 반발 전동기는 브러시 이동만으로 기동, 정지, 속도 제어가 가능하다.

정답 11. ④ 12. ①

13 단상 정류자전동기의 일종인 단상 반발전동기에 해당되는 것은?

① 시라게전동기
② 반발유도전동기
③ 아트킨손형 전동기
④ 단상 직권 정류자전동기

풀이 ▶ 단상 정류자 전동기
　　1) 직권특성
　　　　① 단상 직권 정류자 전동기 - 직권형, 보상직권형, 유도보상 직권형
　　　　② **단상 반발 전동기** - **아트킨손형전동기**, 톰슨전동기, 테리전동기
　　2) 분권특성 : 현재 실용화 되지 않고 있음

14 단상 반발전동기에 해당되지 않는 것은?

① 아트킨손 전동기
② 슈라게 전동기
③ 데리 전동기
④ 톰슨 전동기

풀이 ▶ 단상 반발 전동기의 종류
　　• 아트킨손형전동기　• 톰슨전동기　• 테리전동기
　　그러나, **슈라게 전동기는 3상 분권 정류자 전동기의 한 종류**이다.

15 단상 정류자전동기에 보상권선을 사용하는 이유는?

① 정류개선
② 기동토크조절
③ 속도제어
④ 역률개선

풀이 ▶ 단상 정류자 전동기의 **보상 권선**은 직류 직권 전동기와 달리 전기자 반작용으로 생기는 필요 없는 자속을 상쇄하도록 하여, 무효 전력의 증대에 따르는 **역률의 저하를 방지**한다.

정답　13. ③　14. ②　15. ④

16 3상 직권 정류자 전동기의 중간 변압기는 고정자 권선과 회전자 권선 사이에 직렬로 접속되는데 이 중간 변압기를 사용하는 중요한 이유는?

① 경부하시 속도의 급상승 방지를 위하여
② 주파수 변동으로 속도를 조정하기 위하여
③ 회전자 상수를 감소하기 위하여
④ 역회전을 방지하기 위하여

풀이 3상 직권 정류자 전동기의 **중간 변압기**는 고정자 권선과 회전자 권선 사이에 직렬로 접속되며 이 중간 변압기를 사용하는 주요한 이유는 다음과 같다.
① 전원 전압의 크기에 관계없이 정류에 알맞은 회전자 전압을 선택할 수 있다.
② 중간 변압기의 권수비를 바꾸어 전동기의 특성을 조정할 수 있다.
③ 직권 특성이기 때문에 **경부하**에서는 속도가 매우 상승하나 중간 변압기를 사용, 그 철심을 포화하도록 하면 그 속도 상승을 제한할 수 있다.

17 3상 직권 정류자 전동기에 중간(직렬)변압기가 쓰이고 있는 이유가 아닌 것은?

① 정류자 전압의 조정
② 회전자 상수의 감소
③ 실효 권수비 선정 조정
④ 경부하 때 속도의 이상 상승 방지

풀이 중간 변압기 사용 목적
① 전원 전압의 크기에 관계없이 회전자 전압을 정류 작용에 맞는 값으로 선정할 수 있다.
② 중간 변압기의 권수비를 바꾸어서 전동기의 특성을 조정할 수 있다.
③ 철심을 포화시켜 속도의 상승을 억제할 수 있다.

정답 16. ① 17. ②

18 3상 직권 정류자전동기에 중간 변압기를 사용하는 이유로 적당하지 않은 것은?

① 중간 변압기를 이용하여 속도 상승을 억제할 수 있다.
② 회전자 전압을 정류작용에 맞는 값으로 선정할 수 있다.
③ 중간 변압기를 사용하여 누설 리액턴스를 감소할 수 있다.
④ 중간 변압기의 권수비를 바꾸어 전동기 특성을 조정할 수 있다.

> 풀이 3상 직권 정류자 전동기의 **중간 변압기**는 고정자 권선과 회전자 권선 사이에 직렬로 접속되며 이 중간 변압기를 사용하는 주요한 이유는 다음과 같다.
> ① 전원 전압의 크기에 관계없이 **정류에 알맞은 회전자 전압을 선택**할 수 있다.
> ② 중간 변압기의 권수비를 바꾸어 **전동기의 특성을 조정**할 수 있다.
> ③ 직권 특성이기 때문에 경부하에서는 속도가 매우 상승하나 중간 변압기를 사용, 그 철심을 포화하도록 하면 그 **속도 상승을 제한**할 수 있다.

19 3상 분권 정류자전동기에 속하는 것은?

① 톰슨 전동기
② 데리 전동기
③ 시라게 전동기
④ 애트킨슨 전동기

> 풀이 ① 단상 반발 전동기 : 톰슨 전동기, 데리 전동기, 애트킨슨 전동기
> ② **3상 분권 정류자 전동기 : 시라게 전동기**

20 교류 전동기에서 브러시의 이동으로 속도변화가 가능한 것은?

① 농형 전동기
② 2중 농형 전동기
③ 동기 전동기
④ 시라게 전동기

> 풀이 속도를 변화시킬 수 있는 교류 전동기로서 널리 사용되고 있는 것은 **시라게 전동기**이며 그 구조는 직류전동기와 유사 하지만 브러시가 2조가 있어 각 조의 **브러시를 반대 방향으로 이동**하면 속도를 조정할 수 있다.

정답 18. ③ 19. ③ 20. ④

21 기 19-3, 산기 22-3

정류자형 주파수변환기의 회전자에 주파수 f_1의 교류를 가할 때 시계방향으로 회전자계가 발생하였다. 정류자 위의 브러시 사이에 나타나는 주파수 f_c를 설명한 것 중 틀린 것은? (단, n : 회전자의 속도, n_s : 회전자계의 속도, s : 슬립이다.)

① 회전자를 정지시키면 $f_c = f_1$인 주파수가 된다.
② 회전자를 반시계방향으로 $n = n_s$의 속도로 회전시키면, $f_c = 0[Hz]$가 된다.
③ 회전자를 반시계방향으로 $n < n_s$의 속도로 회전시키면, $f_c = sf_1[Hz]$가 된다.
④ 회전자를 시계방향으로 $n < n_s$의 속도로 회전시키면, $f_c < f_1[Hz]$가 된다.

풀이 정류자형 주파수 변환기
① 회전자가 정지하고 있는 경우 정류자 상의 브러시 사이에 나타나는 전압 E_c의 주파수 f_c는 슬립링에 가해진 전원용 주파수 f_1과 같다.
② 회전자의 외부에서 힘을 가하여 Φ와 반대방향으로 속도 $n = n_s$로 회전시 E_c의 주파수 f_c는 0이 되어 직류 전압이 된다.
③ 회전자의 속도 $n < n_s$의 경우 E_c의 주파수 $f_c = sf_1[Hz]$가 된다.
④ 회전자를 Φ와 같은 방향의 속도 n으로 회전시 E_c의 주파수 $f_c = f_1 + f[Hz]$이다.
즉, 전원의 주파수 f_1을 임의의 주파수 $f_1 + f$로 변환할 수 있다.

22 기 20-1,2

3선 중 2선의 전원 단자를 서로 바꾸어서 결선하면 회전방향이 바뀌는 기기가 아닌 것은?

① 회전변류기
② 유도전동기
③ 동기전동기
④ 정류자형 주파수 변환기

풀이 **정류자형 주파수 변환기**는 유도전동기의 2차 여자를 행하기 위한 교류여자기로서 사용되며, 슬립링을 통하여 주파수 f_1의 3상 교류전압을 인가하면 회전자계가 생기고 이것이 동기속도로 상회전 방향으로 회전한다. 이 회전자계의 방향은 회전자의 회전여부와 그 속도와 방향에 전혀 관계가 없다.

정답 21. ④ 22. ④

23 히스테리시스 전동기에 대한 설명으로 틀린 것은?

① 유도전동기와 거의 같은 고정자이다.
② 회전자 극은 고정자 극에 비하여 항상 각도 δ_h 만큼 앞선다.
③ 회전자가 부드러운 외면을 가지므로 소음이 적으며, 순조롭게 회전시킬 수 있다.
④ 구속 시부터 동기속도만을 제외한 모든 속도 범위에서 일정한 히스테리시스 토크를 발생한다.

풀이 히스테리시스 전동기
① 고정자는 유동전동기의 고정자와 동일하며, 회전자는 매끄러운 원통형으로 구성된다.
② 히스테리시스로 인해 **회전자 극은 고정자 극에 비하여 항상 각도 δ_h 만큼 뒤진다**.

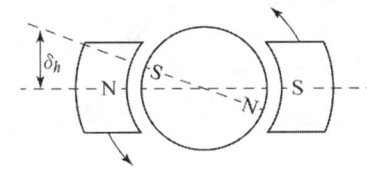

③ 히스테리시스 토크는 주파수 및 속도와 무관하게 일정하며, 구속 시부터 동기속도만을 제외한 모든 속도범위에서 일정한 히스테리시스 토크를 발생한다.

24 스텝각이 2°, 스테핑주파수(pulse rate)가 1800 [pps]인 스테핑모터의 축속도[rps]는?

① 8
② 10
③ 12
④ 14

풀이 스테핑전동기는 디지털 신호에 비례하여 일정 각도만큼 회전하는 모터로 그 총회전각은 입력펄스의 수로, 회전속도는 입력펄스의 빠르기로 쉽게 제어가 가능한 특징이 있다.
- 1초당 입력펄스 : 1800 (pps : pulse/sec)
- 1펄스 당 회전각도 : 2°
- 1초당 회전각도 : 1800 × 2° = 3600°
- 전동기 1회전 당 회전각도 : 360°
- 전동기 1초당 회전속도 : $\frac{3600°}{360°} = 10$ [회전]

정답 23. ② 24. ②

25

산기 25-1

스테핑전동기의 스텝각이 3°이고, 스테핑주파수(pulse rate)가 1200[pps] 이다. 이 스테핑전동기의 회전속도[rps]는?

① 10
② 12
③ 14
④ 16

풀이 스테핑전동기는 디지털 신호에 비례하여 일정 각도만큼 회전하는 모터로 그 총회전각은 입력펄스의 수로, 회전속도는 입력펄스의 빠르기로 쉽게 제어가 가능한 특징이 있다.
- 1초당 입력펄스 : 1200 (pps : pulse/sec)
- 1펄스 당 회전각도 : 3°
- 1초당 회전각도 : 1200 × 3°=3600°
- 전동기 1회전 당 회전각도 : 360°
- 전동기 1초당 회전속도 : $\frac{3600°}{360°} = 10$[회전]

26

산기 23-1

스테핑모터의 여자방식이 아닌 것은?

① 2-4상 여자
② 1-2상 여자
③ 2상 여자
④ 1상 여자

풀이 스테핑모터의 여자방식
① **1상 여자방식** : 항상 하나의 상에만 전류가 흐르게 하는 방식
② **2상 여자방식** : 항상 2개의 상에 전류를 흐르게 하는 방식으로 1상 여자방식에 비해 2배의 전류가 흐른다.
③ **1-2상 여자방식** : 1상 여자방식과 2상 여자방식을 교대로 반복하는 여자방식

정답 25. ① 26. ①

27 스텝 모터에 대한 설명으로 틀린 것은?

① 가속과 감속이 용이하다.
② 정·역 및 변속이 용이하다.
③ 위치제어 시 각도 오차가 작다.
④ 브러시 등 부품수가 많아 유지보수 필요성이 크다.

풀이 스텝모터는 디지털 신호에 비례하여 일정 각도만큼 회전하는 모터로 그 총회전각은 입력펄스의 수로, 회전속도는 입력펄스의 빠르기로 쉽게 제어가 가능한 특징이 있다.

[장점]
① 피드백루프가 필요 없어 오픈 루프로 손쉽게 속도 및 위치제어를 할 수 있다.
② 디지털 신호로 직접제어 할 수 있으므로 별도의 D/A, A/D컨버터가 필요없다.
③ 가속, 감속이 용이하며 정·역전 및 변속이 용이하다.
④ 속도제어 범위가 광범위하며, 초 저속에서 큰 토오크를 얻을 수 있다.
⑤ 위치제어를 할 때 각도 오차가 적고 누적되지 않는다.
⑥ 유지보수가 용이

[단점]
① 분해조립, 또는 정지위치가 한정된다.
② DC, AC서보에 비해 효율이 나쁘다.
③ 큰 관성부하에 적용하기는 부적합하다.
④ 마찰 부하의 경우 위치오차가 크다.(단, 오차가 누적되지는 않는다)
⑤ 오버슈트 및 진동의 문제가 있고 공진이 일어나면 전체 시스템이 불안정하게 될 수도 있다.
⑥ 대용량의 대용량기는 제작이 어렵다.

28 스테핑 모터의 일반적인 특징으로 틀린 것은?

① 기동·정지 특성은 나쁘다.
② 회전각은 입력펄스 수에 비례한다.
③ 회전속도는 입력펄스 주파수에 비례한다.
④ 고속 응답이 좋고, 고출력의 운전이 가능하다.

풀이 스테핑모터는 디지털 신호에 비례하여 일정 각도만큼 회전하는 모터로, 그 총회전각은 입력펄스의 수로, 회전속도는 입력펄스의 빠르기에 의해 정해지며 장점은 다음과 같다.
  • 피드백 루프가 필요 없다.
  • 별도의 D/A, A/D 컨버터가 필요없다.
  • 가속, 감속이 용이하며 정·역전 및 변속이 쉽다.
  • 위치제어를 할 때 각도오차가 적고 누적되지 않는다.
  • 브러시, 슬립 링 등이 없고 부품수가 적기 때문에 유지 보수의 필요성이 적다.

정답 27. ④ 28. ①

29 스텝 모터(step motor)의 장점으로 틀린 것은?

① 회전각과 속도는 펄스 수에 비례한다.
② 위치제어를 할 때 각도 오차가 적고 누적 된다.
③ 가속, 감속이 용이하며 정·역전 및 변속이 쉽다.
④ 피드백 없이 오픈 루프로 손쉽게 속도 및 위치제어를 할 수 있다.

풀이 스텝모터는 디지털 신호에 비례하여 일정 각도만큼 회전하는 모터로, 그 총회전각은 입력펄스의 수로, 회전속도는 입력펄스의 빠르기에 의해 정해지며 장점은 다음과 같다.
- 피드백 루프가 필요 없다.
- 별도의 D/A, A/D 컨버터가 필요없다.
- 가속, 감속이 용이하며 정 · 역전 및 변속이 쉽다.
- **위치제어를 할 때 각도오차가 적고 누적되지 않는다.**
- 유지보수의 필요성이 적다.

30 서보모터의 특징에 대한 설명으로 틀린 것은?

① 발생토크는 입력신호에 비례하고, 그 비가 클 것
② 직류 서보모터에 비하여 교류 서보모터의 시동 토크가 매우 클 것
③ 시동 토크는 크나 회전부의 관성모멘트가 작고, 전기적 시정수가 짧을 것
④ 빈번한 시동, 정지, 역전 등의 가혹한 상태에 견디도록 견고하고, 큰 돌입전류에 견딜 것

풀이 서보 모터의 특징
① 기동 토크가 크다.
② 회전자 관성 모멘트가 작다.
③ 제어권선 전압이 0에서는 기동해서는 안되고, 곧 정지해야 한다.
④ **직류 서보 모터의 기동 토크가 교류 서보 모터보다 크다.**
⑤ 속응성이 좋다. 시정수가 짧다. 기계적 응답이 좋다.
⑥ 회전자 팬에 의한 냉각 효과를 기대할 수 없다.

31 서보 모터가 갖추어야 할 조건이 아닌 것은?

① 기동 토크가 클 것
② 관성 모멘트가 클 것
③ 가감속이 용이할 것
④ 토크 속도곡선이 수하특성을 가질 것

풀이 서보 모터는 기동 토크는 크고, 회전자의 관성 모멘트는 적어야 한다.

정답 29. ② 30. ② 31. ②

기 20-4

32 2상 교류 서보모터를 구동하는 데 필요한 2상 전압을 얻는 방법으로 널리 쓰이는 방법은?

① 2상 전원을 직접 이용하는 방법
② 환상 결선 변압기를 이용하는 방법
③ 여자권선에 리액터를 삽입하는 방법
④ 증폭기 내에서 위상을 조정하는 방법

풀이 2상 서보 전동기

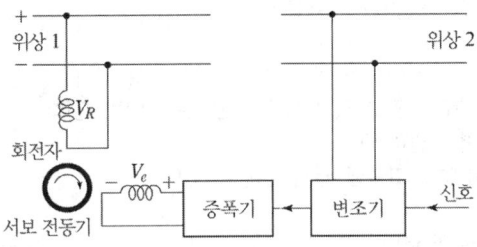

기 21-2

33 일반적인 DC 서보모터의 제어에 속하지 않는 것은?

① 역률제어
② 토크제어
③ 속도제어
④ 위치제어

풀이 서보제어는 기계적 변위를 제어량으로 해서 목표값의 임의의 변화에 추종하도록 구성된 제어계로 물체의 위치, 방위, 자세등의 제어에 사용된다. 따라서, **역률제어와는 무관**하다.

산기 23-2

34 2상 서보모터의 제어방식이 아닌 것은?

① 온도제어
② 전압제어
③ 위상제어
④ 전압·위상 혼합제어

풀이 **2상 서보모터의 제어방식**
① **전압제어 방식** : 주권선에 보통 위상을 90°진상으로 콘덴서 C를 직렬로 접속하여 일정 전압을 가하고 제어권선에는 입력전압의 크기만이 변화하는 신호를 걸어 속도 제어를 하는 방식
② **위상제어 방식** : 주권선에는 위상을 90° 진상으로 콘덴서를 통하여 일정전압을 가하고, 제어권선에도 정격 전압을 가하여 그 위상을 ±90° 변화시켜 제어 하는 방식
③ **전압·위상 혼합 제어방식** : 가장 일반적으로 사용되는 방식이며, 전압제어와 위상제어의 각각의 장점을 취한 방식이다.

정답 32. ④ 33. ① 34. ①

35 회전형전동기와 선형전동기(Linear Motor)를 비교한 설명 중 틀린 것은?

① 선형의 경우 회전형에 비해 공극의 크기가 작다.
② 선형의 경우 직접적으로 직선운동을 얻을 수 있다.
③ 선형의 경우 회전형에 비해 부하관성의 영향이 크다.
④ 선형의 경우 전원의 상 순서를 바꾸어 이동방향을 변경한다.

풀이 리니어 모터란 회전기의 회전자 접속 방향에 발생하는 전자력을 직선적인 기계 에너지로 변환시키는 장치로서 다음과 같은 장·단점을 가지고 있다.
① 장점
- 모터 자체의 구조가 간단하여 신뢰성이 높고 보수가 용이하다.
- 기어, 벨트 등 동력 변환 기구가 필요 없고 **직접 직선 운동**이 얻어진다.
- 마찰을 거치지 않고 추진력이 얻어진다.
- 원심력에 의한 가속제한이 없고 고속을 쉽게 얻을 수 있다.

② 단점
- 회전형에 비하여 역률, 효율이 낮다.
- 저속도를 얻기 어렵다.
- **부하관성의 영향이 크다.**

36 일반적인 전동기에 비하여 리니어 전동기(linear motor)의 장점이 아닌 것은?

① 구조가 간단하여 신뢰성이 높다.
② 마찰을 거치지 않고 추진력이 얻어진다.
③ 원심력에 의한 가속제한이 없고 고속을 쉽게 얻을 수 있다.
④ 기어, 벨트 등 동력 변환기구가 필요 없고 직접 원운동이 얻어진다.

풀이 리니어 모터란 회전기의 회전자 접속 방향에 발생하는 **전자력을 직선적인 기계 에너지로 변환**시키는 장치로서 다음과 같은 장·단점을 가지고 있다.
① 장점
- 모터 자체의 구조가 간단하여 신뢰성이 높고 보수가 용이하다.
- 기어, 벨트 등 동력 변환 기구가 필요 없고 **직접 직선 운동**이 얻어진다.
- 마찰을 거치지 않고 추진력이 얻어진다.
- 원심력에 의한 가속제한이 없고 고속을 쉽게 얻을 수 있다.

② 단점
- 회전형에 비하여 역률, 효율이 낮다.
- 저속도를 얻기 어렵다.
- 부하관성의 영향이 크다.

정답 35. ① 36. ④

CHAPTER 6 정류기

1. 전력용 반도체 및 정류기

1) 회전 변류기 : 정류기로서 교류 전력을 직류 전력으로 변성하는 회전기계이다.

(1) 전압비 : $\dfrac{E_a}{E_d} = \dfrac{1}{\sqrt{2}} \sin \dfrac{\pi}{m}$ (E_a : 교류측 전압, E_d : 직류측 전압, m : 상수)

(2) 전류비 : $\dfrac{I_l}{I_d} = \dfrac{2\sqrt{2}}{m \cos \theta}$ (I_l : 교류측 선전류, I_d : 직류측 전류)

(3) 회전 변류기의 전압 조정법
   ① 직렬 리액턴스에 의한 방법
   ② 유도 전압 조정기를 사용하는 방법
   ③ 부하시 전압 조정 변압기를 사용하는 방법
   ④ 동기 승압기에 의한 방법

2) 실리콘 정류기의 특성
① 역내전압이 크다.
② 전압 강하가 적다.
③ 전류 밀도가 크다.(게르마늄의 2~3배, 셀렌의 500~1000배)
④ 온도에 의한 영향이 작다.(최고 허용 온도 140~200 [℃])
⑤ 효율은 가장 좋다.(99 [%])
⑥ 대용량 정류기에 적합하다

3) 다이오드의 접속
- 다이오드 직렬 연결 : 과전압으로부터 보호
- 다이오드 병렬 연결 : 과전류로부터 보호

4) 다이오드의 종류 및 용도

- 정류용 다이오드 : 교류를 직류로 변환
- 바랙터 다이오드 : 정전용량이 전압에 따라 변화하는 소자
- 바리스터 다이오드 : 과도전압, 이상 전압에 대한 회로 보호용으로 사용
- 제너 다이오드 : 정전압 회로용 소자

5) SCR

(1) 위상 제어

- SCR 반파정류 $E_d = \dfrac{\sqrt{2}E}{2\pi}(1+\cos\alpha)$
- SCR 전파정류 $E_d = \dfrac{\sqrt{2}E}{\pi}(1+\cos\alpha)$

(2) 전압제어 범위

- 가능한 범위 : $\phi < \alpha \leq \pi$ (α : 점호각, ϕ : 역률각)
- 불 가능한 범위 : $\alpha \leq \phi$

여기서, 역률각 $\phi = \tan^{-1}\dfrac{X}{R}$

(3) SCR의 특징

① 아크가 생기지 않으므로 열의 발생이 적다.
② 과전압에 약하다.
③ 열용량이 적어 고온에 약하다.
④ 게이트 신호를 인가할 때부터 도통할 때까지의 시간이 짧다.
⑤ 전류가 흐르고 있을 때 양극의 전압강하가 작다.
⑥ 정류기능을 갖는 단일방향성 3단자 소자이다.
⑦ 역률각 이하에서는 제어가 되지 않는다.

6) TRIAC(trielectrode AC switch)의 특징

① 양방향으로 도통할 수 있다.
② 2개의 SCR을 역병렬 접속한 것과 같다.
③ 게이트에 전류를 흘리면 어느 방향이건 전압이 높은 쪽에서 낮은 쪽으로 도통
④ TRIAC은 오직 교류 전력의 제어용으로 사용된다.
⑤ TRIAC은 정격 전류 이하의 전류에 있어서 과전압에 의해 파괴되지 않는다.

7) 심벌

명칭	다이오드	SCR	TRIAC
그림 기호	A ▶│ K 양극(애노드) 음극(캐소드)	G 게이트 A ▶│ K 양극(애노드) (캐소드) 음극	G T₁ T₂

8) 각종 반도체 소자의 비교

명칭		단자	신호	응용 예
사이리스터	역저지 사이리스터 SCR	3단자	게이트 신호	정류기 인버터
	LASCR	3단자	빛 또는 게이트 신호	정지스위치 및 응용 스위치
	GTO		게이트 신호 on, off	초퍼 직류 스위치
	SCS	4단자		
	쌍방향 사이리스터 TRIAC	3단자	게이트 신호	조광장치, 교류 스위치
	역도통 사이리스터		게이트 신호	직류 효과
다이오드		2단자		정류기
트랜지스터		3단자		증폭기

9) 정류회로

(1) 단상

	반파정류	전파정류
다이오드	$E_d = \dfrac{\sqrt{2}E}{\pi} = 0.45E$	$E_d = \dfrac{2\sqrt{2}E}{\pi} = 0.9E$
SCR	$E_d = \dfrac{\sqrt{2}E}{2\pi}(1+\cos\alpha)$	$E_d = \dfrac{\sqrt{2}E}{\pi}(1+\cos\alpha)$
효율	40.6 [%]	81.2 [%]
PIV	$PIV = E_d \times \pi$	

(2) 다상 정류 $E_d = \dfrac{\sqrt{2}\sin\dfrac{\pi}{m}}{\dfrac{\pi}{m}} \cdot E$ (m : 상수)

(3) 3상 반파제어정류회로 $E_d = \dfrac{3\sqrt{6}}{2\pi}V\cos\theta$

10) PIV (첨두 역전압)

(1) 단상 반파 정류 회로

$$\text{PIV} = \sqrt{2}\,E = \pi E_d \quad (E_d : 직류전압,\ E : 교류전압(실효값))$$

(2) 단상 전파 정류 회로

$$\text{PIV} = 2\sqrt{2}\,E = \pi E_d$$

11) 맥동률 $= \sqrt{\dfrac{실효값^2 - 평균값^2}{평균값^2}} \times 100 = \dfrac{교류분}{직류분} \times 100[\%]$

- 단상 반파 : 121[%]
- 단상 전파 : 48[%]
- 삼상 반파 : 17[%]
- 삼상 전파 : 4[%]

12) 수은 정류기

(1) 전압비 $\dfrac{E_d}{E_a} = \dfrac{\sqrt{2} \cdot \sin\dfrac{\pi}{m}}{\dfrac{\pi}{m}}$ 여기서, m : 상수

(2) 전류비 $\dfrac{I_d}{I_a} = \sqrt{m}$

(3) 수은 정류기의 이상현상

① 역호 : 밸브 작용을 상실하여 전자가 역류하는 현상

② 실호 : 점호 실패

③ 통호 : 아크 유출

④ 이상 전압 발생

CHAPTER. 6 정류기
출제예상문제

01 6상 회전 변류기의 정격 출력이 2000 [kW]이고 직류측 정격 전압이 1000 [V]이다. 교류측 입력 전류는? 단, 역률 및 효율은 전부 100 [%]이고 $\cos\theta = 1$이다.

① 약 471 [A]   ② 약 667 [A]
③ 약 943 [A]   ④ 약 1633 [A]

풀이 $I_d = \dfrac{P_d}{E_d} = \dfrac{2000 \times 10^3}{1000} = 2000[A]$

$\dfrac{I_a}{I_d} = \dfrac{2\sqrt{2}}{m\cos\theta}$ 에서 ∴ $I_a = \dfrac{2\sqrt{2}}{m\cos\theta} I_d = \dfrac{2\sqrt{2} \times 2000}{6 \times 1} = 942.8[A]$

02 반도체 정류기에 적용된 소자 중 첨두 역방향 내전압이 가장 큰 것은?

① 셀렌 정류기   ② 실리콘 정류기
③ 게르마늄 정류기   ④ 아산화동 정류기

풀이 실리콘 정류기의 역방향 내전압은 500~1000 [V] 정도이다.

03 다이오드를 사용하는 정류 회로에서 과대한 부하 전류로 인하여 다이오드가 소손될 우려가 있을 때 가장 적절한 조치는 어느 것인가?

① 다이오드를 병렬로 추가한다.
② 다이오드를 직렬로 추가한다.
③ 다이오드 양단에 적당한 값의 저항을 추가한다.
④ 다이오드 양단에 적당한 값의 콘덴서를 추가한다.

풀이
- 다이오드 직렬 연결 : 과전압으로부터 다이오드 보호
- 다이오드 병렬 연결 : 과전류로부터 다이오드 보호

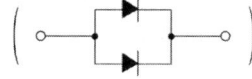

정답 01. ③ 02. ② 03. ①

04 다이오드를 사용한 정류회로에서 다이오드를 여러 개 직렬로 연결하면 어떻게 되는가?

① 전력공급의 증대
② 출력전압의 맥동률을 감소
③ 다이오드를 과전류로부터 보호
④ 다이오드를 과전압으로부터 보호

풀이
- 다이오드 직렬 연결 : 과전압으로부터 다이오드 보호

- 다이오드 병렬 연결 : 과전류로부터 다이오드 보호
  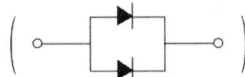

05 정류회로에 사용되는 환류다이오드(free wheeling diode)에 대한 설명으로 틀린 것은?

① 순저항 부하의 경우 불필요하게 된다.
② 유도성 부하의 경우 불필요하게 된다.
③ 환류다이오드 동작 시 부하출력 전압은 0[V]가 된다.
④ 유도성 부하의 경우 부하전류의 평활화에 유용하다.

풀이 환류 다이오드는 부하와 병렬로 접속되어 다이오드가 off 될 때 유도성 부하전류의 통로를 만드는 다이오드로 부하전류를 평활화하고 다이오드의 역바이어스 전압을 부하에 관계없이 일정하게 유지시킨다.

06 사이리스터를 이용한 교류전압 크기 제어 방식은?

① 정지 레오나드방식
② 초퍼방식
③ 위상제어방식
④ TRC 방식

풀이 사이리스터는 게이트에 주어진 펄스의 위상을 제어(**위상제어방식**)함에 따라 교류를 직류로 변환, 제어시키는 순변환회로(rectifier)로서 사용되기도 하고 반대로 직류를 교류로 변환하는 역변환회로(inverter)로서도 사용된다.

정답 04. ④ 05. ② 06. ③

07 SCR에 관한 설명으로 틀린 것은?

① 3단자 소자이다. ② 스위칭 소자이다.
③ 직류 전압만을 제어한다. ④ 적은 게이트 신호로 대전력을 제어한다.

풀이 SCR은 게이트에 (+)의 트리거 펄스가 인가되면 통전 상태로 되어 **정류 작용(교류를 직류로 변환)**이 개시되고, 일단 통전이 시작되면 게이트 전류를 차단해도 주전류(애노드 전류)는 차단되지 않는다. 이때에 이를 차단 하려면 애노드 전압을 (0) 또는 (-)로 해야 한다. 그러므로 DC 회로에서는 일단 흐르기 시작한 전류를 차단시키는 방법이 부과되지 않으면 안되지만 AC 회로에서는 애노드 전압이 반주기마다 (0) 또는 (-)가 되므로 문제가 되지 않는다.

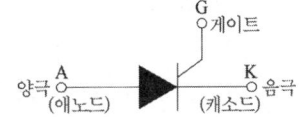

08 SCR의 특징으로 틀린 것은?

① 과전압에 약하다.
② 열용량이 적어 고온에 약하다.
③ 전류가 흐르고 있을 때의 양극 전압강하가 크다.
④ 게이트에 신호를 인가할 때부터 도통할 때까지의 시간이 짧다.

풀이 SCR의 순방향 전압 강하는 보통 1.5[V] 이하로 적다.

09 실리콘 제어정류기(SCR)의 설명 중 틀린 것은?

① P-N-P-N 구조로 되어 있다.
② 인버터 회로에 이용될 수 있다.
③ 고속도의 스위치 작용을 할 수 있다.
④ 게이트에 (+)와 (-)의 특성을 갖는 펄스를 인가하여 제어한다.

풀이 SCR은 게이트에 (+)의 트리거 펄스가 인가되면 통전 상태로 되어 정류 작용(교류를 직류로 변환)이 개시되고, 일단 통전이 시작되면 게이트 전류를 차단해도 주전류(애노드 전류)는 차단되지 않는다. 이때에 이를 차단 하려면 애노드 전압을 (0) 또는 (-)로 해야 한다.

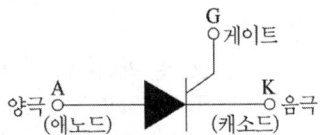

정답 07. ③ 08. ③ 09. ④

10 다음 ( ) 안에 옳은 내용을 순서대로 나열한 것은?

> SCR에서는 게이트 전류가 흐르면 순방향의 저지상태에서 ( )상태로 된다. 게이트 전류를 가하여 도통 완료까지의 시간을 ( )시간 이라하고 이 시간이 길면 ( )시의 ( ) 이 많고 소자가 파괴된다.

① 온(On), 턴온(Turn on), 스위칭, 전력손실
② 온(On), 턴온(Turn on), 전력손실, 스위칭
③ 스위칭, 온(On), 턴온(Turn on), 전력손실
④ 턴온(Turn on), 스위칭, 온(On), 전력손실

풀이 SCR에서는 게이트 전류가 흐르면 순방향의 저지상태에서 온(On)상태로 된다. 게이트 전류를 가하여 도통 완료까지의 시간을 턴온(Turn on)시간 이라하고 이 시간이 길면 스위칭시의 전력손실 이 많고 소자가 파괴된다.

11 도통(on) 상태에 있는 SCR을 차단(off) 상태로 만들기 위해서는 어떻게 하여야 하는가?

① 게이트 펄스전압을 가한다.
② 게이트 전류를 증가시킨다.
③ 게이트 전압이 부(-)가 되도록 한다.
④ 전원전압의 극성이 반대가 되도록 한다.

풀이

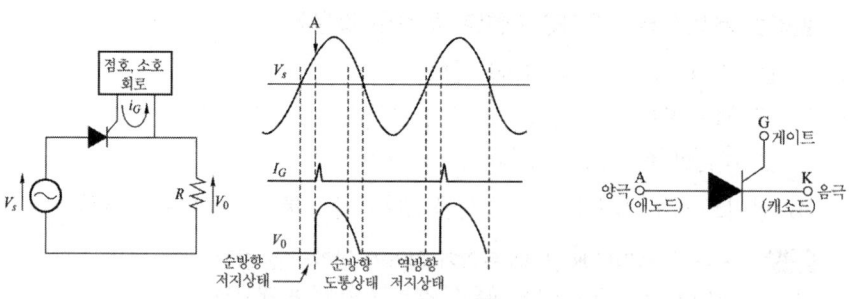

SCR은 게이트에 (+)의 트리거 펄스가 인가되면 통전 상태로 되어 **정류 작용(교류를 직류로 변환)** 이 개시되고, 일단 통전이 시작되면 게이트 전류를 차단해도 주전류(애노드 전류)는 차단되지 않는다. 이때에 이를 **차단하려면 애노드 전압(전원 전압)을 (0) 또는 (-)로** 해야 한다.

12 사이리스터에서 게이트 전류가 증가하면?

① 순방향 저지전압이 증가한다.
② 순방향 저지전압이 감소한다.
③ 역방향 저지전압이 증가한다.
④ 역방향 저지전압이 감소한다.

풀이 ① 순방향 저지상태 : 순방향 전압이 SCR에 인가되어도 SCR은 다이오드처럼 바로 도통하는 것이 아니고 SCR을 점호하기 전까지는 계속 불통상태에 머물러 있으며 이러한 상태를 순방향 저지 상태라 한다.
② SCR에 순방향 전압이 인가되어 있을 때 **게이트 단자에 전류를 흘리면 순방향 저지전압이 감소**하여 SCR은 도통된다. 그러나 역전압이 걸려 있는 상태에서는 게이트 단자에 전류를 흘려도 SCR은 도통되지 않는다.
③ SCR은 일단 도통된 후 게이트 전류를 차단 시켜도 계속 도통상태를 유지한다.
④ SCR의 소호 : 소자에 역전압이 걸려 흐르던 전류가 멈추면 소호된다. 그리고 일단 소호가 되고 나면 다시 순방향 전압이 가해져도 게이트를 통해 점호하기 전까지는 다시 도통하지 않는다.

13 2단자 쌍방향 스위칭 소자로서, 임계전압 이상에서 양방향 모두 도통하는 특성을 가지며 TRIAC 점호용으로 사용되는 것은?

① SCR
② DIAC
③ TRIAC
④ 제너 다이오드

풀이 각 종 반도체 소자의 비교
① 방향성
  • 양방향성(쌍방향성) 소자 : DIAC, TRIAC, SSS
  • 역저지(단방향성) 소자 : SCR, LASCR, GTO, SCS
② 극(단자) 수
  • 2극(단자) 소자 : DIAC, SSS, Diode
  • 3극(단자) 소자 : SCR, LASCR, GTO, TRIAC
  • 4극(단자) 소자 : SCS

정답 12. ② 13. ②

14 2방향성 3단자 사이리스터는 어느 것인가?

① SCR
② SSS
③ SCS
④ TRIAC

풀이 각 종 반도체 소자의 비교
① 방향성
- **양방향성(쌍방향성) 소자** : DIAC, **TRIAC**, SSS
- 역저지(단방향성) 소자 : SCR, LASCR, GTO

② 극(단자) 수
- 2극(단자) 소자 : DIAC, SSS, Diode
- **3극(단자) 소자** : SCR, LASCR, GTO, **TRIAC**
- 4극(단자) 소자 : SCS

15 3단자 사이리스터가 아닌 것은?

① SCR
② GTO
③ SCS
④ TRIAC

풀이 각 종 반도체 소자의 비교
① 방향성
- 양방향성(쌍방향성) 소자 : DIAC, TRIAC, SSS
- 역저지(단방향성) 소자 : SCR, LASCR, GTO, SCS

② 극(단자) 수
- 2극(단자) 소자 : DIAC, SSS, Diode
- 3극(단자) 소자 : SCR, LASCR, GTO, TRIAC
- **4극(단자) 소자** : **SCS**

16 1방향성 4단자 사이리스터는?

① TRIAC
② SCS
③ SCR
④ SSS

풀이 각 종 반도체 소자의 비교
① 방향성
- 양방향성(쌍방향성) 소자 : DIAC, TRIAC, SSS
- **역저지(단방향성) 소자** : SCR, LASCR, GTO, **SCS**

② 극(단자) 수
- 2극(단자) 소자 : DIAC, SSS, Diode
- 3극(단자) 소자 : SCR, LASCR, GTO, TRIAC
- **4극(단자) 소자** : **SCS**

정답 14. ④ 15. ③ 16. ②

17 교류 전압제어기를 전원과 부하회로에 연결된 조광기에 교류 실효전압을 변화시켜서 사용할 수 있는 소자 중 가장 적합한 것은?

① 파워 트랜지스터(Power Transister)
② 트라이액(Triac)
③ 모스 에프이티(MOS-FET)
④ 다이오드(Diode)

> **풀이** TRIAC은 기능상 2개의 SCR를 역병렬 접속한 것과 같은 것으로서, SCR은 한 방향으로만 도통할 수 있는데 반하여 TRIAC은 양방향 도통할 수 있으며, **교류 실효전압을 변화시켜서 부하를 제어할 수 있다.**

18 다음에서 게이트에 의한 턴온(turn-on)을 이용하지 않는 소자는?

① DIAC
② SCR
③ GTO
④ TRAIC

> **풀이** DIAC은 양방향으로 전류를 흘릴 수 있는 pn-pn 구조로서 애노드와 캐소드의 2개의 단자로 구성되어 있으며, 2단자 양단의 어느 극성에서도 브레이크 오버 전압에 도달하면 도통되고, 전류가 유지전류 이하로 떨어지면 턴-오프 된다.
> 따라서 DIAC은 게이트에 의한 턴온(turn-on)을 이용하지 않는다.

19 다음 중 GTO의 특징이 아닌 것은?

① 전류회로가 반드시 필요하다.
② 전압-전류 특성은 SCR과 거의 같다.
③ +게이트전류로 턴 온 된다.
④ -게이트전류로 턴 오프 된다.

> **풀이** GTO(gate turn off thyristor)
> SCR은 도통 시점을 임의로 조절하는 것이 가능하지만 **소호시키는 시점은 제어할 수 없다.** 따라서, 이러한 단점을 보완한 것이 GTO로서 게이트에 흐르는 전류를 점호할 때의 전류와 반대 방향의 전류를 흐르게 함으로서 임의로 GTO를 소호시킬 수 있다.

정답 17. ② 18. ① 19. ①

20 GTO 사이리스터의 특징으로 틀린 것은?

① 각 단자의 명칭은 SCR 사이리스터와 같다.
② 온(On) 상태에서는 양방향 전류특성을 보인다.
③ 온(On) 드롭(Drop)은 약 2~4[V]가 되어 SCR 사이리스터 보다 약간 크다.
④ 오프(Off) 상태에서는 SCR 사이리스터처럼 양방향 전압저지능력을 갖고 있다.

풀이 GTO(gate turn off thyristor)

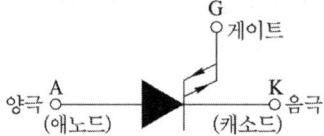

SCR은 도통 시점을 임의로 조절하는 것이 가능 하지만 소호시키는 시점은 제어 할 수 없다. 따라서, 이러한 단점을 보완한 것이 GTO로서 **게이트에 흐르는 전류를 점호할 때의 전류와 반대 방향의 전류를 흐르게 함으로서 임의로 GTO를 소호시킬 수 있다.**
• 온(On) 상태에서는 SCR과 같이 단방향 전류특성을 보인다.
• 오프(Off) 상태에서는 SCR과 같이 양방향 전압저지능력을 갖고 있다.

21 IGBT(Insulated Gate Bipolar Transistor)에 대한 설명으로 틀린 것은?

① MOSFET와 같이 전압제어 소자이다.
② GTO 사이리스터와 같이 역방향 전압저지 특성을 갖는다.
③ 게이트와 에미터 사이의 입력 임피던스가 매우 낮아 BJT보다 구동하기 쉽다.
④ BJT처럼 on-drop이 전류에 관계없이 낮고 거의 일정하며, MOSFET보다 훨씬 큰 전류를 흘릴 수 있다.

풀이 IGBT (Insulated Gate Bipolar Transistor)
IGBT는 MOSFET와 트랜지스터의 장점을 취한 것으로서
① 소스에 대한 게이트의 전압으로 도통과 차단을 제어한다.
② 게이트 구동전력이 매우 낮다.
③ 스위칭 속도는 FET와 트랜지스터의 중간정도로 빠른편에 속한다.
④ 용량은 일반 트랜지스터와 동등한 수준이다.
⑤ MOSFET과 같이 **입력 임피던스가 매우 높아** BJT보다 구동하기 쉽다.

정답 20. ② 21. ③

22 어떤 IGBT의 열용량은 0.02[J/℃], 열저항은 0.625[℃/W]이다. 이 소자에 직류 25[A]가 흐를 때 전압강하는 3[V]이다. 몇 [℃]의 온도상승이 발생하는가?

① 1.5
② 1.7
③ 47
④ 52

풀이 열저항 $R_\theta = \dfrac{\Delta T}{P}[℃/W]$ 이므로,
(여기서, ΔT : 온도상승범위[℃], P : 손실[W])
따라서 $\Delta T = R_\theta \times P = 0.625 \times 25 \times 3 = 46.88[℃]$

23 BJT에 대한 설명으로 틀린 것은?

① Bipolar Junction Thyristor의 약자이다.
② 베이스 전류로 컬렉터 전류를 제어하는 전류제어 스위치이다.
③ MOSFET, IGBT 등의 전압제어 스위치보다 훨씬 큰 구동전력이 필요하다.
④ 회로기호 B, E, C는 각각 베이스(Base), 에미터(Emitter), 컬렉터(Collector)이다.

풀이 양극성 접합 트렌지스터(BJT ; Bipolar Junction Transistor)
기본적으로 2개의 p-n 접합의 결합으로 구성되고, n 또는 p 영역이 2개의 p-n 접합에 공통되는 p-n-p형의 트랜지스터 또는 n-p-n형의 트랜지스터.

24 사이클로 컨버터(Cyclo Converter)에 대한 설명으로 틀린 것은?

① DC-DC buck 컨버터와 동일한 구조이다.
② 출력주파수가 낮은 영역에서 많은 장점이 있다.
③ 시멘트공장의 분쇄기 등과 같이 대용량 저속 교류전동기 구동에 주로 사용된다.
④ 교류를 교류로 직접 변환하면서 전압과 주파수를 동시에 가변하는 전력변환기이다.

풀이 사이클로 컨버터란 정지 사이리스터 회로에 의해 **전원 주파수와 다른 주파수의 전력으로 변환시**키는 직접 회로 장치이다.

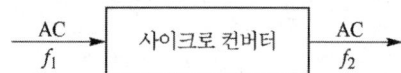

정답 22. ③ 23. ① 24. ①

25 부스트(Boost)컨버터의 입력전압이 45[V]로 일정하고, 스위칭 주기가 20[kHz], 듀티비(Duty ratio)가 0.6, 부하저항이 10[Ω]일 때 출력전압은 몇 [V]인가? (단, 인덕터에는 일정한 전류가 흐르고 커패시터 출력전압의 리플성분은 무시한다.)

① 27　　　　　　　　　② 67.5
③ 75　　　　　　　　　④ 112.5

풀이 부스트 컨버터의 전달비 G_V는

$$G_V = \frac{V_o}{V_i} = \frac{1}{1-D}$$

여기서, V_o : 출력전압, V_i : 입력전압, D : 듀티비

$$\therefore V_o = \frac{V_i}{1-D} = \frac{45}{1-0.6} = 112.5[V]$$

26 전력변환기기로 틀린 것은?

① 컨버터　　　　　　　② 정류기
③ 인버터　　　　　　　④ 유도전동기

풀이
- 컨버터 : 교류를 직류로 변환
- 정류기 : 교류를 직류로 변환
- 인버터 : 직류를 교류로 변환
- 유도 전동기 : 전기적 에너지를 운동에너지로 변환

27 인버터에 대한 설명으로 옳은 것은?

① 직류를 교류로 변환
② 교류를 교류로 변환
③ 직류를 직류로 변환
④ 교류를 직류로 변환

풀이
- 초퍼 : DC → DC로 변환
- 컨버터 : AC → DC로 변환
- 인버터 : DC → AC로 변환

정답 25. ④　26. ④　27. ①

28 직류에서 교류로 변환하는 기기는?

① 초퍼
② 인버터
③ 회전 변류기
④ 사이클로 컨버터

풀이
- 초퍼 : 직류를 직류로 변환
- **인버터 : 직류를 교류로 변환**
- 컨버터 : 교류를 직류로 변환
- 회전 변류기 : 교류 전력을 직류 전력으로 변환
- 사이클로 컨버터 : 교류를 교류로 변환

29 전원 주파수와 다른 주파수의 전력으로 변환시키는 장치는?

① 초퍼
② 사이클로 컨버터
③ 인버터
④ 컨버터

풀이
- **초퍼 : DC → DC로 변환**
- **사이클로 컨버터 :** 정지 사이리스터 회로에 의해 **전원 주파수와 다른 주파수의 전력으로 변환시키는** 직접 회로 장치이다.

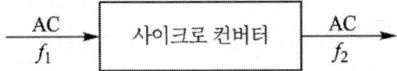

- 인버터 : DC → AC로 변환
- 컨버터 : AC → DC로 변환

정답 28. ② 29. ②

30 다음의 정류 회로 중 가장 큰 출력값을 갖는 회로는?

① 단상 반파 정류 회로
② 3상 반파 정류 회로
③ 단상 전파 정류 회로
④ 3상 전파 정류 회로

풀이
- 단상 반파 정류 : $E_d = \dfrac{\sqrt{2}}{\pi} E = 0.45E$
- 3상 반파 정류 : $E_d = \dfrac{3\sqrt{3}}{\sqrt{2}\pi} E = 1.17E$
- 단상 전파 정류 : $\dfrac{2\sqrt{2}}{\pi} E = 0.9E$
- 3상 전파 정류 : $E_d = 2.34E$

31 단상 반파 정류회로에서 변압기 2차 전압의 실효값을 E [V]라 할 때 직류 전류 평균값[A]은? (단, 정류기의 전압강하는 e [V], 부하저항은 R [Ω]이다.)

① $\left(\dfrac{\sqrt{2}}{\pi} E - e\right)/R$
② $\dfrac{1}{2} \cdot \dfrac{E-e}{R}$
③ $\dfrac{2\sqrt{2}}{\pi} \cdot \dfrac{E}{R}$
④ $\dfrac{\sqrt{2}}{\pi} \cdot \dfrac{E-e}{R}$

풀이 무부하 직류 전압 E_{d0}는

$$E_{d0} = \dfrac{1}{2\pi} \int_0^\pi \sqrt{2} E \sin\theta \cdot d\theta = \dfrac{\sqrt{2}}{\pi} E = 0.45E \text{[V]}$$

정류기 내의 전압 강하(수은 정류기에서는 아크 전압 강하)를 e라 하면 직류 전압 평균값 E_d는

$$E_d = E_{d0} - e \text{ [V]}$$

따라서 직류 전류 평균값 I_d는

$$\therefore I_d = \dfrac{E_d}{R} = \dfrac{E_{d0} - e}{R} = \dfrac{\dfrac{\sqrt{2}}{\pi} E - e}{R} = \dfrac{0.45E - e}{R} \text{[A]}$$

단, E : 변압기 2차 상전압(실효값)[V]
R : 부하 저항[Ω]

정답 30. ④ 31. ①

32 단상 반파정류회로에서 직류전압의 평균값 210[V]를 얻는데 필요한 변압기 2차 전압의 실효값은 약 몇 [V]인가? (단, 부하는 순 저항이고, 정류기의 전압강하 평균값은 15[V]로 한다.)

① 400　　　　　　　　② 433
③ 500　　　　　　　　④ 566

풀이 단상 반파정류의 직류전압

$$E_d = \frac{2\sqrt{2}}{2\pi}E - e = 0.45E - e \text{ [V]}$$

따라서 실효값 $E = \dfrac{E_d + e}{0.45} = \dfrac{210 + 15}{0.45} = 500 \text{[V]}$

33 단상반파 정류 회로의 직류전압이 220[V]일 때 정류기의 역방향 첨두전압은 약 몇 [V]인가?

① 691　　　　　　　　② 628
③ 536　　　　　　　　④ 314

풀이 PIV (첨두역전압)
- 단상 반파 정류 회로 : $\text{PIV} = \sqrt{2}\,E = \pi E_d$

∴ $\text{PIV} = \pi \times 220 = 691.15\text{[V]}$

34 단상 다이오드 반파정류회로인 경우 정류 효율은 약 몇 [%]인가? (단, 저항부하인 경우이다.)

① 12.6　　　　　　　　② 40.6
③ 60.6　　　　　　　　④ 81.2

풀이 단상 반파정류 효율

$$\eta = \frac{P_{dc}}{P_{ac}} = \frac{(I_m/\pi)^2 R}{(I_m/2)^2 R} \times 100 = \frac{4}{\pi^2} \times 100 = 40.53[\%]$$

정답　32. ③　33. ①　34. ②

35 단상 전파정류에서 공급전압이 E일 때 무부하 직류 전압의 평균값은? (단, 브리지 다이오드를 사용한 전파정류회로이다.)

① $0.90E$ ② $0.45E$
③ $0.75E$ ④ $1.17E$

풀이 다이오드 정류회로
- 단상 전파정류회로 : $E_{d0} = \dfrac{2}{\pi} E_m = \dfrac{2}{\pi} \cdot \sqrt{2} E = 0.9E$
- 단상 반파정류회로 : $E_{d0} = \dfrac{E_m}{\pi} = \dfrac{\sqrt{2}}{\pi} \cdot E = 0.45E$

36 권수비가 1 : 2인 변압기(이상 변압기로 한다)를 사용하여 교류 100[V]의 입력을 가했을 때 전파 정류하면 출력 전압의 평균값은?

① $400\sqrt{2}/\pi$ ② $300\sqrt{2}/\pi$
③ $600\sqrt{2}/\pi$ ④ $200\sqrt{2}/\pi$

풀이 $E_{dc} = \dfrac{2\sqrt{2}}{\pi} E = \dfrac{2\sqrt{2}}{\pi} \times 100 \times 2 = \dfrac{400\sqrt{2}}{\pi}$ [V]

37 그림의 단상 전파 정류회로에서 교류측 공급전압 $628\sin 314t$[V], 직류측 부하저항 $20\,[\Omega]$일 때의 직류측 부하전류의 평균치 I_d [A] 및 직류측 부하전압의 평균치 E_d [V]는?

① $I_d = 20$, $E_d = 400$
② $I_d = 10$, $E_d = 200$
③ $I_d = 14.1$, $E_d = 282$
④ $I_d = 28.2$, $E_d = 565$

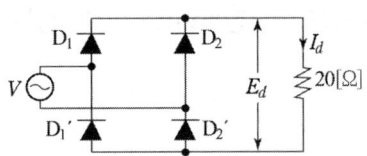

풀이 $E = \dfrac{E_m}{\sqrt{2}} = \dfrac{628}{\sqrt{2}} = 444$ [V]

$E_d = \dfrac{2\sqrt{2}}{\pi} E = 0.9E = 0.9 \times 444 = 400$ [V]

$I_d = \dfrac{E_d}{R} = \dfrac{400}{20} = 20$ [A]

정답 35. ① 36. ① 37. ①

38 다이오드를 사용한 단상전파정류회로에서 100[A]의 직류을 얻으려고 한다. 이 때 정류기의 교류측 전류는 약 몇 [A]인가?

① 111
② 167
③ 222
④ 278

풀이 $I_d = \dfrac{2\sqrt{2}}{\pi} I = 0.9 I$ 에서 $I = \dfrac{I_d}{0.9} = \dfrac{100}{0.9} = 111[\text{A}]$

39 저항부하를 갖는 정류회로에서 직류분 전압이 200[V]일 때 다이오드에 가해지는 첨두역전압 (PIV)의 크기는 약 몇 [V]인가?

① 346
② 628
③ 692
④ 1038

풀이

	반파정류	전파정류
다이오드	$E_d = \dfrac{\sqrt{2} E}{\pi} = 0.45 E$	$E_d = \dfrac{2\sqrt{2} E}{\pi} = 0.9 E$
PIV	PIV $= E_d \times \pi$	

역전압 첨두값 $PIV = E_d \times \pi = 200 \times \pi = 628.32[\text{V}]$

40 다이오드 2개를 이용하여 전파정류를 하고, 순저항 부하에 전력을 공급하는 회로가 있다. 저항에 걸리는 직류분 전압이 90[V]라면 다이오드에 걸리는 최대 역전압[V]의 크기는?

① 90
② 242.8
③ 254.5
④ 282.8

풀이

	반파정류	전파정류
다이오드	$E_d = \dfrac{\sqrt{2} E}{\pi} = 0.45 E$	$E_d = \dfrac{2\sqrt{2} E}{\pi} = 0.9 E$
PIV	PIV $= E_d \times \pi$	

역전압 첨두값 $PIV = E_d \times \pi = 90 \times \pi = 282.74[\text{V}]$

정답 38. ① 39. ② 40. ④

41 동작모드가 그림과 같이 나타나는 혼합브리지는?

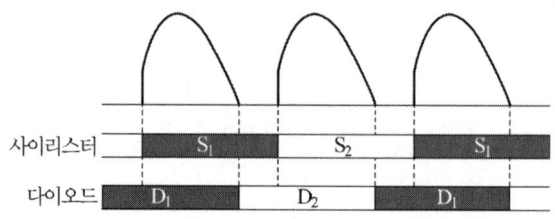

① 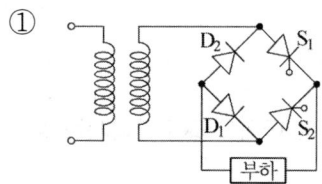 ②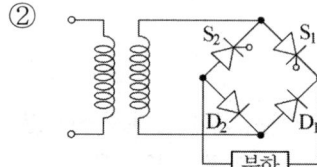

③ 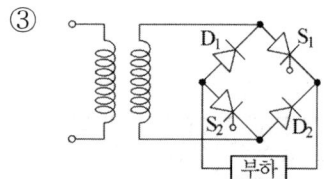 ④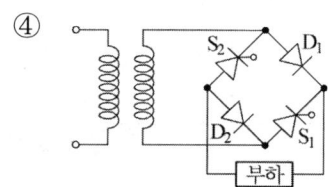

풀이 전파정류회로의 동작모드

입력 정현파 $v = V_m \sin\omega t \begin{cases} 0 \le \omega t < \pi \\ \pi \le \omega t < 2\pi \end{cases}$

(1) $0 \le \omega t < \pi$

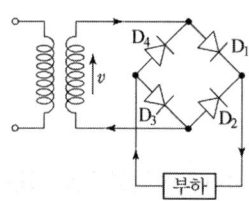

(동작모드 : D_1, D_3)

(2) $\pi \le \omega t < 2\pi$

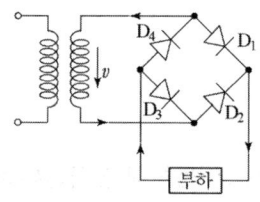

(동작모드 : D_2, D_4)

문제의 그림에서 사이리스터(S)와 다이오드(D)의 동작모드는 다음과 같다.

$\begin{cases} 0 \le \omega t < \pi \; : \; S_1, \; D_1 \\ \pi \le \omega t < 2\pi \; : \; S_2, \; D_2 \end{cases}$

주어진 각 항의 동작모드

① $\begin{cases} 0 \le \omega t < \pi \; : \; S_1, \; D_1 \\ \pi \le \omega t < 2\pi \; : \; S_2, \; D_2 \end{cases}$ ② $\begin{cases} 0 \le \omega t < \pi \; : \; S_1, \; D_2 \\ \pi \le \omega t < 2\pi \; : \; S_2, \; D_1 \end{cases}$

③ $\begin{cases} 0 \le \omega t < \pi \; : \; S_1, \; S_2 \\ \pi \le \omega t < 2\pi \; : \; D_1, \; D_2 \end{cases}$ ④ $\begin{cases} 0 \le \omega t < \pi \; : \; D_1, \; D_2 \\ \pi \le \omega t < 2\pi \; : \; S_1, \; S_2 \end{cases}$

따라서 정답은 ①이다.

기 23-2

42 그림과 같은 단상브리지 정류회로(혼합브리지)에서 직류 평균전압[V]은?
(단, E는 교류측 실효치전압, α는 점호제어각이다.)

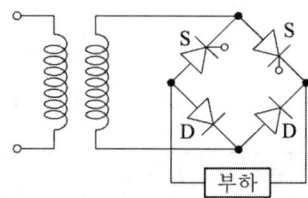

① $\dfrac{2\sqrt{2}E}{\pi}\left(\dfrac{1+\cos\alpha}{2}\right)$ ② $\dfrac{\sqrt{2}E}{\pi}\left(\dfrac{1+\cos\alpha}{2}\right)$

③ $\dfrac{2\sqrt{2}E}{\pi}\left(\dfrac{1-\cos\alpha}{2}\right)$ ④ $\dfrac{\sqrt{2}E}{\pi}\left(\dfrac{1-\cos\alpha}{2}\right)$

풀이 혼합브리지 회로에서 직류 평균전압
$$E_{d0} = E_d\left(\dfrac{1+\cos\alpha}{2}\right)$$
여기서, $E_d = \dfrac{2\sqrt{2}E}{\pi} = 0.9[V]$

기 20-1,2

43 전원전압이 100[V]인 단상 전파정류제어에서 점호각이 30°일 때 직류 평균전압은 약 몇 [V]인가?

① 54 ② 64
③ 84 ④ 94

풀이 단상 전파정류파

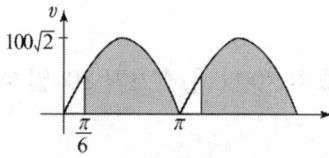

$v_{dc} = \dfrac{1}{\pi}\displaystyle\int_{\frac{\pi}{6}}^{\pi} v\,d(\omega t) = \dfrac{1}{\pi}\displaystyle\int_{\frac{\pi}{6}}^{\pi} 100\sqrt{2}\,\sin\omega t\,d(\omega t)$

$= \dfrac{100\sqrt{2}}{\pi}[-\cos\omega t]_{\frac{\pi}{6}}^{\pi} = \dfrac{100\sqrt{2}}{\pi}\left(-\cos\pi + \cos\dfrac{\pi}{6}\right)$

$= \dfrac{100\sqrt{2}}{\pi}\left(1 + \dfrac{\sqrt{3}}{2}\right) = 84[V]$

44 SCR을 이용한 단상 전파 위상제어 정류회로에서 전원전압은 실효값이 220[V], 60[Hz]인 정현파이며, 부하는 순 저항으로 10[Ω]이다. SCR의 점호각 α를 60°라 할 때 출력전류의 평균값[A]은?

① 7.54
② 9.73
③ 11.43
④ 14.86

풀이

	단상 반파정류	단상 전파정류
SCR	$E_d = \dfrac{\sqrt{2}E}{2\pi}(1+\cos\alpha)$	$E_d = \dfrac{\sqrt{2}E}{\pi}(1+\cos\alpha)$

단상 전파정류의 직류 평균전압
$$E_d = \frac{\sqrt{2}E}{\pi}(1+\cos\alpha) = \frac{\sqrt{2}\times 220}{\pi}(1+\cos 60°) = 148.55[V]$$

따라서 출력전류의 평균값
$$I_d = \frac{E_d}{R} = \frac{148.55}{10} = 14.86[V]$$

45 전류가 불연속인 경우 전원전압 220[V]인 단상 전파정류 회로에서 점호각 $\alpha = 90°$일 때의 직류 평균전압은 약 몇 [V]인가?

① 45
② 84
③ 90
④ 99

풀이 $E_{d\alpha} = \dfrac{\sqrt{2}}{\pi}E_s(1+\cos\alpha)[V]$에서

$$E_{d\alpha} = \frac{\sqrt{2}}{\pi}\times 220 \times (1+\cos 90°) = 99.03[V]$$

46 그림과 같은 회로에서 전원전압의 실효치 200 [V], 점호각 30° 일 때 출력전압은 약 몇 [V]인가? (단, 정상상태이다.)

① 157.8
② 168.0
③ 177.8
④ 187.8

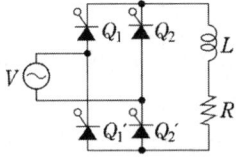

풀이 사이리스터를 사용한 대칭 브리지 회로에서 사이리스터의 점호각을 α라 하면 출력전압 $E_{d\alpha}$는
$$E_{d\alpha} = \frac{\sqrt{2}E}{\pi}(1+\cos\alpha) = \frac{\sqrt{2}\times 200}{\pi}(1+\cos 30°) = 168[V]$$

정답 44. ④ 45. ④ 46. ②

47 그림과 같은 회로에서 V(전원전압의 실효치)$= 100[V]$, 점호각 $\alpha = 30°$인 때의 부하 시의 직류전압 $E_{d\alpha}[V]$는 약 얼마인가? (단, 전류가 연속하는 경우이다.)

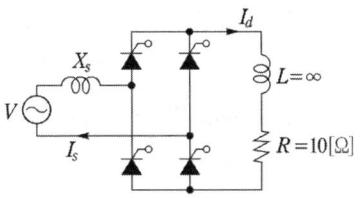

① 90
② 86
③ 77.9
④ 100

풀이
- 인덕턴스 L이 크므로 각 싸이리스터는 180°의 기간 동안 도통하게 되므로

직류전압 $E_{d\alpha} = \dfrac{1}{\pi}\displaystyle\int_{\alpha}^{\pi+\alpha}\sqrt{2}\,V\sin\omega t(d\omega t) = \dfrac{2\sqrt{2}\,V}{\pi}\cos\alpha$

따라서, 직류전압 $E_{d\alpha} = \dfrac{2\sqrt{2}\times 100}{\pi}\times \cos 30° = 77.97[V]$

- 참고로 인덕턴스 $L=\infty$에서 전류파형은 완전히 평활하게 된다.

48 사이리스터 2개를 사용한 단상 전파정류회로에서 직류전압 100[V]를 얻으려면 PIV가 약 몇 [V]인 다이오드를 사용하면 되는가?

① 111
② 141
③ 222
④ 314

풀이

	단상 반파정류	단상 전파정류
SCR	$E_d = \dfrac{\sqrt{2}\,E}{2\pi}(1+\cos\alpha)$	$E_d = \dfrac{\sqrt{2}\,E}{\pi}(1+\cos\alpha)$
PIV	\multicolumn{2}{c}{$PIV = E_d \times \pi$}

따라서, $PIV = \pi E_d = \pi \times 100 \fallingdotseq 314[V]$

49 2개의 사이리스터로 단상전파정류를 하여 90[V]의 직류 전압을 얻는데 필요한 최대 첨두역전압은 약 얼마인가?

① 141[V] ② 283[V]
③ 365[V] ④ 400[V]

풀이 첨두역전압 $\mathrm{PIV} = \pi E_d$ [V] 에서 $\mathrm{PIV} = \pi \times 90 = 282.74$ [V]

50 상전압 200[V]의 3상 반파정류회로의 각 상에 SCR을 사용하여 정류제어 할 때 위상각을 $\dfrac{\pi}{6}$로 하면 순 저항부하에서 얻을 수 있는 직류전압[V]은?

① 90 ② 180
③ 203 ④ 234

풀이 3상 반파정류회로의 평균전압 $E_{d\pi}$은

$$E_{d\pi} = \frac{3\sqrt{6}}{2\pi} V\cos\theta = 1.17 V\cos\theta = 1.17 \times 200 \times \cos\frac{\pi}{6} \fallingdotseq 203 \,[\mathrm{V}]$$

51 평형 6상 반파정류회로에서 297[V]의 직류전압을 얻기 위한 입력측 각 상전압은 약 몇 [V]인가? (단, 부하는 순수 저항부하이다.)

① 110 ② 220
③ 380 ④ 440

풀이 상수 m인 다상 정류인 경우

$$\frac{E_d}{E} = \frac{\sqrt{2}\sin\dfrac{\pi}{m}}{\dfrac{\pi}{m}}$$

$$\therefore E = \frac{\dfrac{\pi}{m}}{\sqrt{2}\sin\dfrac{\pi}{m}} E_d = \frac{\dfrac{\pi}{6}}{\sqrt{2}\sin\dfrac{\pi}{6}} \times 297 = 220[\mathrm{V}]$$

정답 49. ② 50. ③ 51. ②

52 정류회로에서 평활회로를 사용하는 이유는?

① 출력전압의 맥류분을 감소시키기 위해
② 출력전압의 크기를 증가시키기 위해
③ 정류전압의 직류분을 감소시키기 위해
④ 정류전압을 2배로 하기 위해

풀이 **평활회로** : 정류기의 출력 전압 중에 포함되는 **맥류분을 감소시키기 위하여** 사용되는 저역 필터로서 콘덴서와 저주파 초크 코일 또는 저항으로 구성된다.

53 정류회로에서 상의 수를 크게 했을 경우 옳은 것은?

① 맥동 주파수와 맥동률이 증가한다.
② 맥동률과 맥동 주파수가 감소한다.
③ 맥동 주파수는 증가하고 맥동률은 감소한다.
④ 맥동률과 주파수는 감소하나 출력이 증가한다.

풀이 정류상수 ϕ와 맥동률 및 맥동 주파수의 관계

상수 ϕ	2	3	4	6	12
맥동률	0.47	0.17	0.089	0.04	0.014
맥동주파수	$2f$	$3f$	$4f$	$6f$	$12f$

여기서, f : 전원 주파수
즉, 정류 회로에서 **상의 수를 크게 했을 경우 맥동 주파수는 높으나 맥동률은 감소**한다.

54 단상 전파 정류의 맥동률은?

① 0.17
② 0.34
③ 0.48
④ 0.86

풀이 • 맥동률 $= \sqrt{\dfrac{실효값^2 - 평균값^2}{평균값^2}} \times 100 = \dfrac{교류분}{직류분} \times 100[\%]$

정류 종류	단상 반파	단상 전파	3상 반파	3상 전파
맥동률 [%]	121	48	17.7	4.04

정답 52. ① 53. ③ 54. ③

55 직류전압의 맥동률이 가장 작은 정류회로는? (단, 저항부하를 사용한 경우이다.)

① 단상전파　　　　　　　② 단상반파
③ 3상반파　　　　　　　　④ 3상전파

풀이 • 맥동률 $= \sqrt{\dfrac{실효값^2 - 평균값^2}{평균값^2}} \times 100 = \dfrac{교류분}{직류분} \times 100 [\%]$

정류 종류	단상 반파	단상 전파	3상 반파	3상 전파
맥동률 [%]	121	48	17.7	4.04

56 어떤 정류회로의 부하전압이 50[V]이고 맥동률 3[%]이면 직류 출력전압에 포함된 교류분은 몇 [V]인가?

① 1.2　　　　　　　② 1.5
③ 1.8　　　　　　　④ 2.1

풀이 맥동률 $= \dfrac{교류분(\triangle E)}{직류분(E_d)} \times 100 \,[\%]$ 에서

$\therefore \triangle E = \dfrac{3}{100} \times 50 = 1.5 [\text{V}]$

57 정류기의 직류측 평균전압이 2000[V]이고 리플률이 3[%]일 경우, 리플전압의 실효값[V]은?

① 20　　　　　　　② 30
③ 50　　　　　　　④ 60

풀이 맥동률 $= \dfrac{\triangle E}{E_d} \times 100 [\%]$

$\therefore \triangle E = \dfrac{3}{100} \times 2000 = 60 [\text{V}]$

정답　55. ④　56. ②　57. ④

58 직류를 다른 전압의 직류로 변환하는 전력변환기기는?

① 초퍼
② 인버터
③ 사이클로 컨버터
④ 브리지형 인버터

풀이
- 초퍼 : DC → DC로 변환
- 컨버터 : AC → DC로 변환
- 인버터 : DC → AC로 변환

59 직류 직권전동기의 속도제어에 사용되는 기기는?

① 초퍼
② 인버터
③ 듀얼 컨버터
④ 사이클로 컨버터

풀이
- AC → DC 컨버터(위상제어정류기) : 직류 전동기의 속도제어
- DC → AC 인버터 : 교류 전동기의 속도 제어
- DC-DC 직류초퍼회로 : 직류 전동기의 속도 제어
- AC-AC 사이클로컨버터 : 가변 주파수, 가변 출력 전압 발생

60 사이클로 컨버터(cycloconverter)란?

① AC → AC로 바꾸는 장치이다.
② AC → DC로 바꾸는 장치이다.
③ DC → DC로 바꾸는 장치이다.
④ DC → AC로 바꾸는 장치이다.

풀이 사이클로 컨버터란 정지 사이리스터 회로에 의해 **전원 주파수와 다른 주파수의 전력으로 변환시키는 직접 회로 장치이다.**

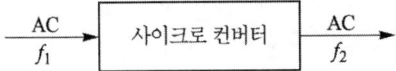

정답 58. ① 59. ① 60. ①

61 일반적으로 전철이나 화학용과 같이 비교적 용량이 큰 수은 정류기용 변압기의 2차측 결선 방식으로 쓰이는 것은?

① 3상 반파
② 3상 전파
③ 3상 크로스파
④ 6상 2중 성형

풀이 수은 정류기의 직류측 전압은 맥동이 있으므로 맥동을 적게 하기 위하여 상수를 6상 또는 12상을 사용한다. 특히 **대용량의 경우는 보통 6상식**이 쓰인다.

62 3상 수은 정류기의 직류 평균 부하전류가 50[A]가 되는 1상 양극 전류 실효값은 약 몇 [A]인가?

① 9.6
② 17
③ 29
④ 87

풀이 1상의 양극 전류는 50[A]가 $\frac{2\pi}{3}$ 사이에만 흐르고 나머지 $\frac{4\pi}{3}$는 흐르지 않으므로

$$I_{rms} = \sqrt{\frac{(50^2 \times \frac{2\pi}{3})}{2\pi}} = \frac{50}{\sqrt{3}} = 28.87[A]$$

정답 61. ④ 62. ③

PART 2
실전 모의고사

PART. 2 전기기기

실전 모의고사 1회

01 직류 발전기의 계자 철심에 잔류자기가 없어도 발전을 할 수 있는 발전기는?
① 타여자 발전기 ② 분권 발전기
③ 직권 발전기 ④ 복권 발전기

02 비돌극형 회전자를 가진 동기발전기는 부하각 δ가 몇 도일 때 최대 출력을 낼 수 있는가?
① 0° ② 45°
③ 90° ④ 120°

03 전력용 변압기에서 1차에 정현파 전압을 인가하였을 때, 2차에 정현파 전압이 유기되기 위해서는 1차에 흘러들어가는 여자전류는 기본파 전류외에 주로 몇 고조파 전류가 포함되는가?
① 제2고조파 ② 제3고조파
③ 제4고조파 ④ 제5고조파

04 단상변압기 3대로 △ - Y 결선을 할 때, 2차 선간전압(V_2)과 1차 선간전압(V_1)의 위상차는?
① 1차 선간전압이 2차 선간전압보다 30° 앞선다.
② 1차 선간전압이 2차 선간전압 보다 30° 뒤진다.
③ 2차 선간전압이 1차 선간전압 보다 60° 앞선다.
④ 2차 선간전압이 1차 선간전압 보다 60° 뒤진다.

05 직류발전기의 전기자 권선법 중 단중 파권과 단중 중권을 비교했을 때 단중 파권에 해당하는 것은?
① 고전압 대전류 ② 저전압 소전류
③ 고전압 소전류 ④ 저전압 대전류

06 3상 유도전동기의 속도제어법으로 틀린 것은?
① 1차 저항법
② 극수 제어법
③ 전압 제어법
④ 주파수 제어법

07 3단자 사이리스터가 아닌 것은?
① SCR
② GTO
③ SCS
④ TRIAC

08 다음 ( )안에 알맞은 내용은?

"직류전동기의 회전속도가 위험한 상태가 되지 않으려면 직권 전동기는 (㉠)상태로, 분권전동기는 (㉡) 상태가 되지 않도록 하여야 한다."

① ㉠ 무부하, ㉡ 무여자
② ㉠ 무여자, ㉡ 무부하
③ ㉠ 무여자, ㉡ 경부하
④ ㉠ 무부하, ㉡ 경부하

09 6극인 유도전동기의 토크가 τ이다. 극수를 12극으로 변환하였다면 변환한 후의 토크는? 단, 유도전동기의 2차 입력 및 주파수는 일정하다고 한다.
① τ
② 2τ
③ $\dfrac{\tau}{2}$
④ $\dfrac{\tau}{4}$

10 동기전동기의 지상 전류는 어떤 작용을 하는가?
① 증자 작용
② 감자 작용
③ 교차 자화 작용
④ 아무 작용도 없음

11 4극, 60[Hz]인 3상 유도기가 1750[rpm]으로 회전하고 있을 때 전원의 b상과 c상을 바꾸면 이때의 슬립은 약 얼마인가?

① 2.03
② 1.97
③ 1.05
④ 0.83

12 그림은 복권발전기의 외부특성곡선이다. 이 중 과복권을 나타내는 곡선은?

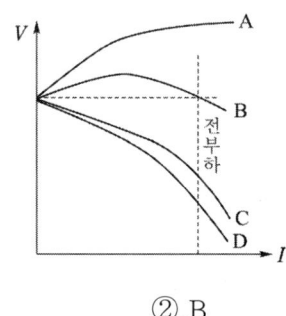

① A
② B
③ C
④ D

13 단상 정류자전동기의 일종인 단상 반발전동기에 해당되는 것은?

① 시라게전동기
② 반발유도전동기
③ 아트킨손형 전동기
④ 단상 직권 정류자전동기

14 동기발전기의 자기여자 방지법이 아닌 것은?

① 발전기 2대 또는 3대를 병렬로 모선에 접속한다.
② 수전단에 동기조상기를 접속한다.
③ 송전선로의 수전단에 변압기를 접속한다.
④ 발전기의 단락비를 적게 한다.

15 유도발전기에 관한 설명 중 틀린 것은?
① 회전자속을 만들기 위해 회전자에 DC 여자전류를 공급한다.
② 유도발전기의 주파수는 전원의 주파수로 정하고 회전속도에는 관계가 없다.
③ 출력은 회전자속도와 회전자속의 상대속도에는 비례하기 때문에 출력을 증가하려면 속도를 증가시킨다.
④ 동기발전기와 같이 동기화 할 필요가 없고 난조 등 이상현상이 생기지 않는다.

16 3150/210[V]의 단상변압기 고압측에 100[V]의 전압을 가하면 가극성 및 감극성일 때에 전압계 지시는 각각 몇 [V]인가?
① 가극성 : 106.7, 감극성 : 93.3
② 가극성 : 93.3, 감극성 : 106.7
③ 가극성 : 126.7, 감극성 : 96.3
④ 가극성 : 96.3, 감극성 : 126.7

17 일반적인 변압기의 무부하손 중 효율에 가장 큰 영향을 미치는 것은?
① 와전류손
② 유전체손
③ 히스테리시스손
④ 여자전류 저항손

18 포화하고 있지 않은 직류발전기의 회전수가 4배로 증가되었을 때 기전력을 전과 같은 값으로 하려면 여자를 속도 변화 전에 비해 얼마로 하여야 하는가?
① $\frac{1}{2}$
② $\frac{1}{3}$
③ $\frac{1}{4}$
④ $\frac{1}{8}$

19 3상 변압기의 병렬운전 조건으로 틀린 것은?

① 각 군의 임피던스가 용량에 비례할 것
② 각 변압기의 백분율 임피던스 강하가 같을 것
③ 각 변압기의 권수비가 같고 1차와 2차의 정격전압이 같을 것
④ 각 변압기의 상회전 방향 및 1차와 2차 선간전압의 위상 변위가 같을 것

20 60[Hz], 1328/230[V]의 단상변압기가 있다. 무부하전류 $I = 3\sin\omega t + 1.1\sin(3\omega t + a_3)$ [A]이다. 지금 위와 똑같은 변압기 3대로 Y−△결선하여 1차에 2300[V]의 평형전압을 걸고 2차를 무부하로 하면 △회로를 순환하는 전류(실효치)는 약 몇 [A] 인가?

① 0.77
② 1.10
③ 4.48
④ 6.35

실전 모의고사 2회

01 직류기에 보극을 설치하는 목적이 아닌 것은?
① 정류자의 불꽃 방지
② 브러시의 이동 방지
③ 정류 기전력의 발생
④ 난조의 방지

02 정격전압 220[V], 무부하 단자전압 230[V], 정격출력이 40[kW]인 직류 분권발전기의 계자 저항이 22[Ω], 전기자 반작용에 의한 전압강하가 5[V]라면 전기자 회로의 저항[Ω]은 약 얼마인가?
① 0.026
② 0.028
③ 0.035
④ 0.042

03 동기전동기에 설치된 제동권선의 효과는?
① 정지시간의 단축
② 출력전압의 증가
③ 기동토크의 발생
④ 과부하 내량의 증가

04 동기 조상기를 부족 여자로 사용하면?
① 리액터로 작용
② 저항손의 보상
③ 일반 부하의 뒤진 전류의 보상
④ 콘덴서로 작용

05 변압기의 임피던스 전압이란?
① 정격전류시 2차측 단자전압이다.
② 변압기의 1차를 단락, 1차에 1차 정격전류와 같은 전류를 흐르게 하는 데 필요한 1차 전압이다.
③ 정격전류가 흐를 때의 변압기 내의 전압강하이다.
④ 변압기의 2차를 단락, 2차에 2차 정격전류와 같은 전류를 흐르게 하는 데 필요한 2차 전압이다.

06 3상 전원을 이용하여 2상 전압을 얻고자 할 때 사용하는 결선 방법은?
① Scott 결선
② Fork 결선
③ 환상 결선
④ 2중 3각 결선

07 변압기 내부고장 검출을 위해 사용하는 계전기가 아닌 것은?
① 과전압 계전기
② 비율차동 계전기
③ 부흐홀츠 계전기
④ 충격 압력 계전기

08 서보모터의 특징에 대한 설명으로 틀린 것은?
① 발생토크는 입력신호에 비례하고, 그 비가 클 것
② 직류 서보모터에 비하여 교류 서보모터의 시동 토크가 매우 클 것
③ 시동 토크는 크나 회전부의 관성모멘트가 작고, 전기적 시정수가 짧을 것
④ 빈번한 시동, 정지, 역전 등의 가혹한 상태에 견디도록 견고하고, 큰 돌입전류에 견딜 것

09 3상 유도전동기의 2차 저항을 2배로 하면 동일하게 2배로 되는 것은?
① 역률
② 전류
③ 슬립
④ 토크

10 10[kW], 3상 200[V] 유도 전동기(효율 및 역률 각각 85[%])의 전부하 전류[A]는?
① 20
② 40
③ 60
④ 80

11 크로우링 현상은 다음의 어느 것에서 일어나는가?
① 농형 유도 전동기
② 직류 직권 전동기
③ 회전 변류기
④ 3상 변압기

12 직류 분권전동기의 기동시에는 계자저항기의 저항값을 어떻게 해두어야 하는가?
① 0(영)으로 해둔다.
② 최대로 해둔다.
③ 중위(中位)로 해둔다.
④ 끊어 놔둔다.

13 단자전압 220[V], 부하전류 50[A]인 분권발전기의 유도 기전력은 몇 [V]인가?
(단, 여기서 전기자 저항은 0.2[Ω]이며, 계자전류 및 전기자 반작용은 무시한다.)
① 200
② 210
③ 220
④ 230

14 동기 발전기에서 유기기전력과 전기자 전류가 동상인 경우의 전기자 반작용은?
① 감자 작용
② 증자 작용
③ 교차 자화 작용
④ 직축 반작용

15 직류 직권발전기의 전기자 전류를 I_a, 계자 전류를 I_f, 부하 전류를 I라 할 때 옳은 것은?
① $I_a = I_f = I$
② $I_a + I_f = I$
③ $I_a + I = I_f$
④ $I + I_f = I_a$

16 동기발전기를 병렬운전 하는데 필요하지 않은 조건은?
① 기전력의 용량이 같을 것
② 기전력의 파형이 같을 것
③ 기전력의 크기가 같을 것
④ 기전력의 주파수가 같을 것

17 단상 전파 정류 회로에서 교류측 공급 전압 $628\sin 314t$ [V], 직류측 부하 저항 20[Ω]일 때 직류측 전압의 평균값은?

① 약 200
② 약 400
③ 약 600
④ 약 800

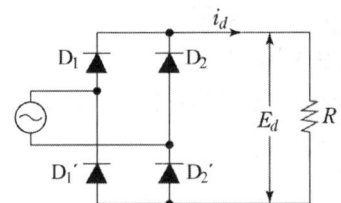

18 어떤 변압기의 백분율 저항강하가 2[%], 백분율 리액턴스강하가 3[%]라 한다. 이 변압기로 역률(지역률)이 80[%]인 부하에 전력을 공급하고 있다. 이 변압기의 전압변동률은 몇 [%]인가?

① 2.4
② 3.4
③ 3.8
④ 4.0

19 용접용으로 사용되는 직류발전기의 특성 중에서 가장 중요한 것은?

① 과부하에 견딜 것
② 전압변동률이 적을 것
③ 경부하일 때 효율이 좋을 것
④ 전류에 대한 전압특성이 수하특성일 것

20 슬립 6[%]인 유도전동기의 2차측 효율[%]은?

① 94
② 84
③ 90
④ 88

실전 모의고사 3회

01 소용량 전동기를 무부하 또는 경부하로 기동 할 때 전동기의 전원측에 직렬로 저항을 접속하여 전원전압을 낮게 감압하여 기동한 후 저항을 점점 감소시켜 가속하고 정상속도에 도달하면 이를 단락하는 기동방식은?
① 콘돌퍼 방식
② 1차 저항 방식
③ 소프트 스타터 방식
④ Y-△ 방식

02 3상 동기 발전기의 각 상의 유기 기전력 중에서 제5고조파를 제거하려면 코일 간격/극 간격을 어떻게 하면 되는가?
① 0.8
② 0.5
③ 0.7
④ 0.6

03 게이트 조작에 의해 부하전류 이상으로 유지 전류를 높일 수 있어 게이트의 턴온, 턴 오프가 가능한 사이리스터는?
① SCR
② GTO
③ LASCR
④ TRIAC

04 직류발전기의 유기기전력과 반비례하는 것은?
① 자속
② 회전수
③ 전체 도체수
④ 병렬 회로수

05 직류기에서 전기자 반작용의 영향을 설명한 것으로 틀린 것은?
① 주자극의 자속이 감소한다.
② 정류자편 사이의 전압이 불균일하게 된다.
③ 국부적으로 전압이 높아져 섬락을 일으킨다.
④ 전기적 중성점이 전동기인 경우 회전방향으로 이동한다.

06 직류 직권 전동기에서 벨트(belt)를 걸고 운전하면 안 되는 이유는?
① 손실이 많아진다.
② 직결하지 않으면 속도제어가 곤란하다.
③ 벨트가 벗겨지면 위험속도에 도달한다.
④ 벨트가 마모하여 보수가 곤란하다.

07 전동기 축의 벨트 축 지름이 28[cm], 1140[rpm]에서 20[kW]를 전달하고 있다. 벨트에 작용하는 힘 [kg]은?
① 약 122[kg]   ② 약 168[kg]
③ 약 212[kg]   ④ 약 234[kg]

08 단상 변압기가 있다. 전부하에서 2차 전압은 115 [V]이고, 전압 변동률은 2[%]이다. 1차 단자 전압을 구하여라. 단, 1차, 2차 권선비는 20 : 1 이다.
① 2356[V]   ② 2346[V]
③ 2336[V]   ④ 2326[V]

09 동기 발전기의 단락비를 계산하는 데 필요한 시험은?
① 부하 시험과 돌발 단락시험
② 단상 단락 시험과 3상 단락 시험
③ 무부하 포화 시험과 3상 단락 시험
④ 정상, 역상, 영상 리액턴스의 측정시험

10 다음 중 동기발전기의 여자방식이 아닌 것은?
① 직류여자기방식
② 브러시레스 여자방식
③ 정류기 여자방식
④ 회전계자방식

11 포화하고 있지 않은 직류발전기의 회전수가 1/2로 감소되었을 때 기전력을 속도 변화 전과 같은 값으로 하려면 여자를 어떻게 해야 하는가?
① 1/2로 감소시킨다.
② 1배로 증가시킨다.
③ 2배로 증가시킨다.
④ 4배로 증가시킨다.

12 변압기의 전일효율을 최대로 하기 위한 조건은?
① 전부하 시간이 짧을수록 무부하손을 적게 한다.
② 전부하 시간이 짧을수록 철손을 크게 한다.
③ 부하시간에 관계없이 전부하 동손과 철손을 같게 한다.
④ 전부하 시간이 길수록 철손을 적게 한다.

13 3상 동기 발전기에 무부하 전압보다 90° 늦은 전기자 전류가 흐를 때 전기자 반작용은?
① 교차 자화 작용   ② 자기여자 작용
③ 감자 작용   ④ 증자 작용

14 2방향성 3단자 사이리스터는 어느 것인가?
① SCR   ② SSS
③ SCS   ④ TRIAC

15 보극이 없는 직류발전기에서 부하의 증가에 따라 브러시의 위치를 어떻게 하여야 하는가?
① 그대로 둔다.
② 계자극의 중간에 놓는다.
③ 발전기의 회전방향으로 이동시킨다.
④ 발전기의 회전방향과 반대로 이동시킨다.

16 서보 전동기로 사용되는 전동기와 제어방식의 종류가 아닌 것은?

① 직류기의 전압 제어
② 릴럭턴스기의 전압 제어
③ 유도기의 전압 제어
④ 동기 기기의 주파수 제어

17 3000/200[V] 변압기의 1차 임피던스가 225[Ω]이면 2차 환산 임피던스는 약 몇 [Ω] 인가?

① 1.0
② 1.5
③ 2.1
④ 2.8

18 4극 60[Hz]의 유도전동기가 슬립 5[%]로 전부하 운전하고 있을 때 2차 권선의 손실이 94.25[W]라고 하면 토크는 약 몇 [N·m]인가?

① 1.02
② 2.04
③ 10.0
④ 20.0

19 전부하 전류 1[A], 역률 85[%], 속도가 7500[rpm]이고 전압과 주파수가 100[V], 60[Hz]인 2극 단상 직권정류자전동기가 있다. 전기자와 직권 계자 권선의 실효저항의 합이 40[Ω]이라 할 때 전부하시 속도기전력[V]은? (단, 계자자속은 정현적으로 변하며 브러시는 중성축에 위치하고 철손은 무시한다.)

① 34
② 45
③ 53
④ 64

20 직류 타여자발전기의 부하전류와 전기자전류의 크기는?

① 부하전류가 전기자전류보다 크다.
② 전기자전류가 부하전류보다 크다.
③ 전기자전류와 부하전류가 같다.
④ 전기자전류와 부하전류는 항상 0이다.

실전 모의고사 풀이 및 정답

1 실전 모의고사

해답
01. ① 02. ③ 03. ② 04. ② 05. ③ 06. ① 07. ③
08. ① 09. ② 10. ① 11. ② 12. ① 13. ③ 14. ④
15. ① 16. ① 17. ③ 18. ③ 19. ① 20. ③

01 타여자 발전기는 외부에서 계자 권선 F에 **직류 전원**을 공급하므로 잔류 자기가 없어도 된다.

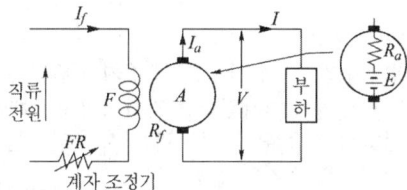

02 비돌극기(원통형 회전자)
- 3상 발전기 출력 $P ≒ \dfrac{3EV}{x_s}\sin\delta$
- 최대 출력 : 부하각 $\delta = 90°(\sin 90° = 1)$에서 발생

03 변압기 철심의 자기 포화 현상과 히스테리시스 현상으로 자속은 정현파가 되지 못하고 고조파를 포함하는 왜형파가 된다. 따라서, **정현파 전압을 유기**하기 위해서는 정현파의 자속이 필요하게 되며 그 결과 자속을 만드는 **여자 전류에 제3고조파**가 포함되어야 한다.

04 ① △결선
- $V_l(V_1) = V_p \angle 0°$, $I_l = \sqrt{3}\, I_p \angle -30°$

② Y결선
- $V_l(V_2) = \sqrt{3}\, V_p \angle 30°$, $I_l = I_p$
따라서 V_1이 V_2보다 $30°$ 뒤진다.

05 중권과 파권의 비교

구분	중권(병렬권)	파권(직렬권)
전기자 병렬회로 수 a	$p\ (a=mp)$	$2\ (a=2m)$
브러시 수 b	p	2
용 도	저전압, 대전류	고전압, 소전류
균압접속	4극 이상이면 균압접속을 하여야 한다.	균압접속은 필요없다.

여기서, m : 다중도

06 유도전동기의 속도제어 방법
① 농형 유도 전동기의 **속도 제어법**은
  - **주파수**를 바꾸는 방법
  - **극수**를 바꾸는 방법
  - **전원 전압**을 바꾸는 방법
② 권선형 유도 전동기는
  - 2차 저항을 제어하는 방법
  - 2차 여자법 등이 있다.

07 각 종 반도체 소자의 비교
① 방향성
  - 양방향성(쌍방향성) 소자 : DIAC, TRIAC, SSS
  - 역저지(단방향성) 소자 : SCR, LASCR, GTO, SCS
② 극(단자) 수
  - 2극(단자) 소자 : DIAC, SSS, Diode
  - 3극(단자) 소자 : SCR, LASCR, GTO, TRIAC
  - **4극(단자) 소자 : SCS**

08 • 직권 전동기에서 $I = I_a = I_f \propto \phi$이므로 직권 전동기의 속도
$$n = K\dfrac{V - I_a(R_a + R_s)}{I}$$
여기서, $I_a(R_a + R_s)$는 매우 적으므로 무시하면
$n = K_1\dfrac{V}{I}$가 된다. 따라서, **직권 전동기는 정격 전압, 무부하에서 위험 속도**가 된다.

- 분권 전동기의 속도 $n = K \dfrac{V - R_a I_a}{\phi}$

  따라서, **계자 회로가 끊어지면(무여자)** 자속 ϕ가 0이 되어 **전동기 속도가 고속으로 되어 위험**하다.

09 $\tau = 0.975 \dfrac{P_2}{N_s} = 0.975 \dfrac{P_2}{\dfrac{120}{p}f}$ [kg·m]에서

$\tau \propto p$(극수)

이다. 따라서, 극수가 6극에서 12극으로 2배 증가하였으므로, 토크도 2배 증가하게 된다.

10 발전기와 전동기의 전기자 반작용은 서로 반대이다.

분류	동기 발전기	동기 전동기
전압과 동상	교차 자화 작용	교차 자화 작용
진상 전류(앞선전류)	증자 작용	감자 작용
지상 전류(뒤진전류)	**감자 작용**	**증자 작용**

(전압 : 발전기에서는 유기기전력, 전동기에서는 공급전압을 기준)

11 $N_s = \dfrac{120f}{p} = \dfrac{120 \times 60}{4} = 1800$[rpm]

회전중인 유도전동기 전원의 b상과 c상을 바꾸면 전동기의 회전자가 역전하게 되며 그 때의 슬립 s는

$\therefore s = \dfrac{N_s - (-N)}{N_s} = \dfrac{1800 - (-1750)}{1800} = 1.97$

12 직류 복권 발전기의 외부특성 곡선

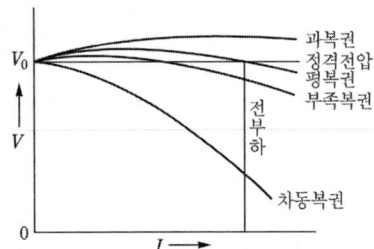

여기서, V_0 : 무부하 전압
V : 단자 전압
I : 부하전류

가동 복권 발전기에서 직권 계자 권선의 기자력을 더 많게 하여 부하 전류 증대에 따른 전압 강하보다 **부하 시의 전압을 더 크게** 하여 전압 변동률을 (-)로 설계한 발전기를 **과복권 발전기**라 한다.

전압변동률 = $\dfrac{\text{무부하 전압} - \text{정격전압}}{\text{정격전압}} \times 100$[%]

13 단상 정류자 전동기
1) 직권특성
   ① 단상 직권 정류자 전동기 – 직권형, 보상직권형, 유도보상 직권형
   ② **단상 반발 전동기 – 아트킨손형전동기**, 톰슨전동기, 데리전동기
2) 분권특성 : 현재 실용화 되지 않고 있음

14 ① 발전기의 자기여자
발전기에 진상전류가 흐르면 전기자 반작용의 증자작용에 의해 여자전류를 가하지 않은 상태에서도 전압이 상승하여 정상전압까지 올라가는 현상을 발전기의 자기여자라 한다.
② **자기 여자 방지법**
  • 발전기 2대 또는 3대를 병렬로 모선에 접속한다.
  • 수전단에 동기 조상기를 접속하고 이것을 부족여자로 하여 송전선에서 지상 전류를 취하게 하면 충전 전류를 그 만큼 감소시키는 것이 된다.
  • 송전선로의 수전단에 변압기를 접속한다.
  • 수전단에 리액턴스를 병렬로 접속한다.
  • **발전기의 단락비를 크게 한다.**

15 유도발전기는 전동기로서의 회전방향과 같은 방향으로 동기속도 이상의 속도($s<0$)로 회전시켜 발전하는 것으로서 이 발전기의 **주파수는 전원의 주파수로 정하고 회전 속도에는 관계없으나 출력은 거의 상대 속도**($n - n_s$)와 비례하기 때문에 출력을 증가하려면 속도를 증가시켜야 한다.
유도 발전기의 장·단점은 다음과 같다.
[장점]
① 동기 발전기와 달리 가격이 싸다.
② 기동과 취급이 간단하며 고장이 적다.
③ 동기발전기와 같이 동기화할 필요가 없으며 난조 등의 이상 현상도 생기지 않는다.
④ 선로에 단락이 생긴 경우에도 여자가 상실되므로 단락전류는 동기기에 비해 적으며 지속 시간도 짧다.

[단점]
① 병렬로 지속되는 동기기에서 여자전류를 취해야 한다.
② 공극의 치수가 작기 때문에 운전 시 주의해야 한다.
③ 효율과 역률이 낮다.

16 변압기 극성

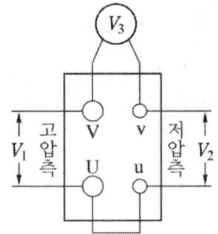

변압기의 극성이란 어느 순간에 1차와 2차 양단자에 나타나는 유기기전력의 방향을 나타내는 것으로서 감극성과 가극성이 있다. 현재 우리나라는 감극성이 표준이다.

- **가극성 일 때** $V_3 = V_1 + V_2$
- **감극성 일 때** $V_3 = V_1 - V_2$

  따라서, 저압측 전압
  $V_2 = \dfrac{1}{a}V_1 = \dfrac{210}{3150} \times 100 = 6.67[V]$ 이므로

- 가극성 : $V_3 = V_1 + V_2 = 100 + 6.67 = 106.67[V]$
- 감극성 : $V_3 = V_1 - V_2 = 100 - 6.67 = 93.33[V]$

17

무부하손 ┬ ⓐ 철손 ┬ 히스테리시스손
       │   └ 와류손
       ├ ⓑ 여자 전류에 의한 권선의 저항손
       └ ⓒ 절연물 중의 유전체손

ⓑ, ⓒ는 ⓐ에 비하여 매우 적으므로 **무부하손은 철손**이라고 보는 것이 보통이며, 이 무부하손은 부하의 유무에 관계없이 1차측에 전원만 공급되면 발생되는 손실이다. 또한 **변압기의 히스테리시스손은 와류손의 3~4배 정도**로 크다.

18 • 직류 발전기의 유기기전력 $E = p\phi n \dfrac{Z}{a}$ 에서 유기기전력 E가 변함없으려면 "$\phi \times n = $일정" 해야 한다. 따라서, 회전수 n이 4배로 증가하면 자속 ϕ는 1/4로 감소되어야 한다.

• 여자전류 I_f는 자속 ϕ와 비례($I_f \propto \phi$)

19 변압기 병렬 운전 조건
① 각 변압기의 극성이 같을 것
② 권수비 및 2차 정격 전압이 같을 것
③ 각 **변압기의 퍼센트 임피던스 강하가 같으며 저항과 리액턴스비가 같을 것**
④ 상회전 방향이 같을 것
⑤ 위상 변위가 같아야 한다.

20 1차측 선간 전압 2300[V], 상전압 1328[V]를 가하여 여자 전류 $i = 3\sin\omega t + 1.1\sin(3\omega t + \alpha_3)$가 흐르지 않으면 안 되나, Y-△결선이므로 **제3고조파 전류는 회로에 흐를 수가 없고 2차 △회로에 순환 전류**로 되어 흐르게 된다. 그 크기는 권수비를 곱하여 2차로 환산한 값이 된다. 실효값으로 표시하면

$\dfrac{1.1}{\sqrt{2}} \times \dfrac{1328}{230} = 4.49[A]$

2 실전 모의고사

🔒 해답

01. ④ 02. ① 03. ③ 04. ① 05. ③ 06. ① 07. ①
08. ② 09. ③ 10. ② 11. ① 12. ① 13. ④ 14. ③
15. ① 16. ① 17. ② 18. ② 19. ④ 20. ①

01 주자극 사이의 중성점에 소자극을 설치한 것을 **보극 또는 정류극**이라 하며, 전기자 전류에 의해 필요한 **정류 전압**을 얻어 리액턴스 전압을 상쇄시키므로 정류가 잘되고 **중성점의 이동을 막을 수 있다**.

02

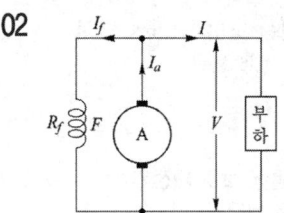

• $E = V + I_a R_a + e_a$

여기서, E : 유기기전력
V : 단자전압,
I_a : 전기자 전류
R_a : 전기자 저항
e_a : 전기자 반작용에 의한 전압강하

- 계자전류 $I_f = \dfrac{V}{R_f} = \dfrac{220}{22} = 10[A]$
- 부하전류 $I = \dfrac{P}{V} = \dfrac{40000}{220} = 181.82[A]$
- 전기자전류 $I_a = I + I_f = 181.82 + 10 = 191.82[A]$

∴ 전기자 저항
$$R_a = \dfrac{E - V - e_a}{I_a} = \dfrac{230 - 220 - 5}{191.82} = 0.026[\Omega]$$

03 제동 권선의 역할
① 난조 방지
② **기동 토크 발생**
③ 불평형 부하시의 전류, 전압 파형 개선
④ 송전선의 불평형 단락시의 이상 전압 방지

04 • **부족 여자 운전** : **리액터로 작용**하여 **앞선 전류**를 보상한다.
• **과여자 운전** : 콘덴서로 작용하여 **뒤진 전류**를 보상한다.

05 임피던스 전압 $V_s = Z_{21} I_{1n}[V]$
(Z_{21} = 1차측 임피던스 + 2차를 1차로 환산한 임피던스)
즉, **변압기의 임피던스 전압이란 정격전류가 흐를 때의 변압기 내부 전압강하**를 말한다.

06 • 3상에서 2상을 얻는 방법 : **스코트(Scott) 결선**, 메이어 결선, 우드 브리지 결선
• 3상에서 6상을 얻는 방법 : Fork 결선, 환상 결선, 2중 3각 결선

07 변압기 내부고장 검출용 보호 계전기
① **차동 계전기 (비율 차동 계전기)**
② 압력 계전기
③ 부흐홀쯔 계전기
④ 가스 검출 계전기

08 서보 모터의 특징
① 기동 토크가 크다.
② **회전자 관성 모멘트가 작다.**
③ 제어권선 전압이 0에서는 기동해서는 안되고, 곧 정지해야 한다.
④ **직류 서보 모터의 기동 토크가 교류 서보 모터보다 크다.**
⑤ 속응성이 좋다. 시정수가 짧다. 기계적 응답이 좋다.
⑥ 회전자 팬에 의한 냉각 효과를 기대할 수 없다.

09 $\dfrac{r_2}{s_m} = \dfrac{r_2 + R_s}{s_t}$

여기서, r_2 : 2차 권선의 저항
s_m : 최대 토크시 슬립
s_t : 기동시 슬립
R_s : 2차 외부회로 저항
$r_2 + R_s$: 2차 회로 저항

즉, 2차 회로 저항 $r_2 + R_s$와 슬립 s_t는 비례 관계에 있다.

10 $P = \sqrt{3} \, VI\cos\theta \cdot \eta$ 식에서
∴ $I = \dfrac{P}{\sqrt{3} \, V\cos\theta \cdot \eta}$
$= \dfrac{10 \times 10^3}{\sqrt{3} \times 200 \times 0.85 \times 0.85} = 40[A]$

11 크로우링 현상이란 **유도 전동기**에 있어서 정지 상태로부터 동기 속도의 수분의 1인 저속도까지 가속하고, 그 이상은 가속하지 않는(안정하기는 하지만) 이상한 운전 상태.

12
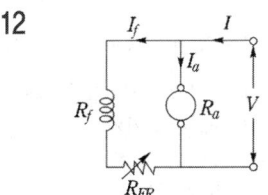

- 토크 $T = K\phi I_a$
- 회전속도 $N = K\dfrac{V - I_a R_a}{\phi}$ 에서 기동시 계자 저항을 최소로 하여 계자 전류를 크게하면 기동 토크가 크게 되고 속도는 저속으로 된다.
- 즉, **기동시 계자저항(R_{FR})을 0(영)으로한 후 기동**한다.

13

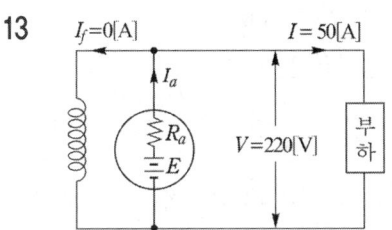

전기자 전류 $I_a = I + I_f$ 에서 계자 전류를 무시 ($I_f = 0$)하면 $I_a = I = 50[A]$ 가 된다.
∴ $E = V + I_a R_a = 220 + 50 \times 0.2 = 230[V]$

14 발전기와 전동기의 전기자 반작용은 서로 반대이다.

분류	동기 발전기	동기 전동기
전압과 동상	교차 자화 작용	교차 자화 작용
진상전류	증자 작용	감자 작용
지상전류	감자 작용	증자 작용

15

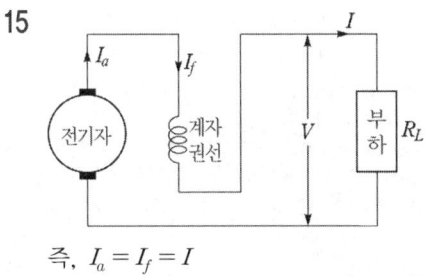

즉, $I_a = I_f = I$

16 ① 동기발전기의 병렬운전 조건
- **기전력의 크기**가 같을 것
- **기전력의 위상**이 같을 것
- **기전력의 주파수**가 같을 것
- 기전력의 파형이 같을 것
- 상회전 방향이 같을 것

② 동기 발전기 병렬 운전 시 서로 같지 않아도 되는 사항
- 발전기 용량
- 부하 전류
- 임피던스

17 $E = \dfrac{E_m}{\sqrt{2}} = \dfrac{628}{\sqrt{2}} = 444[V]$

∴ $E_d = \dfrac{2\sqrt{2}}{\pi} E = 0.9E = 0.9 \times 444 = 399.66[V]$

18 뒤진 역률(지역률)이므로
전압 변동률 $\epsilon = p\cos\theta + q\sin\theta$
$= 2 \times 0.8 + 3 \times 0.6 = 3.4[\%]$

19 방전을 안정하게 지속시키기 위하여 방전 용접에 사용되는 전원은 직류, 교류를 막론하고 **전류가 증가하면 전압이 저하하는 수하 특성**을 가지고 있어야 한다.

20 $\eta_2 = \dfrac{P_0}{P_2} \times 100 = \dfrac{(1-s)P_2}{P_2} \times 100$
$= (1 - s) \times 100$
$= (1 - 0.06) \times 100 = 94[\%]$

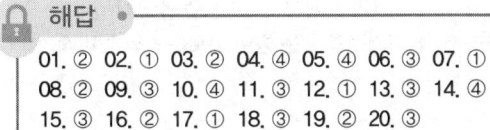

3 실전 모의고사

해답

01. ② 02. ① 03. ② 04. ④ 05. ④ 06. ③ 07. ①
08. ② 09. ③ 10. ④ 11. ③ 12. ① 13. ③ 14. ④
15. ③ 16. ② 17. ① 18. ③ 19. ② 20. ③

01 1차 저항 기동방식
리액터 기동방식에 **리액터 대신에 저항기를 사용**한 것으로서 전동기의 **전원측에 직렬로 저항을 접속**하고 **전원전압을 낮게 감압하여 기동한 후 서서히 저항을 감소시켜 가속하고 전속도에 도달하면 이를 단락하는 방법**이다.

이 방식은 주로 **소용량 전동기를 기동할 때 기계적 충격을 완화**하기 위해 사용하는 경우가 많다.
그러나 다른 방식에 비하여 기동효율이 떨어지며, 기동전류가 감소하는 비율보다도 기동토크의 감소율이 큰 관계로 무부하 또는 경부하 기동에 사용된다.

02 제n고조파에 대한 단절 계수(코일 간격/극 간격)는 $K_{pn} = \sin n\beta\pi/2$가 된다.
따라서 제5고조파에 대해서는
$$K_{p5} = \sin\frac{5\beta\pi}{2}$$
$K_{p5} = 0$이 되기 위해서는 $\beta = 0, 0.4, 0.8, 1.2, \cdots$가 구해지나 이 중에서 1보다 작고 가장 가까운 $\beta = 0.8$이 제일 적당하다.

03 GTO(gate turn off thyristor)

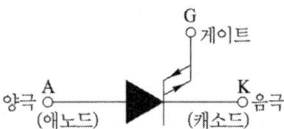

GTO는 **게이트에 흐르는 전류를 점호할 때와 반대로 흐르게 함으로서 소자를 소호** 시킬 수 있다.

04 발전기의 유기기전력 $E = p\phi n \times \dfrac{z}{a}[V]$
여기서, p : 극수 [극]
ϕ : 매 극당 자속 [Wb]
n : 회전수 [rps]
z : 총 도체 수
a : 내부 병렬회로 수
(파권에서 $a = 2$, 중권에서 $a = p$)
따라서, **유기기전력 E는 병렬 회로수 a와 반비례** 한다.

05 전기자 반작용 : 전기자 권선에 흐르는 전류에 의한 자속이 계자에서 만든 주자속에 영향을 미치는 현상을 전기자 반작용이라고 하며, 그 영향은 다음과 같다.
① 전기적 중성축 이동
 • 발전기 : 회전 방향으로 이동

 • 전동기 : 회전 방향과 반대 방향으로 이동
② 주자속 감소
③ 정류자 편간의 불꽃섬락이 발생하여 정류 불량 발생
④ 출력의 저하

06 부하 전류가 적어 철심이 자기포화가 되지 않는 범위에서 $I_a = I = I_f \propto \phi$ 이므로
$$n = K \cdot \frac{V - I_a(R_a + R_s)}{\phi}$$
$$= K_1 \cdot \frac{V - I_a(R_a + R_s)}{I_a}$$
또한, $I_a(R_a + R_s)$는 V에 비해 매우 적으므로 무시하면
$$n = K_2 \cdot \frac{V}{I_a}[\text{rps}]$$
가 된다. 따라서, **직권 전동기에서 잔류자기가 없는 경우 무부하**가 되면($I = I_a = I_f = 0$, $\phi = 0$) **속도는 무한대**가 되어 원심력 때문에 기계를 파괴할 염려가 있다. 이와 같이 위험한 속도를 무 구속 속도(run away speed)라 한다.
따라서, **직권 전동기는 벨트 운전을 하지 않는다.**

07 전동기의 발생 토크 T는
$$T = 0.975 \times \frac{P}{N}[\text{kg} \cdot \text{m}]$$에서
토크 $T = 0.975 \times \dfrac{20000}{1140} = 17.11[\text{kg} \cdot \text{m}]$
벨트에 작용하는 힘은
$$\therefore F = \frac{T}{r} = \frac{17.11}{0.14} = 122.21[\text{kg}]$$

08 $\epsilon = \dfrac{V_{10} - V_{1n}}{V_{1n}} \times 100$에서
$$V_{10} = V_{1n}\left(1 + \frac{\epsilon}{100}\right)$$
$$= aV_{2n}\left(1 + \frac{\epsilon}{100}\right)$$
$$= 20 \times 115 \times \left(1 + \frac{2}{100}\right)$$
$$= 2346[V]$$

09 • 무부하 시험 : 철손, 기계손
• 단락시험 : 동기임피던스, 동기리액턴스
• 단락비 : **무부하(포화)시험, 단락시험**

10 동기 발전기의 여자방식
• **직류 여자기** : 동기 발전기와 별도로 직류 발전기를 동기 발전기와 동일 축에 직결하여 사용하는 방법
• **정류기 여자법** : 주 발전기에서 발생한 전력의 일부를 반도체 정류기를 이용하여 정류하여 사용하는 방법
• **브러시레스 여자기** : 동기 발전기의 축단에 회전전기자형의 교류발전기를 사용하고 이 발생된 교류를 회전자상에 설치된 반도체 정류기로 정류하여 사용하는 방법

11 $E = k\phi N$에서 N이 $\frac{1}{2}$로 되면, ϕ가 2배가 되어야 E가 일정하다.

12 전일 효율이 최대가 되려면,
철손 = 동손 ($24P_i = \Sigma h P_c$)일 때다.
따라서 **전부하 시간이 짧을수록(동손이 적을수록) 철손(무부하손)을 적게** 하여야 한다.

13 발전기와 전동기의 전기자 반작용은 서로 반대이다.

분 류	동기 발전기	동기 전동기
전압과 동상	교차 자화 작용	교차 자화 작용
진상전류	증자 작용	감자 작용
지상전류	**감자 작용**	**증자 작용**

14 각 종 반도체 소자의 비교
① 방향성
 • **양방향성(쌍방향성) 소자** : DIAC, **TRIAC**, SSS
 • 역저지(단방향성) 소자 : SCR, LASCR, GTO
② 극(단자) 수
 • 2극(단자) 소자 : DIAC, SSS, Diode
• 3극(단자) 소자 : SCR, LASCR, GTO, **TRIAC**
• 4극(단자) 소자 : SCS

15 전기자 반작용에 의한 전기적 중성축 이동
• **발전기 : 회전 방향으로 이동**
• 전동기 : 회전 방향과 반대 방향으로 이동

16 현재 사용되고 있는 **서보 전동기의 종류**
• 직류기의 전압제어(DC 서보모터)
• **릴럭턴스기의 주파수 제어(스텝모터)**
• 유도기의 전압 제어(브레이크 모터, 2상 서보모터)
• 동기기의 주파수 제어(트랜지스터 모터, SM 서보모터)
• 유도기의 주파수 제어(IM 서보모터)

17 권수비 $a = \dfrac{E_1}{E_2} = \dfrac{3000}{200} = 15$
따라서, 2차 환산 임피던스
$Z_2 = \dfrac{1}{a^2} Z_1 = \dfrac{1}{15^2} \times 225 = 1[\Omega]$

18 $N_s = \dfrac{120f}{p} = \dfrac{120 \times 60}{4} = 1800[\text{rpm}]$
$P_2 = \dfrac{P_{c2}}{s} = \dfrac{94.25}{0.05} = 1885[\text{W}]$
$\therefore T = \dfrac{P_2}{\omega} = \dfrac{P_2}{2\pi n_s} = \dfrac{1885}{2 \times 3.14 \times \dfrac{1800}{60}}$
$= 10[\text{N} \cdot \text{m}]$

19 $P = VI\cos\theta - I^2(R_s + R_f)$
$= 100 \times 1 \times 0.85 - 1^2 \times 40$
$= 85 - 40 = 45[\text{W}]$
$E_s = \dfrac{P}{I} = \dfrac{45}{1} = 45[\text{V}]$

20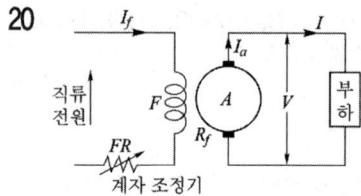

타여자 발전기는 외부에서 계자 권선 F에 직류 전원을 공급하므로 잔류 자기가 없어도 되며, **전기자 전류 (I_a)와 부하전류(I)의 크기가 같다.**

전기기기

발　　행	2025년 11월 28일
저　　자	검정연구회
발 행 인	이지연
발 행 처	엔트미디어
주　　소	서울시 강서구 강서로 47-8 302호 (화곡동 평인빌딩)
전　　화	(02) 2608-8339
팩　　스	(02) 2608-8314
등록번호	839-91-00430
I S B N	979-11-92810-74-4 13560
가　　격	12,000원

저자와의
협의에
따라
인지생략

이 책은 저작권법에 의해 저작권이 보호됩니다.
엔트미디어 발행인의 승인자료 없이 무단 전재하거나 복제하는 행위는
저작권법 제136조에 의해 5년 이하의 징역 또는 5,000만원 이하의
벌금에 처하거나 이를 병과(倂科)할 수 있습니다.